"十三五"国家重点出版物出版规划项目

面向可持续发展的土建类工程教育丛书

住房和城乡建设部"十四五"规划教材

建设工程风险管理

◎主　编　袁竞峰

◎副主编　刘炳胜　李雪薇　黄伟　夏侯遐迩

◎参　编　陆莹　李灵芝　万欣　张磊

U0191018

机械工业出版社

CHINA MACHINE PRESS

本书共 10 章，概括介绍了我国建设工程风险的特征、形成机理及分类，建设工程风险管理的基本原理、内容与过程及工程实践的发展现状，系统地阐述了建设工程风险管理中风险识别、风险评估、风险应对、风险监控以及风险管理后评价的具体方法，在此基础上还详细介绍了目前我国建设工程保险及建设工程担保制度的理论基础。

本书主要作为高等院校工程管理专业本科生教材，也可供从事建设工程项目管理的专业人员学习和参考。

图书在版编目（CIP）数据

建设工程风险管理/袁竞峰主编. —北京：机械工业出版社，2021.10
（2024.7 重印）

（面向可持续发展的土建类工程教育丛书）

"十三五"国家重点出版物出版规划项目

ISBN 978-7-111-68004-8

Ⅰ.①建… Ⅱ.①袁… Ⅲ.①建筑工程-风险管理-高等学校-教材
Ⅳ.①TU71

中国版本图书馆 CIP 数据核字（2021）第 065632 号

机械工业出版社（北京市百万庄大街 22 号　邮政编码 100037）
策划编辑：冷　彬　责任编辑：冷　彬　刘　静
责任校对：王　欣　封面设计：张　静
责任印制：常天培
固安县铭成印刷有限公司印刷
2024 年 7 月第 1 版第 4 次印刷
184mm×260mm · 19 印张 · 468 千字
标准书号：ISBN 978-7-111-68004-8
定价：55.00 元

电话服务　　　　　　　　　　网络服务

客服电话：010-88361066　　机　工　官　网：www.cmpbook.com
　　　　　010-88379833　　机　工　官　博：weibo.com/cmp1952
　　　　　010-68326294　　金　书　网：www.golden-book.com
封底无防伪标均为盗版　　机工教育服务网：www.cmpedu.com

前　言

近几年来，随着全球经济一体化和政治、社会与科技的发展，建筑业面临的竞争压力不断增加。由于工程项目建设周期长、参与单位众多、技术工艺复杂以及地理分布广，在建设过程中普遍存在着风险因素多、管理效率低的问题。为了提高工程风险管理水平，《城市轨道交通地下工程建设风险管理规范》（GB 50652—2011）、《关于开展公路桥梁和隧道工程施工安全风险评估试行工作的通知》、上海市地方标准《建筑工程施工质量安全风险管理规范》（DB31/T 688—2013）、《大中型水电工程建设风险管理规范》（GB/T 50927—2013）等相关标准、规范先后发布，对工程风险管理提出了更高的要求。随着工程风险管理理论研究和工程实践的不断深入，工程风险管理在基本建设管理和工程安全管理中的重要性日益明显和突出，并且已经成为注册建造师、注册监理工程师、注册安全工程师等专业人士知识结构与能力结构的重要组成部分和职业能力的重要体现，"建设工程风险管理"课程成为高等院校工程管理专业的核心主干课程之一。在编写本书的过程中，编者结合工程管理专业教学要求以及"建设工程风险管理"课程的性质和特点，经过反复讨论和研究，确定了编写思路、原则和大纲。本书核心内容为建设工程风险管理的基本原理和具体方法。

本书由袁竞峰担任主编，刘炳胜、李雪薇、黄伟和夏侯遐迩担任副主编。具体的编写分工如下：第1章由袁竞峰（东南大学）和李灵芝（南京工业大学）共同编写，第2、3章由袁竞峰和万欣（河海大学）共同编写，第4、5章由刘炳胜（重庆大学）和陆莹（东南大学）共同编写，第6章由李雪薇（东南大学）编写，第7章由黄伟（三江学院）编写，第8章由夏侯遐迩（东南大学）编写，第9章由陆莹和李灵芝共同编写，第10章由万欣和张磊（东南大学）共同编写。全书由袁竞峰、刘炳胜和李雪薇进行统稿。东南大学研究生丁红星、马俊伟、邓艳玉、张寰、李佳铭同学协助完成资料收集、绘图及文字录入、修改等工作；历届硕士研究生、博士研究生如黄泽苑、朱雅婷、张国栋等，进行了相关方面的多项专题研究工作，为本书的出版付出了辛劳，在此表示感谢。

在本书编写过程中检索并参考了建设工程风险及风险管理方面的资料和有关专家、学者的著作、论文，同时得到了许多单位和学者的支持和帮助，在此表示诚挚的谢意。

由于建设工程风险管理的理论、方法和运用还需在工程实践中不断丰富、完善和发展，加之编者水平所限，本书不当之处敬请读者、同行批评指正，以便再版时修改完善。

编　者

目　录

第 **1** 章

概　　述

【本章导读】

　　风险具有不确定性、客观性、普遍性、可测定性等特征，风险事件的发生有时会导致系统的利益损失、系统运行不畅甚至系统破坏。从理论角度，有必要了解风险的内涵，按照基本程序进行风险管理，避免风险事件造成的损失。而建设工程具有施工工期长、合同价款高、技术与工艺复杂、参与方多等特点，存在着诸多不确定因素，加之承发包人的有限理性和信息不对称，容易受到风险事件的影响。因此，本章对建设工程的风险管理理论进行了介绍，有助于提升项目管理人员的理论水平。

【主要内容】

　　本章首先阐述了风险管理的背景，在此基础上，介绍了风险的内涵和特征，风险管理的定义、目标和基本程序，其中风险管理的目标可以分为损前目标和损后目标。最后，针对建设工程风险，给出了其定义、特征和形成机理，并对建设工程风险管理的定义、国内外理论的发展和作用进行了描述。

1.1　风险管理的背景

　　在项目实施和企业经营过程中，往往会面临来自多方的风险，而某些风险事件可能会给企业带来巨大的损失。在建设领域，中国铁建股份有限公司承建的沙特阿拉伯轨道项目就是一个典型案例：由于受项目所在国政治、汇率、法律等因素影响，仅仅完成了总工程量的58%就巨亏人民币42亿元。而中国铁建股份有限公司当年利润总额仅为61亿元，一个项目的亏损额就占到企业全年总利润的69%。类似地，2008年，中信泰富为减低西澳大利亚州铁矿项目面对的货币风险，签订若干杠杆式外汇买卖合约。但是杠杆式外汇买卖合约本质上属于高风险金融交易，而中信泰富对杠杆式外汇买卖合约的风险评估不足，最终由于澳元汇率走高，导致已变现及未变现亏损总额为155.07亿港元。由此可见，风险管理是十分有必要的。

由于实际的需要，风险管理学科应运而生。风险管理是风险管理学科的重要组成部分，近年来逐步由多个领域开放性研究转化为全面、一体化的研究，相关理论基础也逐步完善，由最初的传统风险管理向全面风险管理发展。20 世纪 50 年代—70 年代，企业防范风险的措施形成了有关的风险管理理论，主要是企业通过回避和转移等方式进行风险管理，保险在企业风险管理中起到了重要的作用，风险管理部门也成为企业中的重要部门。20 世纪 70 年代后期到 20 世纪末，风险管理主要是对各项业务的波动性进行控制，在这一时段中，风险管理的工具也有了发展，另类风险转移在这一时段得到发展，对风险控制起到了较好的作用。随着 21 世纪的到来，企业面临的风险变得无处不在，各种风险的影响也被逐步放大，风险管理逐步发展到了全面风险管理的阶段。这也带给了企业规避风险的新方法和新工具。由此，这些新方法和新工具逐渐普及企业和非营利机构以及政府中。

1.2 风险管理概述

1.2.1 风险的内涵和特征

关于风险的内涵，目前的学术界还未给出统一定义。国内外的学者对风险都有着各自不同的认识，因此对于风险的概念也有着各自不同的解释，大体可以归纳为以下几种解释：未来可能要发生的不确定性；未来可能发生的损失或损害的大小；损失的大小或发生的可能；风险构成要素的相互作用结果等。

风险具有以下特征：

（1）风险的不确定性

不能确定风险是否会发生。针对个体风险来说，它发生与否可以看成一个偶然事件，即一个随机事件，它具备不确定的特性。另外，不能确定发生时间。虽然某些风险必然会发生，但何时发生却是不确定的。例如，生命风险里，死亡可以说是必然会发生的，它是人生的必然事件，但是某人在什么时候死亡，这往往是没有办法来预知以及确定的。事故的后果也往往不能确定，其损失的大小也具有不确定性。例如，沿海区域每年都会受到台风侵袭，然而每次的后果是不尽相同的，人类没有办法对今后发生台风造成损失的程度进行精准预测。风险的发生是一种随机现象，但从总体上看它又具有规律性，体现了风险总体上的必然性与个体上的偶然性的辩证统一，这就导致了风险的不确定性。

（2）风险的客观性

风险客观存在于人的意识之外。像自然界的泥石流、海啸、火山爆发、干旱，社会领域的疫情、战乱、冲突、意外等，都是不以人的意志为转移的客观存在。所以，只有通过采取一定手段或者措施来打破风险原来发生的前提，从而来缩小其发生概率，然而它却并不能够完全被消除。风险的客观性是直接影响保险活动或制度存在与否的必要因素。

（3）风险的普遍性

人类历史一直都伴随有风险的存在。在现代社会，风险可以说已经渗透到人们的生活和企业运作之中，乃至于整个人类社会。每个人面临的风险包括衰老、疾病、死亡以及意外伤害等；企业面临内在风险、外在风险两个方面，其中前者包含了战略、运营、操作等风险，后者则包含了法律、政治、信用等风险；国家行政机关同样面临法律、廉政、决策等各类风险。恰是因为风险这一普遍性的特征，人类社会、企业和个人都面临方方面面的风险，这就决定了保险存在的必要性以及发展的可能性。

（4）风险的可测定性

风险主要分成了系统风险和个别风险，而对于个别风险来说，其发生具有偶然性，无法预知，然而根据对众多风险事故的研究，风险往往存在一定的规律。为了较为精准地归纳风险的规律，可以采取数理统计法来处理、研究众多相互间不存在依赖关系的偶发风险事件。通过查阅以前的统计资料，采用概率统计法能够预先推测计算出风险发生的概率及其所带来的损失度，而且能够建立损失分布模型，作为风险估测的基础。例如人寿保险，可以依据精算原理以及针对所有年龄段死亡的长期观察数据，预测每个年龄段人的死亡率，从而通过死亡率来计算人寿保险的保险费费率。

1.2.2 风险管理的定义

风险管理，从广义上来说，它是个人或企业把风险减小至最低的决策管理过程，首先根据对风险的识别以及评估分析，选取相应的风险管理方案来有效规避或降低风险，而且以适当的方式应对其所带来的损失，进而通过最小成本来获得最优的安全保障。欧洲质量管理基金会对风险管理做出如下定义：要从组织的全过程中系统地识别、评估和管控风险，从而进行风险的释放和价值的提升。风险管理的重中之重，在于风险管理主体通过风险的识别、估测、评价，提出项目风险点与风险防范计划，制定一定的措施来控制风险，对风险进行转移、分散、管理乃至于规避，并且通过合理的方式对风险所导致的后果进行妥善处理，进而实现预期目标。

从风险来源、形成、影响范围与破坏力、潜在的破坏机制的角度来说，我们无论从管理、工程、技术、财务等哪一方面来进行突破与研究，都不能展开有效的风险管理。必须将各专业、技术、管理等手段综合运用，才能合理、有效地降低项目风险以及可能产生的不利后果。那么，风险管理可以说是一种较为综合的管理行为。

然而，对企业或者个人来说，他们对风险管理过程的看法都不尽相同，往往存在差异。美国软件工程研究所（Software Engineering Institute，SEI）把风险管理过程大致分成六大环节，即风险识别、风险分析、风险计划、风险跟踪、风险控制和风险管理沟通，如图 1-1 所示。

美国项目管理协会（PMI）制定的《项目管理知识体系指南》（2013 版）认为，项目风险管理包括规划风险管理、识别风险、开展风险分析、规划风险应对、实施风险应对和监督风险的各个过程。

我国则有学者（吴波，2016）提出，风险管理的实施大致包含两个方面：风险评估和风险控制。其中，风险评估代表风险分析与评价，前者是指识别与估计风险，后者便是给出风险标准及其可接受性；而风险控制是进行决策、实施与监控。在

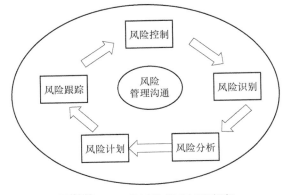

图 1-1　SEI 的风险管理过程框架

此基础上，学者（马海英，2017）进一步将项目风险管理划分为五个阶段：风险管理规划、风险识别、风险估计与评价、风险应对和风险监控。

1.2.3　风险管理的目标

风险管理的目标可以按损失发生之前和损失发生之后划分。

1. 损前目标

风险事件造成损失前的管理目标是选择最经济、最合理的方法，减少或者避免风险事件的发生，使风险事件发生的可能性和严重性降到最低，并尽可能地降低风险事件对经济和社会的消极影响。它具体包括以下三个方面：

（1）经济合理目标

风险管理主体在确定风险管理目标时，所遵循的原则是风险管理成本的最小化和安全保障收益的最大化。为此，风险管理单位在确定风险管理目标时，需要在各种风险管理方式的成本之间进行选择，确定最经济、最合理的风险管理方案。在风险管理方式中，最重要的风险管理方式是内部控制和购买保险合同。这两种风险管理方式的共同之处是能够减少系统的实际损失，从而增加系统的价值。但是，内部控制面临的最大问题是，最佳的内部控制方案也只能最大限度地减少不确定因素，不可能完全消除不确定因素。消除风险不确定因素的方法，就是不生产，但这在实际生活中是不可能的。风险管理成本最小化原则要求系统在损失控制上投入足够的资源，直到损失控制的边际收益与损失控制的边际成本相等为止。超过这一点，就会增加风险管理的成本。在这种情况下，消除损失的风险管理成本就无法达到最小化。应该承认，在各种风险管理方式中，最重要的两种风险管理方式内部控制和购买保险合同之间具有替代关系。例如，风险内部控制与保险之间、风险自留与风险转移之间都存在着替代关系，替代的原则是风险管理成本最小化、收益最大化。

（2）安全系数目标

安全系数目标就是将风险控制在风险管理主体可以承受的范围内。风险不仅会造成财产的损失、人员的伤亡，而且还会影响到社会心理和参与者的积极性，对此，各风险管理主体都制定了适合本行业发展的安全系数指标。例如，《中华人民共和国保险法》对保险公司最低偿付能力的规定，就是保险公司风险管理的重要财务安全系数指标，具有明确的安全系数目标是一种事前的风险管理。

（3）社会责任目标

风险管理主体遭受风险事件损失，不仅会影响自身的稳定经营，而且还有可能使社会遭受较大的损失。这是因为，社会化大生产使单个组织系统与外界各种经济组织、个人之间建立了广泛的联系，一个组织遭受损失，受损的不仅仅是组织自身，还会影响到其他组织或者个人，甚至会使国家和社会遭受一定的损失。因此，一个风险管理计划不仅要转嫁自身面临的风险，还要降低风险给社会带来的损失，应该具有社会责任目标。为了避免风险事件带来的重大损失，国家法律、法规可以对组织做出一些强制要求，以避免发生风险事件。

2. 损后目标

风险管理不可能消灭风险，也不可能完全避免损失。风险事件发生以后，风险管理的目标是消除、改变引发事故的风险因素，减少风险事件造成的经济损失。损后目标主要包括以下几个方面：

（1）维持生存目标

风险事件对于风险管理主体来说，可能会威胁到组织的形成和发展，风险事件发生后，风险管理的最低目标是维持生存。对单个项目而言，影响其运行的环境要素可以概括为：事业环境因素（EEF）、组织过程资产。其中，事业环境因素是指项目团队不能控制的，将对项目产生影响、限制或指令作用的各种条件，这些条件可能来自于组织的内部或外部；组织过程资产是执行组织所特有并使用的计划、过程、政策、程序和知识库。风险管理计划应该充分考虑风险事件对项目运行环境要素的影响程度，确保风险事件发生后，工程项目依旧能够继续运行。

（2）保持生产活动连续性目标

风险事件发生以后，项目组织要在尽可能短的时间内恢复工程活动，维持工程项目的稳定性和连续性，才可以维持原有的行业地位，不至于因为风险事件的发生而影响项目进展，有利于提高工程组织的信誉。例如，设备因遭受暴风雨侵袭停工后，项目组织为恢复工程活动而采取的维修设备、设施、工程厂房等方面的措施，都是保持工程活动连续性的重要措施，保持工程活动连续性是损后目标之一。

（3）稳定收益目标

稳定收益目标是项目组织保持稳定发展的条件。系统要维持内部的稳定性，必须完善风险管理机制，建立风险管理资金的收付制度。完善的风险管理机制、稳定的投资收益，有助于增强工程项目系统内部外部的信心，使项目组织保持稳步增长。

（4）履行社会责任目标

社会化生产已经将组织系统与社会置于紧密的联系中，项目组织遭受一次严重的意外事故损失，不仅会影响项目组织内部人员的人身安全和经济利益，而且还会影响系统相关外部人员的经济利益，甚至会给税务部门、政府以至整个社会带来不利的影响，尽量减少风险事件给个人、项目组织乃至整个社会造成的不利影响，是风险管理单位必须履行的社会责任目标。

1.2.4 风险管理的基本程序

风险管理的步骤包括风险管理整体规划、风险因素的识别、风险因素评价、风险应对策略制定、风险的控制反馈，只有形成图 1-2 所示的风险监测控制反馈系统，才能实现对风险从初始识别到中期监控到后期反馈的整套管理流程，实现减少风险与保证项目稳定运行的目的。

风险从本质上是无法被彻底消除或者彻底规避的，但是通过有效的风险管理方式方法，可以缩小实际与期望之间的差距，减少不确定因素带来的危害，减少风险所造成的损失，保证项目的长期稳定运行，并形成如图 1-3 所示的风险管理流程。

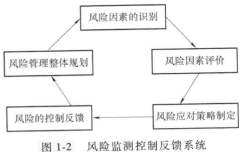

图 1-2　风险监测控制反馈系统

1. 项目风险管理整体规划

风险管理整体规划是项目整体计划的重要环节，也是纲领性和指导性的文件，从全局的高度上建立整个项目中的风险管理目标、各个主要环节的工作、整个项目团队的风险管理文化以及主要负责人对项目风险的预期与态度。项目风险管理整体规划明确了各阶段的责任和任务、分配相应资源，从结构上、系统上规划了整个项目风险管理的方向，可以说，项目风险管理整体规划已经决定了整个项目风险管理的成败。

2. 项目风险因素识别

风险识别就是风险管理人员提前寻找和分析项目风险因素的过程。实际项目中存在的风险因素较多，相互之间关系错综复杂，准确识别也存在一定的难度，要收到预期的效果必须遵循一定的程序。风险识别工作是将存在的风险进行收集和归纳并形成清单。如果遗漏了关键风险因素，而只对其他因素进行分析判断并制定应对措施，则有可能对项目造成影响，因为如果关键风险发生后没有事先有针对性地做出相关的预案，如风险发生后产生的危害较大，势必会造成巨大损失。

因此精准识别项目风险需要风险管理计划、风险种类的划分等相关资料等。随着项目进展的深入，在识别的过程中有些风险因素陆续被辨识出来，一些新的风险因素也逐渐被催生出来，仅在项目实施前进行一次风险识别显然是不够的，而需要制订计划，持续进行风险识别。项目计划、项目资源、各参与方沟通、工程质量、工程费用以及进度安排等都需要在风险识别环节中重点考虑。此外，对不同性质和危害程度的诸多风险进行合理的种类划分，会更有利于风险识别工作的开展。风险因素可大致分为政治方面、经济方面、技术方面、环境方面、项目自身方面的风险等，在风险识别过程中，逐类进行，可以减少遗漏的状况发生。最后，积累相关的历史资料对风险识别工作意义重大，风险管理人员可经常阅读有关项目的期刊，熟识相关行业标准，在进行风险识别时可以借鉴这些知识。

风险识别的过程是系统的、连续的过程，不是项目实施之前做一次工作就可以高枕无忧的，而且项目中的风险也并不都是显性的，有的甚至非常隐性，很难准确辨识。因此，若想全面地识别出风险，应遵循图1-4所示的流程。

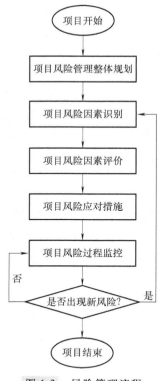

图 1-3　风险管理流程

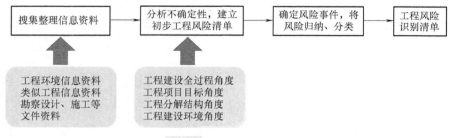

图 1-4　风险识别流程

3. 项目风险因素评价

风险评价是在风险识别的基础上，采取定量或者定性的手段，对风险发生的概率及发生后的危害进行度量。目前风险评价主要分为定量评价和定性估计两类主要方法。目前定量评价的方法正逐渐成为风险评价领域的主流方法，主要包括模糊理论、综合评价、概率分析等。

4. 项目风险应对措施

经过风险管理的前几个步骤，已明确了项目风险的存在，以及发生的概率及后果，为减小损失则需考虑应对措施，同时还应对措施成本和效果做一定的评价。应对方法有规避、转移、自留、减轻等几种。它们各有优缺点，具体的选择方案应视实际情况而定，原则就是以相对较低的成本换取相对较高的效益。在实际项目管理过程中，为了收到较好的风险管理效果，几种应对方法经常会综合使用。

5. 项目风险过程监控

项目风险过程监控是指在整个项目过程中根据项目风险管理计划和项目实际发生的风险与项目发展变化所开展的各种监督和控制活动。这是建立在项目风险的阶段性、渐进性和可控性基础之上的一种项目风险管理工作，因为只有当人们认识了项目风险发展的进程和可能性以后项目风险才是可控的。更进一步，当人们认识了项目风险的原因及其后果等主要特性以后，那么就可以对项目风险展开监控了。当人们对项目风险一无所知时，它才是不可控的。

项目风险过程监控的内容主要包括：监控项目风险的发展、辨识项目风险发生的征兆、采取各种风险防范措施、应对和处理已发生的风险事件、消除或减弱项目风险事件的后果、管理和使用项目不可预见费、实施项目风险管理计划和进一步开展项目风险识别度量等。

1.3 建设工程风险概述

1.3.1 建设工程风险的定义

建设工程风险是一种特定的风险。对于建设工程风险的含义，比较有代表性的阐述有两种：一种是指在建设工程各个阶段过程中遇到各种自然灾害和意外事件而导致标的物受损的风险；另一种是指所有影响工程项目目标实现的不确定因素的集合。结合建设工程的特点，其定义是，在整个建设工程全寿命周期过程中，由不同因素（如政治、经济、文化、和自然环境等）所引起的，造成安全、质量、进度和投资方面的损失，或者造成人身伤亡、财产损失和其他经济损失的不确定性的集合。

1.3.2 建设工程风险的特征

建设工程项目的风险与工程项目全寿命周期紧密相关，同一般产品生产过程比较，建设工程的施工工艺和施工流程非常复杂，相关因素也很多，因而期间潜伏的工程风险就具有不同于一般风险的特殊属性，具体表现在以下四个方面：

1. 建设工程风险管理需要专业知识

只有具备了建设工程的知识，才能凭借工程专业经验，识别、评估风险，尽早发现、解决建设工程中出现的问题，实施有效的工程风险管理。

2. 建设工程风险发生频率高

建设工程周期长，不确定因素多，尤其在大型工程中，人为或自然原因造成工程风险，导致风险损失频发。

3. 建设工程风险承担者的综合性强

建设工程项目参与的责任方较多，诸如业主、承包商、分包商、设计方、材料设备供应商等。风险事件常常是由多方责任造成的。因而一项工程通常有多个风险承担者，与其他行业相比，则会更具突出性。

4. 工程风险损失的关联性大

由于工程项目涉及面广，同步施工和接口协调比较复杂，各分部分项工程之间关联度很高。各种风险相互关联，呈现出相关分布的风险网络，使得建设工程产生特有的风险组合。这也是不同于其他行业的一个突出特点。

1.3.3 建设工程风险的形成机理

建设工程风险的构成要素决定风险属性，并影响风险的产生、存在和发展的因素。在分析建设工程风险时应首先对其要素进行了解，即风险因素、风险事件和风险损失。

1. 风险因素

风险因素是指产生、诱发风险的条件或潜在原因，是造成损失的直接或间接原因。不同领域风险因素的表现形态各异，根据风险因素的性质，可将其细分为物理风险因素、道德风险因素和心理风险因素。

2. 风险事件

风险事件是指造成生命财产损失的偶发事件，它是导致损失的媒介物。

3. 风险损失

风险损失是指非正常的、非预期的经济价值的减少，通常以货币单位来衡量，并且必须满足以上所有条件才能称其为损失。

建设工程风险三要素之间的关系可构成一条因果关系链，如图1-5所示，即风险因素的产生或增加，造成了风险事件的发生，风险事件发生则又成为导致风险损失的直接原因。认识这种关系的内在规律是研究风险机理的基础。在对风险进行认识的同时，认识风险的作用链条对预防风险、降低风险损失有着十分重要的意义。

图 1-5　风险作用链条

1.4 建设工程风险管理概述

1.4.1 建设工程风险管理的定义

建设工程风险管理是对建设工程风险进行辨识、分析并采取相应措施进行处理，以达到减少意外损失或利用风险盈利之目的的工作。该工作包含两个环节，即工程风险分析、制定并实施风险处置方案；分为四个步骤，即建设工程风险辨识、建设工程风险估计、建设工程风险评价和建设工程风险处理。

1.4.2　建设工程风险管理的发展

　　建设工程风险管理的理论研究是伴随着国际工程建设市场的形成和发展而产生的。早在第二次世界大战期间，在系统工程和运筹学领域中就开始应用风险分析技术。而把风险分析技术用于工程项目管理是在 20 世纪五六十年代，伴随着西方社会的战后重建，特别是西欧经济的复苏，在欧洲兴建了一批大型水电、能源、交通及建设项目，巨大的投资使项目管理者越来越重视费用、进度、质量的风险管理，而复杂的工程项目环境又给项目增加了大量的不确定因素，如何定量地预测不确定性对工程项目整体的影响成为管理者的一大难题。为此，学者们先后开发、研究了各种项目风险评估技术，如早期的项目计划评审技术以及后来的敏感性分析和模拟技术等。在最初的研究中只是用数理统计和概率方法来描述、评价影响项目目标的一维元素，如时间或成本变化的影响。随着新的评价方法的不断产生，对工程风险的分析也向综合、全面、多维方向发展。最早且较成功的实践应用是在 20 世纪六七十年代，用于欧洲的"北海油田开发项目"，该项目历时十几年，投资近几十亿美元，由多家国际承包公司共同合作完成。该项目中，专家们尝试了几种不同的风险管理方法，取得了一定的经验和成果。

　　一批大型土木工程项目采用了风险管理。从掌握的资料看，美国的华盛顿地铁，中国的港珠澳大桥、三峡大坝、香港地铁，以及新加坡地铁等大型项目都采用了风险管理技术，从而保证了项目的成功。

　　经过几十年的理论研究和探讨以及在实践中的初步应用，国际学术界已对工程项目风险管理的理论达成一致的看法，认为工程项目风险管理是一个系统工程，它涉及工程管理的各个方面，包括风险的识别、估计、评价、控制和决策，其目的在于通过对项目环境不确定性的研究与控制，达到降低损失、控制成本的目的。为促进该领域的交流与合作，国际学术界定期召开有关的学术会议，如美国房地产学会（American Real Estate Society Meeting，ARESM）、工程管理国际学术研讨会（International Symposium on Project Management，ISPM）、中国保险与风险管理国际年会（China International Conference on Insurance and Risk Management，CICIRM）等，交流和探讨取得的最新研究成果，形成了浓厚的学术研究气氛。加州大学（University of California）、哈佛大学（Harvard University）、中国科学院、清华大学、东南大学等国际知名大学和研究机构都致力于工程项目风险管理理论的研究，从而促进了工程项目风险管理理论的进一步发展。目前，虽然存在多种理论和方法，但实质上并没有本质的区别，工程项目风险管理这一科学正逐步走向成熟。

　　我国风险管理的研究起步较晚，从 20 世纪 80 年代开始并同时被应用到工程项目管理中。在当时的计划经济体制下，工程建设用的原材料的价格均由国家控制，国家是唯一的投资主体，大型建设项目的风险由国家承担。因此，建设项目的各参与者风险意识较差。改革开放以来，随着社会主义市场经济体制的完善，对风险管理的研究已经在学术界成为一个热点。《中国安全科学学报》《安全与环境学报》《土木工程学报》《自然灾害学报》等期刊是其标志性的研究成果。

　　从现阶段国内工程项目风险管理的研究现状来看，研究方向都集中在工程项目风险识别、工程项目风险分析与评价、工程项目风险控制与应对以及工程保险等方面，已经形成了工程项目风险管理的热潮。这些风险管理研究成果在大型工程项目的实践中，也收得了较为明显的效果。

目前在我国，三峡水电站、北京大兴机场等项目以及房地产领域（图1-6），开展风险管理应用研究，实际效果较为明显。在不断借鉴和引进国外先进经验的同时，我国有关风险研究及应用的著作不断涌现，说明工程项目风险研究与应用在我国有了迅速的发展。

三峡水电站

北京大兴机场

某商业房地产项目

图1-6　风险管理案例

资料来源：三峡水电站图片来自麦斯特方案中心，http：//www.mstjg.cn/Projects/sdzsxsdz.html，获取日期：2020-12-28。

北京大兴机场图片来自百度百科，https：//baike.baidu.com/item/%E5%8C%97%E4%BA%AC%E5%A4%A7%E5%85%B4%E5%9B%BD%E9%99%85%E6%9C%BA%E5%9C%BA/12801770？fromtitle＝%E5%8C%97%E4%BA%AC%E5%A4%A7%E5%85%B4%E6%9C%BA%E5%9C%BA&fromid＝13130291&fr＝aladdin，获取日期：2020-12-28。

某商业房地产项目图片来自百度文库，https：//wenku.baidu.com/view/eecdd8e403020740be1e650e52ea551811a6c984.html，获取日期：2020-12-28。

如今，工程风险管理研究已经成为风险管理研究领域中的重要课题。虽然工程风险管理在中国已逐步被采用，而且在大型项目中显示了广阔的前景，但仍然存在一些制约其发展的因素，如工程风险识别困难、风险评价误差大、风险管理手段落后等。

尽管存在上述问题，我国工程风险管理近年来还是有了较大的发展，许多高校和科研机构开展了较为深入的研究，政府也加大了对工程风险管理的力度。风险管理专业人才如项目风险经理、工程项目保险经纪人、保险公司风险分析专家等也出现在中国各工程项目团队以及工程保险机构内。并且，中国的大型工程建设项目纷纷效仿国外风险管理模式开展风险管理，而各大保险公司也竞相开展工程风险的承保业务，国外保险公司的经纪人公司也逐渐进军中国的工程保险市场。这对我国风险管理的发展无疑起到了巨大的推动作用，促进工程风险管理机制的进一步完善。

1.4.3　建设工程风险管理的作用

有效的建设工程风险管理对建设工程项目具有积极作用，其作用主要体现在以下几个方面：

1. 预防风险事件的发生

建设工程风险管理可以将许多风险隐患、危害消灭在萌芽状态，预防风险事件的发生，保证建设工程项目的正常运行。

2. 减少风险事件造成的损失

建设工程风险管理可以使工程项目的参与者充分认识到自身所面临的风险性质和严重程

度，并采取相关的风险管理技术，减少风险事件造成的损失。

3. 转嫁风险事件造成的损失

通过购买建设工程保险，有计划地将重大风险事件造成的损失转移给保险公司，从而转移风险事件造成的损失。

4. 保证建设工程项目的财务稳定

风险管理有助于防止建设工程项目由于资金紧张而陷入困境，保证建设工程项目的财务稳定，有利于建设工程项目长期、稳定地发展，降低建设工程项目的管理成本，提高风险管理的经济效益。

5. 营造安全的社会环境

风险管理通过自身的运营机制，防范了许多重大风险事件的发生，有利于营造安全稳定的生产、生活和工作环境，有利于建设工程项目的有效运行，有利于社会的稳定，优化资源配置。

复习思考题

1. 建设工程风险的定义和特征是什么？
2. 建设工程风险管理的定义是什么？
3. 建设工程风险的形成机理是什么？
4. 建设工程风险管理的作用主要体现在哪些方面？

第 **2** 章

建设工程风险的分类

【本章导读】

在建设工程中，风险可以引起项目费用超支或项目延期，由此在项目管理中对风险的有效管理便成了一个非常重要的问题。工程项目的风险管理一般分为风险识别、风险分析、风险评价和风险应对四个过程。建设工程风险种类繁多，要想对项目风险实现有效控制，首先应当将其科学分类，这有助于我们更好地把握这些风险的本质和变化规律，从而能够采取恰当、有效的措施对工程项目进行科学管理，减少风险损失。

【主要内容】

本章主要介绍了建设工程风险的分类，重点阐述了按照风险来源分类、全寿命周期各阶段工程风险、不同合同方式的风险和主体行为风险等内容。

2.1 建设工程风险分类概述

建设工程风险种类繁多，科学地将其进行分类，有助于我们更好地把握这些风险的本质和变化规律，从而能够采取恰当、有效的措施对工程项目进行科学管理，减少风险损失。建设工程风险可以按照不同的标志进行分类，通过分类可进一步认识项目风险及其特性。各种风险分类方法本身并没有优劣之分，只是由于不同学者对风险的研究视角及识别方法的差异而形成不同的分类，具体分类见表 2-1。

表 2-1　建设工程风险的分类

划分依据	分类	解　释
风险来源	自然风险	由于自然力的作用，造成财产损毁或人员伤亡的风险，如台风、地震等
	政治风险	在狭义上是指由政治事件引发的国际投资的损失；广义来讲，也包括社会、经济等其他领域的不确定性风险
	经济风险	由于管理不善、市场预测失误、原材料价格波动、通货膨胀、汇率变动等所导致经济损失的风险

（续）

划分依据	分类	解　释
风险来源	社会风险	由于社会安全性差、恐怖活动、宗教信仰不同、风俗习惯差异、社会风气差等造成的风险
	组织风险	由于参与方组织管理上的问题或其他不可控因素导致的风险，如工人罢工
	技术风险	技术上的不确定性可能导致工程中出现不良后果的风险，如新技术的应用
	商务风险	合同中经济方面的条款不明确或存在缺陷带来的风险
	行为风险	项目主体行为不当所造成的项目损失的风险，如项目经理能力欠缺
实施阶段	决策阶段风险	在工程决策阶段、设计阶段、施工阶段和运维阶段可能发生的风险
	设计阶段风险	
	施工阶段风险	
	运维阶段风险	
风险承担者	建设单位风险	工程建设过程中，建设单位、勘察单位、设计单位、施工单位及监理单位可能遭受的风险
	承包方风险	
	勘察方风险	
	设计方风险	
	监理方风险	
风险影响范围	非系统风险	影响范围小的风险，例如在大多数情况下，工程项目中非关键路线上工作的延误
	系统风险	影响范围大的风险，例如工程项目中关键路线上工作的延误就属于总体风险，它会影响整个项目的总工期
风险可控程度	可控风险	经过管理者的努力可以预测、防范、转移或减少损失的风险。如工期风险、质量风险、成本利润风险、原材料供应风险、安全风险、资金风险
	不可控风险	项目主体自身无法左右和控制的风险，多为突发的、难以预测的风险，如政治风险、宏观经济风险、自然风险、外汇风险、法律风险、文化风险等。具体的如地震、洪水、陨石、飞机失事、战争动乱等
风险造成的后果	纯粹风险	只造成损失而不会带来收益的风险。例如，地震一旦发生，将造成严重的人员伤亡和财产的损失。如果地震不发生，就仅仅不会造成损失而已，而不会带来任何的利益
	投机风险	可能造成损失也可能带来利益的风险。例如，某施工单位对一个工程进行投标，该投标可能因为做了工程项目的详细分析而得到良好的回报，也有可能因为没有做工程详细分析进行盲目投标而遭受财产损失
风险对象	人身风险	作用于人体，影响人们身心健康的风险
	财产风险	导致财产发生损毁、灭失和贬值的风险
	责任风险	由于个人或团体违背法律、合同或道义上的规定，形成过失行为、侵权行为而造成的他人财产损失、人身伤害，需要负法律责任和经济赔偿责任的风险
	信用风险	在各种信用活动中，在权利人和义务人之间，由于工程合同的一方违约给对方造成经济损失而形成的风险
风险存在的形态	实际风险	已经发生或易被察觉的风险
	潜在风险	不易被察觉，一旦发生又会造成较大损失的风险

（续）

划分依据	分类	解　　释
风险存在的形态	设想风险	不存在的风险，风险管理人员首先要弄清楚风险是否确实可能存在，否则为不存在的事物过分担心就变成了杞人忧天
项目管理学	内部风险	可以通过加强管理和提高技术等手段进行管理的风险
	外部风险	是不以人的意志为转移的、较难控制的风险，对其进行管理时必须进行科学的分析论证

　　本书将详细阐述按前三种划分方式划分的风险。按项目风险来源的分类，可以使利益相关者认识影响项目风险的因素；按照项目风险发生的阶段分类，可以使利益相关者在全寿命周期不同的阶段科学地选择应对风险的措施；按照风险主体分类，可以使利益相关者明确自身责任。

2.2 建设工程风险来源

1. 自然风险

　　在自然力作用下的一系列人力不可抗因素而引起的工程财产毁损或人员伤亡的风险属于自然风险。例如严寒、台风、暴雨、地震等都会给施工带来困难或损失。其次是恶劣的现场条件、不利的工程地理位置和工程地质条件，如施工供水供电不稳定，工程施工地点偏僻、交通不便、易发生洪水或泥石流等。

2. 政治风险

　　政治风险是指由于政局变化、政权更迭、罢工、恐怖袭击、战争等引起社会动荡而造成财产损失和损害以及人员伤亡的风险。此外，还存在一些政治风险因素，如政府或主管部门对工程项目干预太多，工程建设体制、工程建设政策法规发生变化或不合理等。

3. 经济风险

　　经济风险是指在从事经济活动过程中遭受经济损失的风险。国家宏观经济形势不利情况下，整个国家的经济发展不景气，投资环境差：硬环境方面，例如交通不便利、电力供应不稳定、通信条件差等；软环境方面，例如地方政府对工程开发建设的态度不友好、原材料价格不正常上涨、通货膨胀幅度过大、税收提高过多、投资回报期长、预期投资回报难等。

4. 社会风险

　　工程项目社会风险主要是指工程所在地区、社会因素引发的风险。例如国际工程项目中，参与方来自不同的国家和地区，语言、文化背景、宗教信仰的差异易引起沟通信息的误解，产生歧义，导致工作效率降低，造成工期延长、成本增加的风险等。

5. 组织风险

　　组织风险是指由于项目有关各方关系不协调以及其他不确定性而引起的风险。现在许多类型的项目组织形式非常复杂，有的单位既是项目的发起者，又是投资者，还是承包商。例如，政府和社会资本合作（PPP）项目、建设-运营-转让（BOT）项目等都由于参与工程的有关各方动机和目标不一致，对项目的理解、态度和行动就可能不一致，各部门意见分歧，严重影响项目的准备和进展，造成工程延误、拖沓与成本损失等。

6. 技术风险

技术风险是指技术条件不确定而导致损失或工程项目目标不能实现的可能性。它主要表现在工程方案选择、工程设计、工程施工等过程中，在技术标准的选择、分析计算模型的采用、安全系数确定等问题上出现偏差而形成的风险。在可行性研究阶段，技术风险主要表现为基础数据不完整或不可靠、分析模型不合理、预测结果不准确等；在设计阶段，可能出现的风险事件表现为设计内容不全、设计存在缺陷错误和遗漏、规范标准选择不当、安全系数选择不合理、有关地质条件的数据不足或不可靠、未考虑施工的可能性；在施工阶段，技术风险表现为施工工艺落后、施工技术或方案不合理、施工安全措施不当、应用新技术或新方法失败、未考虑施工现场的实际情况，还有其他一些方面，如工艺设计未达到先进指标、工艺流程不合理、工程质量检验和工程验收未达到规定要求等。

7. 商务风险

工程项目商务风险是指由于合同中经济方面的条款不明确或存在缺陷带来的风险。在签订工程合同时，合同双方需要明确诸如支付、工程变更、风险分配、担保、违约责任等方面的条款。如果合同中对某方面没有做出明确界定，或者有些条款含糊不清，那么在合同实施过程中一方便有可能利用合同漏洞索赔，而另一方只能被动接受。

8. 行为风险

工程项目的行为风险是指由于个人或组织的过失、疏忽、恶意等不当行为造成财产损失、人员伤亡或工程目标不能实现的风险。例如，在施工中承包单位为了获取更大的利益，故意偷工减料，降低工程质量标准；供货单位为了牟取更大的利润，提供劣质的材料或配件以次充好，这将为工程的质量安全埋下隐患。

2.3 建设工程全寿命周期各阶段风险

在建设工程项目的四个阶段（决策、设计、施工、运维），风险表现是不同的，它伴随着各个阶段的主要任务而产生。建设工程项目全寿命周期各阶段风险如图 2-1 所示。

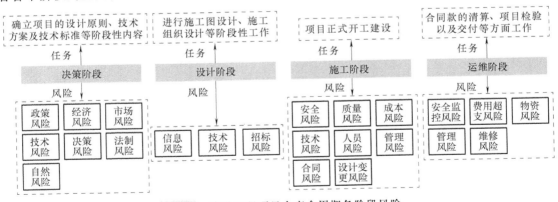

图 2-1　建设工程项目全寿命周期各阶段风险

2.3.1　建设工程决策阶段风险

建设工程决策阶段是指确立项目的设计原则、技术方案及技术标准等内容的阶段，在此阶段评判项目的可行性。此阶段可能出现的不确定因素较多。该阶段风险是指在对拟建项目进行全面综合的调查研究、分析项目建设必要性时遭遇的技术、市场、工程和经济可能出现的不确定因素，以及这些因素对项目目标产生有利或不利影响的机会事件的不确定性和损失的可能性。

1. 决策阶段风险特点

（1）客观性

在业主进行投资决策时，产生风险的各种因素，如政策方面、市场方面、社会方面、自然方面等，是不以人的意志为转移的，是客观存在的，这就决定了投资决策风险本身的客观性和不以人的意志为转移的特点。因为业主在进行投资活动时，必然与外界如市场、自然环境、政府产生各种关联。同时作为国家经济中的重要组成部分，也必须受到国家政策调控的影响。作为投资方，应当能够强化投资内部控制，但不能完全消除外部环境的影响。

（2）多样性

项目的顺利实施是一项纷繁复杂的系统工作，其成功与否，受到多个层面、多个因素的影响。企业内部的发展规划、投资决策、市场分析、项目选择、施工验收、运管维护，每个阶段、每个部门都需要互相配合。外部环境还需要"天时、地利、人和"，任何一个条件不具备，都可能导致投资失败。决策涉及经济社会的各个方面，与经济走势、市场状况、政府政策、行业技术、消费者心理等密切相关，受各方面因素波动影响，因此，风险具有多样性。

（3）补偿性

风险并不全部意味着损失等负面影响，业主往往可以获得较高的收益，以弥补其在投资活动中承担的较高风险，也就是风险溢价。一般而言，高风险与高收益是相伴而来的，风险与收益是并存的。假如可以对风险有清晰的认知，并采用恰当的风险应对措施，就可以将风险转化为收益。

（4）可测性

可根据已经出现的类似项目的风险分析与总结，通过对项目风险的判断，对多个项目风险发生的原因、后果、严重程度、频率等数据进行统计，经过科学的总结研究，制定有效的风险应对措施及风险控制措施，防范风险的发生、控制风险的危害，提高投资决策的科学性与合理性。

2. 决策阶段风险分析

准确把握阶段性风险有利于有效引导工作。决策阶段风险主要包括政策风险、经济风险、市场风险、技术风险、决策风险、法制风险以及自然风险。

（1）政策风险

政策风险是指在长期建设项目的过程中，会受到项目所在国家政治因素变动的影响，具体包括国家时政环境的变动、国家产业政策的变化和有关的法律规章变动等情况，以及这些情况对项目各参与方可能造成的影响。政策风险是一种致命风险，直接关系到工程建设项目投资的成功与否。因此，在决策阶段应对政策风险进行判断，并进行合理决策。

（2）经济风险

经济风险是指与经济环境和经济发展有关的因素对工程建设项目投资产生的影响。具体可包括以下几类：

1）财务风险。财务风险是指由于各种财务因素发生变化而给工程建设项目的投资者带来各种损失的风险。财务风险可以分为以下几类：通货膨胀风险、利率变化风险、税率变化风险以及劳动力价格变化风险等。一般说来，在市场经济下，一定幅度的通货膨胀是可以理解的，也是可以接受的，但变化必须符合正常规律。

2）融资风险。融资风险是指项目运行周期内发生的、对项目成功融资的实现可能产生妨碍的突发性影响，或导致项目亏损，乃至失败的事件。工程建设项目是一种资金密集型项目，对非自有资金的依赖性很强。工程建设项目的类别和管理水平若不符合贷款方要求，很可能导致融资失败。例如世行贷款，要求对项目进行严格的审核，审核内容包括工程建设项目规模、工期、资金偿还能力以及项目管理水平等；如果不符合其要求，就会导致项目融资失败。

3）计量风险。在项目决策立项过程中，由于业主依据施工图设计编制的招标文件中的工程量只是估算量，在施工过程中会出现实际工程量与清单工程量不一致的情况，包括清单错项、漏项、设计变更引起的工程量增减，因而对于项目投资估算的准确性也存有一定的风险。

（3）市场风险

工程建设项目投产后的效益取决于其在销售市场中的表现，该阶段市场风险主要分为供求风险以及竞争风险。

1）供求风险。供应是指商品生产者愿意并且有能力向市场提供的某种商品的数量，需求是指人们愿意并且有能力购买的某种商品的数量。市场的供应和需求都是在不断变化的，这种变化对工程建设项目来说就形成了潜在的威胁。例如在污水处理厂项目中，由于污水供应量不足，导致产品的生产成本超出预期值，将给项目带来巨大的潜在风险。在决策阶段应合理预估供求关系，并制定合理的策略应对可能发生的变化。

2）竞争风险。这种风险不仅存在于同行业企业之间，还存在于同行业的潜在进入者之中。如果投资者投资的工程建设项目竞争力一般或者低下，并且不注意性能的更新和提高，将会导致投资者不能适应于市场，甚至会危及企业的生存。

（4）技术风险

技术风险是指工程建设项目所采用的技术在先进性、实用性、可靠性发生重大变化时，会导致项目生产能力降低，生产成本增加，或者产品质量达不到预期的要求，给投资项目带来的难以预测的风险。技术风险具体表现在以下几点：

1）技术上是否成功的不确定性。任何技术在诞生之初都是不完善的、粗糙的，因此，技术能否实现预期的目标具有不确定性。

2）技术寿命的不确定性。随着知识的不断更新和科学技术的不断进步，新技术代替旧技术的时间越来越短，因此，一项技术被另一项新技术所替代的时间是难以确定的。

3）技术与配套技术支持的不确定性。一项新的技术常常需要一些专门配套的技术支持才能使其转化为商业化生产运作，配套技术支持的不确定性，导致技术与配套技术支持相结合的不确定性。

（5）决策风险

项目决策的风险可从项目支持性文件的批复中以及相关决策程序过程中把握。

1）项目支持性文件批复的风险，主要表现在项目的规划报告、项目建议书、项目的可行性研究报告以及项目初步设计文件等需要政府相关部门审批的文件是否取得许可，或者在预计时间内取得许可。项目在这些支持性文件未取得审批许可的情况下就开工，必然是不合法的。

2）经济评价分析风险，表现在进行工程建设项目经济效果评价时，部分决策者根据自己的知识、实际经验做出判断，或采用静态评价而非动态评价的方法，即没有考虑资金的时间价值，导致项目预期效果偏离实际。

3）决策程序风险，主要体现在决策者或管理者对项目决策能力的经验水平上，正确的决策会产生积极有效的影响，反之，决策的失误必然会造成无法挽回的损失。

（6）法制风险

法律法规对工程建设项目有很大的影响。一般来说，承包商同时受到法律和政策的制约。在合同管理、承包商管理以及财务管理等方面，与相关责任人发生法律纠纷时，充分运用法律手段合理转移风险，才能最大限度地维护企业自身的合法权益。但是在社会实际情况变化的情况下，部分法律条文也会进行相应调整，决策阶段后法律变更的不确定性会给项目的法律适用性带来风险，导致项目成本增加、部分合同内容修改，重新谈判导致工期增加。

（7）自然风险

自然风险是指项目建设中自然环境下所包含的地形地貌条件、水文和气候条件等不可抗力带来的风险。不利的自然环境因素对项目的有序施工、施工环境的安全及交付使用后的质量将会产生较大的不确定性影响。因此，在项目决策阶段过程中，应充分了解和勘察地理自然环境状况，着重加强对这些风险因素进行有效分析与规避控制。

由于决策阶段是项目的开始阶段，只形成了项目的概念和对项目的初步理解，对项目的范围、质量、进度的具体要求不是特别准确，可以有效利用的项目信息比较有限。因此，该阶段将更多依靠专家意见调查和投资方有关人员的经验来对风险进行识别与分析。

2.3.2　建设工程设计阶段风险

项目设计阶段是在确立了项目的设计原则、技术方案和技术标准后，进行施工图设计、施工组织设计等阶段性工作。此阶段工作的好坏程度将会直接关系到项目目标在各个实施过程中的完成程度。

1. 设计阶段风险的特点

（1）客观性

由于风险的复杂性，设计人员或是开发商不可能识别和掌握全部风险因素，因此风险的客观性也决定了风险是不可杜绝的，而只能因势利导。但是，随着设计管理水平的提高和经验的总结，会逐渐发现设计阶段风险的规律性，这种规律为设计单位评估风险、避免风险和控制风险提供了可能性。

（2）不确定性

首先，在工程设计时，尽管会进行细致的地质勘探，但也会存在许多不确定性因素，而且设计人员对项目及环境的认识依赖于主观判断，与实际情况存在一定误差，这就可能导致设计的最优方案偏离实际的最优方案。其次，设计风险不仅对设计本身影响很大，而且对整个工程项目建设的影响很大，但是设计阶段的风险造成的设计缺陷具体暴露时间不能确定，发生空间不能具体确定，风险发生的滞后性将对工程的质量、进度、安全和成本产生很大影响。

（3）复杂性

在设计过程中，一个具体风险的发生都是诸多风险因素和其他因素共同作用的结果。由于工程项目的复杂性，风险的关联性较大，一些不确定因素的微小变动，就会使设计中多种风险发生连锁反应，在同一时间和空间并发，这样直接导致的结果是风险后果增大。例如，施工过程中由于设计图错误导致工程质量事故，进而引起设计变更和材料需求变化，导致进度风险，增加承包商索赔，最终影响项目的质量、工期和成本。

（4）损害性

设计阶段的风险产生的后果往往会造成一定程度的损失：一为直接损失，即由风险事故导致的有形物质损失，这种风险损失有时可以用货币衡量；二是间接损失，即由直接损失引发连带的损失，包括心理创伤等无法用货币衡量的损失。例如，施工过程中由于设计图的失误造成的现场事故造成的损失，是可以用货币衡量的；但是，对现场施工人员的内心伤害却是无法用货币衡量的，风险对人的心理和精神造成的伤害往往是无法评估的。

（5）社会性

设计人员在设计过程中，既要考虑开发商的利益，还要考虑施工的难度等，而且还要从社会的角度考虑其产品的功能性及环境的影响等。例如，设计人员在设计时会考虑项目对城市规划的影响、项目绿地覆盖率、项目对公众生活的影响等。

（6）影响性

设计覆盖了工程项目的全寿命周期，设计风险影响后续施工的可行性、建筑工程的寿命甚至整个工程项目的顺利完成。

1）设计风险对工程项目的进度有很大影响。施工进度往往由于设计图不能及时提供、每个阶段不能按计划进行以及相互之间的衔接欠妥当等风险因素而受到影响。建筑设计未考虑到施工过程的简便性、可实施性而产生工程洽商、设计变更，严重影响进度。

2）设计风险对工程项目安全有很大影响。设计风险潜伏期长，在突如其来的自然灾害或人为破坏情况下，安全事故突然出现就会给生命财产造成巨大损失。

3）设计风险对工程项目成本影响巨大。一方面由于设计阶段未考虑到建设单位的需求等因素，致使后期工程变更增加过多，从而增加成本；另一方面由于设计不详，建设单位要求设计单位或委托施工单位进行二次设计，增加投资。这将导致结算超预算、预算超概算、概算超估算的现象。

2. 设计阶段风险分析

（1）信息风险

信息风险主要源自建设单位能否提供准确、全面、及时而又规范的信息材料，若信息材料不完善、充分，极有可能造成项目设计错误及项目进度拖延等问题的发生。

（2）技术风险

技术风险的发生主要表现为：建设方提供的项目设计依据资料有误，以致对技术设计误判；相关技术的应用不够成熟；设计团队缺乏经验，设计人员自身设计能力有问题等。

（3）招标风险

导致项目招标风险发生的诱因主要体现为：招标文件的编制内容不规范；招标过程中投标资格问题；招标中各参与方串标问题等。

2.3.3 建设工程施工阶段风险

1. 施工阶段风险的特点

（1）独立性

施工项目客观性和必然性风险的存在是不以人们的意志为转移的，这是因为决定风险的各种因素对于风险主体来说是独立存在的，不论风险主体是否意识到风险的存在，只要风险的诱因存在，一旦条件形成，风险就会导致损失。在项目建设中，无论是自然界的风暴、地震、滑坡，还是与人们活动紧密相关的施工技术、施工方案等不当造成的风险损失，都是不以人们的意志为转移的。

（2）可变性

不论是项目风险的性质，还是后果，都会随着活动或事件的进程而发生变化，这就是风险的可变性。人们辨识风险、认识风险和抵御风险的能力增强，就能在一定程度上降低项目风险所造成的损失范围和程度。

（3）可预测性

个别的风险事件是很难被预测的，但可以应用现代技术手段对其发生的概率进行分析，并可以评估其发生影响，同时利用这些分析预测的结果为项目决策与管理服务，预防风险事件的发生，减少风险发生造成的损失。

（4）无形性

风险不像一般的物质实体能够被非常确切地描绘和刻画出来。因此，在分析风险时，应采用系统论、概率论、模糊论等概念和方法进行界定或估计、测定，从定性和定量两个方面进行综合分析。虽然风险的无形性增加了人们认识和把握风险的难度，但只要掌握了风险管理的科学理论，系统分析产生风险的内外因素，恰当地运用技术方法和工具手段，就可以有效地管理风险。

2. 施工阶段风险分析

（1）安全风险

工程施工是一个由人员、设备、环境、管理四个因素组成的复杂系统。项目安全问题发生的直接原因是管理缺陷，间接原因包括人的不安全行为、设备的不安全状态以及环境的不安全状态三个方面。管理上的失误往往会导致人员失误、设备故障和环境脆弱三种不安全状态的产生，进而致使安全生产事故的发生。

（2）质量风险

质量风险主要是由于项目出现质量问题所造成的损失，体现在如下两点：一是施工单位不能够依照质量保障体系和保障措施方面的要求来施工，从而造成工程项目质量方面的缺陷问题；二是监理单位未能够依据相关规定对工程项目进行有效监督，导致工程的重点部位及隐蔽工程的质量不合格。

（3）成本风险

项目成本风险主要是在建设周期内表现的材料设备价格的变动、工人工资标准的变动以及费率、利率、汇率等情况的变化，这些方面的变动都会影响项目的成本，使得成本控制变得更加困难。

（4）技术风险

导致项目技术风险的诱因主要在于施工过程中所遇到的地质条件的复杂程度、工程环境的好坏程度、施工工艺及水平的成熟度等。这些因素的变化都会造成实际工程项目技术操作的风险。

（5）人员风险

项目施工具有劳务人员多、人员构成复杂、人员流动性大及人员技术层次低的特点，这些因素影响着项目实施和质量。

（6）管理风险

项目施工阶段的管理风险主要体现在施工管理体系制度中规范规定是否完善、人员的配置是否合理、职责划分是否明确以及各参与主体管理协调工作是否到位等方面。

（7）合同风险

签订合同是将项目各参与方紧密联系在一起的必要手段，便于分清项目各参与主体的工作和责任。各参与方履行合同中，某些合同条款往往会因为订立时不全面、不完善，使得合同双方主体在权利与义务方面不对等，进而给工程项目有序施工带来诸多困难。

（8）设计变更风险

设计过程中可能遇到诸多问题，将导致实际变更，进而会造成项目进度偏离预定目标。

2.3.4　建设工程运维阶段风险

项目建设的最后阶段是运维阶段。此阶段的工作包含合同款的清算、项目检验以及交付等方面的工作。

1. 运维阶段风险的特点

（1）多样性和层次性

工程项目运维具有内容多，参与主体多，管理类别复杂，跨地理区域大，技术含量高等特点，导致工程项目在运维过程中可能发生的风险数量多且种类繁杂。

（2）动态性

在运维阶段，风险的动态性表现为风险后果的动态变化以及新风险的动态产生。在此阶段，设备设施关联复杂，若某一设备设施发生故障，可能引发风险级联效应，导致更多设备设施功能瘫痪、危机蔓延、损失惨重。例如电缆短路故障引发火灾，导致电灯、空调、办公设备等用电设备失效。

（3）可预防性

工程项目运维过程中，不论是在管理的组织架构上还是具体实施的流程上没有全面科学的依据，风险因素不可能得到完全控制甚至消除。但是可以通过严格预控人员因素、环境因素、设施设备因素和管理因素预防风险发生，如制定运维风险规章制度，规范人员和组织行为等。

2. 运维阶段风险分析

（1）安全监控风险

项目质量直接关系到人的生命和财产安全，在项目运维阶段，可能会遇到不能满足运行要求的一些缺陷，如管线故障、消防设备故障、给水排水设备故障、安防设备故障、通风设备故障以及电梯设备故障等。在运行过程中，出现安全隐患，进而影响项目的有效运行。

（2）费用超支风险

由于外部环境的不断变换，管理者的经营成本、可替代成本也逐渐变化。环境的变化，技术市场的变化，以及新的可替代的工程建设和应用也会对企业的费用管理风险产生较大的影响。

（3）物资供应风险

在多主体运营环境下，尤其是针对公共部分物资，多主体之间权责不明，缺乏对物资供应的明确规定，使得公共部分的物资在资源供应时难以保障。其中主要反映在材料预算计划与实际不符、库存物资难以及时更新、物资采办过程存在失误等，使得项目运行维护作业难以按时完成，增加了项目运营期的风险。

（4）管理风险

项目运维阶段的管理风险主要体现在管理体系制度中规范规定是否完善、人员的配置是否合理、职责划分是否明确以及各参与主体管理协调工作是否到位等方面。

（5）维修风险

设施设备超过保质期或保修期后，若能源系统、电力及卫生系统及辅助系统等的设备不能正常运行，将增加维修成本。若维修部门的维修质量、技术、人员的素质等不合格，将引发质量安全问题。工作人员因技术水平低、操作不当带来的问题将给项目造成重大损失。

在建设项目全寿命周期各阶段，风险发生频率和风险影响程度的总体变化趋势如图 2-2所示。随着工程项目的推进，风险的总体发生频率持续下降，但是风险发生对项目的影响程度不断增加。例如在运维阶段发生风险的可能性很小，但是一旦风险发生，对项目的打击可能是致命的。

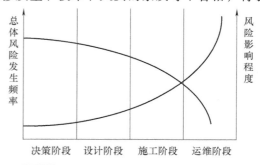

图 2-2　项目全寿命周期各阶段风险变化

2.4 | 不同建设工程合同模式及其风险

工程项目错综复杂，风险隐藏在项目的全过程中，需要提前识别其特征，且不同合同模式下的各合同主体所面临的风险特征也大不一样（见表 2-2）。本节将分别介绍设计-建造总承包（Design-Build，DB）模式、设计-采购-施工总承包（Engineering-Procurement-Construction，EPC）模式和 PPP 模式的工程风险。

表 2-2　不同合同类型的风险分担

合同类型	业　　主	承包商或工程咨询单位
DB 合同		
EPC 合同		
PPP 合同		

书中通常只提供较短系列施工区流域内的水文气象资料，而且标书上明确规定业主不保证这些资料的可靠性和准确性，如施工期遇到超常规的气候变化等，则会影响工程的施工。③不可抗力，这是指由于自然力作用，合同订立时不能预见、不能避免并不能克服的客观情况，如地震、台风、火山爆发等。

FIDIC 在 2017 年版的《施工合同条件》（新"红皮书"）中将"不可抗力"修订为"例外事件"，是指同时满足如下条件的事件或情况：①一方无法控制；②该方在签订合同前，不能对之进行合理防备；③发生后，该方不能合理避免或克服；④不能实质性归因于另一方。《生产设备和 DB 合同条件》（新黄皮书）第 4.12 款"不可预见的物质条件"，将物质条件定义为承包商在现场遭遇的自然物质条件以及物质障碍（自然的或人为的）和污染物，包括地下及水文条件，但不包括气候条件。如果一个有经验的承包商在基准日期之前无法合理预见，且该事件将会对工期和费用带来不利影响，则承包商应尽快向工程师发出通知，以便工程师可以立刻检查和调查该物质条件。若导致工期延长或费用增加，可根据第20.2 款"费用和/或工期延长索赔"的规定提出索赔（但不应含利润）。根据《EPC/交钥匙工程合同条件》第 4.12 款"不可预见的困难"，承包商应被视为已经获得所有关于风险、意外事件以及其他情况的必要资料，合同价格不能因任何不可预见的困难进行调整。这就意味着在 EPC 合同条件下，承包商要单方面承担发生不可预见困难这一风险。加之 EPC 模式适用大型复杂、工期长的项目，因此，遭遇各种自然灾害的机会相对于一般合同模式的项目要大，自然风险也随之增大。

2）法律风险。法律风险主要表现在四个方面：①对工程相关的法律未能全面和正确理解，在建设过程中承包商没有全面深入地掌握相关法律情况，比如劳动法、税法等，这就为中标后合同的谈判和签订带来了很大的法律风险。②法律条文不完善，势必会加大企业的投资难度，使其面临着诸多无法估测的风险。③法律条文变更，国家法律制度随着国内经济的快速发展而日益成熟完善，并且开始和国际法律制度相接轨，包括税法等在内的相关法律变更或许会使在建项目产生极其严重的损失，轻则会使成本上升、利润空间被压缩，重则造成项目被动违法等。④法制不健全，虽然国家形成了较为完善、严谨的法律体系，却面临法律环境较差、执行不严等问题，导致大量纠纷无法通过正常的司法程序得到及时有效的处理，从而造成企业合法权益无法得到有效保障。

3）政治风险。政治风险主要出现在国际工程 EPC 项目中，主要包括三个方面：①政治局势风险。项目所在国的政局是否稳定，政治集团内部和派系之间有无争斗，与邻国的关系如何，边境是否安全，项目所在国与国际组织的关系如何，均给项目的实施带来不确定性。②国家政府体制不合理，办事效率低，行业贪污腐败严重，破坏了公平的市场环境，加大了建设项目的运营成本和经营风险。③恐怖主义和一些国家内部的动乱组织都可能会给项目建设带来无法预期的风险，甚至人员伤亡。

"银皮书"中关于业主要承担的政治风险已有条款明确规定，且"银皮书"规定因政治风险造成的损失，总承包商可以从建设单位获取补偿。但是"银皮书"仅是标准合同格式，不具有强制性，业主在谈判时为了保护自己的利益，有意逃避政治风险，因而总承包商不容易得到真正的补偿。

4）经济风险。经济风险主要包括四类：①汇率风险。对业主方而言，EPC 项目合同一般是一个固定汇率的合同，在工程款的支付过程中因汇率的变动而使合同总价升高或降低，那么总承包方极易蒙受损失。②利率风险。全球金融市场上的利率波动较大，且充满了随机性；且各国间的利率水平不尽相同，利率变化不仅容易使得企业资产降低，还会引发利息收益降低等。③通货膨胀。这会造成原材料、人力等成本明显上涨，还会造成管理成本显著增加，由此造成竞争优势变差，不利于进军和占领市场。对于在建工程而言，承包商往往和业主签订固定总价协议，各类成本的持续增加导致承包商收益降低，甚至是陷入赤字境地。④国家经济政策的变化和产业政策的调整。EPC项目建设过程中牵涉到各种经济知识及相关政策，极易因经济政策调整导致税费成本核算不准确，造成投资失利。

5）社会风险。社会风险包括三类：①宗教信仰和风俗习惯差异。项目所在国的宗教信仰、社会风俗等差异均对项目施工情况产生一定的影响。②社会治安的动荡。对于EPC项目而言，如若项目所在国出现社会动荡，则需要加大安保队伍的经济投入，否则不利于保证人身安全，也无法保障工程顺利实施。③劳动力文化技术水平。EPC项目所在国不同，劳动力素质存在巨大差异，国内外工人工作意识、工作习惯等方面也存在着显著差异，一定程度上影响了工作的效率和质量。且部分国家时常出现罢工现象，导致项目工程暂时停工，容易造成项目延期。

6）管理风险。项目组织管理方面的风险是总承包商在管理过程中所面临的无法规避的风险，此类风险源于项目管理内部，既不能转嫁，也无法规避，只能由总承包企业独立担负。管理风险主要包括三种：①组织协调风险。EPC项目规模较大，参与人员数量非常多，容易出现组织结构设计不合理，总承包商与项目各方面的关系不协调；并且由于各方代表着各自利益，在一定程度上加大了组织协调难度，同时也容易产生协调风险。②合同风险。首先是合同条款风险，即由于不平等条款、定义和用词含混不清、意思表达不明、合同条款的遗漏、合同类型选择不当带来的风险；其次是合同管理风险，即由于协议纠纷、协议调整、业主未在限定时间内支付工程款等所产生的风险。③人员风险。这是工人及管理层的素养技能水平等未满足项目要求，而使得项目所面临的风险。

7）技术风险。EPC技术风险主要有两种：项目设计技术水平的风险与工程施工技术水平的风险。首先，EPC模式下的大型项目工程质量以及项目施工进度要求较高，设计持续调整、不断引入新工艺、技术文件和技术规范的变化等导致设计风险。其次，设计未顾及施工、采购的妥善衔接，导致工程施工困难，工期延长，或采购成本过高，利润降低。施工过程出现中环境保护策略不合理、施工方案不科学、技术水平比较低、设备故障等问题，对工程先进性造成影响。

（2）按实施阶段对风险分类

不同阶段需要应对的风险因各阶段的主体差异而有差别。

1）招标投标阶段。EPC项目招标投标阶段需应对的风险包括六个方面：①调研准确性。投标前对项目所在国有关法律法规和国家环境以及工程实际情况等缺乏科学评估，投标时对未来风险预估出现偏差。②竞标对手。项目招标后，投标的总承包商数量多，竞争激烈，要想打败竞标对手，有时需减少利润，低价中标。③业主信誉。签合同时，业主常常规避不利于其利益的条款。④代理人风险。投标人往往不对代理人设防，若选择的代理人与投标人利益不一致，那么很可能损失惨重。⑤投标报价失误风险。由于总承包商在投标前对工程所在地的市场行情以及工程现场条件的了解有限，业主所提供的资料粗略，设计与施工方案的不确定，实际工程量可能与预估有较大差异，设备、材料、劳动力费用上涨超出估计。同时，施工中易发生工程变更或出现不可预见的情况等不确定因素，总承包报价容易出现失误。⑥市场询价。国际市场复杂多变，报价中询价工作不充分，导致询价和实际分供方执行价差额巨大。例如工程动工后，当地的劳务、设备及材料价格与报价差别较大，导致总成本提高。

2）设计阶段。工程设计阶段在 EPC 项目中的位置举足轻重，做好设计阶段的工作，不仅能够节约工程造价和管理成本，还能提高工程质量，缩短工期。EPC 项目设计阶段风险包括三个方面：①设计人员自身的风险。由于相关人员对设计标准和规范不熟或者对现场施工条件及施工流程不了解，设计不合理或设计方案无法施工。②业主提供资料不准确的风险。有关的地勘资料一般由业主提供，但是不能保证这些资料一定是准确无误的。如果承包商没有认真研究分析业主提供的地质资料，不深入进行地质调查，可能会影响设计的判断，继而影响施工。依据"银皮书"中的条款，如果这种情况发生的风险由项目总承包商承担，由此产生损失是由工程总承包商自己承担的，额外支出的费用也由总承包商支付。③业主设计变更的风险。EPC 总承包合同中规定勘察设计企业的设计标准或规范需适用于工程实际情况，在工程实施建设过程中业主往往根据工程的具体情况进行相应变更，造成设计变更风险。

3）采购阶段。采购是整个 EPC 项目中非常关键的阶段，采购费用占总投入的 2/3 左右。其中，设备材料的规格以及数量能否满足工程建设的需要，材料的质量能否满足项目工程要求等风险在材料采购过程中贯穿始终，同时也就直接影响着整个 EPC 总承包项目的总成本与施工进度，也会影响竣工后能否安全试运行和验收后的安全运营。因此采购阶段的工作是 EPC 总承包项目能否顺利完成的关键。EPC 项目采购阶段的风险包括以下两个方面：

一是外因风险。项目在采购阶段的外因风险可根据设备的价格、质量、贬值、运输以及合同欺诈五个方面阐述如下：①设备价格。采购过程中材料供应商为了获取利益，可能会串通其他材料供应商故意哄抬材料售价，影响采购外部环境，采购方不得不以高价采购，遭受损失。除此之外，在材料价格公正合理的条件下，如果大量采购后出现同种或者同类材料价格大幅度降价，也会使采购方遭受损失。②设备质量。由于中标价格低，在设备材料采购过程中，材料供应商可能会提供掺杂质量不达标的次品给采购方，即以次充好，最终使得供应的材料质量没有达到项目的要求，使得采购方、总承包方均遭受严重的损失。③设备贬值。由于科技进步，之前采购的材料设备因技术的更新换代不断贬值，若贬值幅度较大，项目相关人员的专业知识又跟不上科技的步伐，不能满足 EPC 项目建设的需求，致使采购方盲目采购，则会使工程面对贬值风险。④设备运输。在运输过程中设备损坏或损伤甚至是设备材料丢失导致损失。⑤合同欺诈。随着市场环境错综复杂，合同欺诈屡见不鲜，不良影响也日趋严重。合同欺诈主要有：项目合同主体虚设，捏造假文件进行担保；供货方和采购方签订空头合同后转手倒卖合同，从中牟利，无法保证项目建设所需材料设备的数量和质量；合同签订后，供货方突然违约，提前中止合同，导致物资供应中断，影响工期和工程质量。

二是内因风险。内因风险是由制度不完善以及管理不当产生的，主要有以下四个方面：①采购计划风险。项目人员没有制订好详细的采购计划，如没有准确确定采购数量、没有计划好供货方的供货时间、不了解物资质量要求等没有科学计划采购，而影响整个工程进度。②采购合同风险。采购合同没有明确权利义务及管理混乱，造成专业分包商推脱责任。③采购验收风险。采购的物资在质量、数量及规格不满足合同条款的要求，未在物资使用或设备安装前的验收环节中及时发现，影响了工程的质量。④采购责任风险。采购方相关人员责任心不强、管理人员对采购管理不当，导致采购的产品、材料等出现问题。

4）施工阶段。施工阶段对整个项目有直接影响，是一个非常关键的阶段。我国的施工技术已较为成熟，我国的施工队伍已经能够满足各种大型项目的需要。尽管如此，还是有很多风险存在。EPC项目采购阶段风险包括四个方面：①施工技术风险。EPC项目往往针对大型工程，如石油、化工、地铁等，技术较为复杂，在项目施工过程，承包商人员的技术水平低、施工设备落后以及施工工艺不先进和技术标准低等，施工专业技术不先进甚至是落伍，会造成损失。②施工现场条件风险。依据EPC总承包合同条款，业主为总承包商提供有关现场的基准点、基准线、高程和坐标以及水文、地质、气象等资料，因此这些资料存在着不准确的风险。③施工过程中的风险。施工质量好坏和安全与否是整个工程的关键。在施工过程中如果承包商不按照技术规范和设计图规定的工艺及流程施工，在施工过程中施工质量和施工安全就会存在风险。④施工HSE管理风险。EPC工程总承包项目常常涉及铁路、公路和矿山等大型项目建设，工期长，短的有三五年，长的有十五年甚至更长，较长的工期不仅增加了施工管理难度，也对HSE造成很大的影响。因此，该阶段既要满足施工质量要求和解决安全隐患，又要保护环境，达到人与自然和谐统一，这也是一直以来EPC总承包商的重要社会责任。

5）试运行阶段。和其他传统承包模式对比，EPC总承包模式增加了试运行阶段，作为最后一个环节，它是业主验收项目设计、材料采购及建设施工中的一个非常重要的环节。如果试运行失败，那么整个项目建设的进度将被拖延，工期拉长，项目的额外支出也会相应增加。

2.4.3　PPP模式的工程风险

1. PPP模式的概念

PPP（Public Private Partnership）是一种基础设施投资建设模式。在我国，PPP泛指公共部门和社会资本为提供公共产品或服务而建立的合作关系，而狭义的PPP可以理解为一系列项目融资模式的总称，可分为外包、特许经营和私有化三大类，强调政府在项目中的所有权，以及与企业合作过程中的风险分担和利益共享。PPP模式的内涵如图2-5所示。

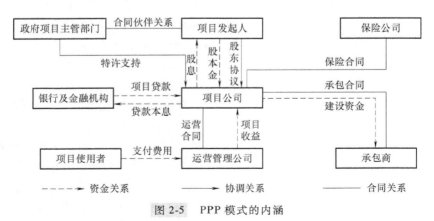

图2-5　PPP模式的内涵

资料来源：高速公路的PPP模式简介和案例，无忧文档，https://www.51wendang.com/doc/07a226a3c9fa6ed466ade6cc，获取日期：2021-01-04。

PPP 模式重在引入社会资本投资、建设、运营基础设施项目，强调政府与社会资本之间长期、稳定、和谐的合作关系，强调相互得利的"双赢"局面，为基础设施的发展提供了全新视角。在我国，PPP 模式的应用为基础设施建设提供了充裕的资金，带来了先进的技术和管理技巧，为政府分担了很多风险，因此 PPP 模式具有良好的发展前景。

2. PPP 项目风险的特点

PPP 项目因资金投入量大、投资周期长、合同结构复杂、工作任务多等特点，其风险具有复杂性、随机性、转换性等特征。

（1）复杂性

PPP 项目通常包含政府部门、社会资本及其他众多相关参与部门。PPP 项目中一个风险因素的责任方往往涉及两个或多个参与主体，带来的损失也可能出现两方或几方分担的情况。同时，由于 PPP 项目建设周期长，投资巨大，涉及的参与方较多，多方对制度约束、收益权衡、应急管理等的认识存在差异，即使有明晰的合同约束条款，但在较长的时间跨度内也会因政策、自然等不可测因素的变化，而给项目的运行带来各种不确定性。

因此在其整个寿命周期内的风险因素之间的关系较为复杂，并且各内在风险因素与外界因素交叉影响后，又会使得风险显示出多层次性，这都给项目风险增添了复杂性，这也是 PPP 项目风险的重要特征之一。

（2）随机性

虽然根据前期类似项目的经验可以预测某些风险的发生及变化，但我国推行 PPP 模式的时间较短，可供借鉴的经验较少，至于国外的一些经验则因国家体制、经济背景差异的影响而缺乏参考、借鉴价值。目前来看，准确估计风险发生的时点、位置、来源等还存在较大难度，对风险规律性的研究还有待提高。此外，项目的复杂性也导致了风险的随机性，PPP 项目由于社会资本的参与程度不同而存在多种合作方式，各方关系比较复杂，同时自然、社会环境等也会出现不可预知的变化。

（3）转换性

项目风险的转换性是指在 PPP 项目的整个建设寿命周期内，由于每个阶段的风险主要矛盾不同，风险所处的环境也会发生变化，这就会导致在 PPP 项目的整个寿命周期内，在控制了已有风险后，可能会出现新的风险作为主要风险。

3. PPP 项目风险分类

风险的识别是成功运用 PPP 模式的关键，PPP 项目风险按照风险来源分类有政治风险、社会风险、金融风险、建设风险、运营风险、违约风险、债务风险及其他风险。按照风险来源分类，可从公共部门和社会资本两个角度来分析我国推进 PPP 模式存在的风险。

（1）按来源对风险分类

1）政治风险。

① 法律保障体系不健全风险。PPP 项目涉及的法律法规和政策文件较多，国务院、财政部、发改委相继出台了一系列的部门规章，地方政府亦出台了地方法规。但是，在最高立法层面，PPP 法尚未出台，法律保障体系的缺失会产生一系列重大风险。

② 政策变更风险。政府颁布或修订 PPP 相关政策规定，对项目的合法合规性造成影响，给项目的收费需求、市场定价、合作协议等因素的有效性带来不确定性，甚至造成项目

违约或项目失败。

例如 2018 年 4 月初,财政部对全国 PPP 项目集中清理审查,多地给出整改方案,其中新疆多地直接暂停所有 PPP 项目建设,湖南八成左右的 PPP 项目被清退出项目库,江苏则停止了所有无经营性收益性质的增量 PPP 项目。这是规范 PPP 运作的有效途径,但也给已实施项目的融资和建设带来困惑。

③ 政府信用风险。由于政府的信用问题,政府方违反合同协议,或者不履行合同义务,造成项目损失,其后果主要体现在:一是由于法律诉讼程序导致项目延期、公众情绪不满,引起不良社会影响;二是单个项目的失信会导致当地政府的公信力不足,其他项目也会因此无法吸引社会投资人参与项目投资运作,造成更大的损失。政府信用风险不仅体现在政府主观意愿,客观外部因素同样会造成政府失信,且该风险很难预测。

④ 政权更迭风险。政权更迭风险主要体现在两方面,一是项目所在地的政府领导换届,新一届的领导班子对 PPP 模式不认可;二是项目所辖地方政府发生变更。项目实施期间,项目管辖政府发生变更,新的政府对采用 PPP 模式态度模糊,给本项目未来的实施带来政治风险。

⑤ 政府反对风险。政府反对风险主要是指,由于各种各样的原因,公众利益因 PPP 项目而得不到保护或受损,或者公众主观认为自身利益存在受损的可能性,从而引起政府反对 PPP 项目所造成的风险。例如,建设过程中的安全隐患、文明施工、环境保护等都有可能造成政府反对。

⑥ 政治决策失误风险。地方政府出于政绩因素考虑,为了在基础设施建设方面加快进度、加大力度,盲目与社会资本方签订不切实际的合同,这主要是因为政府方缺乏 PPP 项目的运作经验、前期对项目的尽职调查不足、政府与社会资本双方对项目的信息不对称、政府决策程序不规范等造成项目决策失误,甚至社会资本会利用政府在这方面的知识缺陷与政府签订不平等协议,而当项目建成后,政府又难以履行合同义务,使项目陷入进退两难的境地。项目在快速推进的背景下,前期调研不足,对市场预期过于乐观,可能造成项目成本过高。

⑦ 宏观政治制度风险。这包括国际国内政局的稳定性(是否存在国际性动荡、国际战争与冲突等)、中央政府对非公资产政策的变动、突发事件暂停项目、政策的完整性连续性等因素,虽然发生概率不高,但是影响巨大。

2)社会风险。

① 公众反对风险。PPP 项目具有公益性特征,面对公众群体,在实施过程中操作不当有可能造成不良的社会影响,带来社会风险。另外,PPP 项目的社会资本本质目标是追求企业利润,让其提供带有公益特征的公共服务和企业追求的经济利润目标不符,私营资本方的逐利性会在一定程度上违背公共服务供给的公益性特征,一旦社会资本方的损失得不到政府的弥补,那么就有可能导致社会公众利益受损。

② 区域稳定性风险。不同的区域存在不同的风险,项目的建设地大多在城市郊区或城市欠发达区域,且群体人员构成较为复杂,受教育程度相对于发达区域较低,因此存在社会稳定性风险。

3)金融风险。

① 融资风险。PPP 模式下的项目融资有利于将项目风险在参与主体之间进行合理分

配，降低整体风险。但是由于项目融资规模大，如果发生融资资金不能按时放款、融资条件无法达成、融资结构存在缺陷、金融市场利率变动、外汇管制等情形，项目参与方如果不能及时履行融资职责、提供信用保证，将引起融资风险，最主要的体现形式就是资金筹措困难。

② 利率变动风险。融资成本对项目最终成本有很大影响，而利率变动是融资成本的决定性因素，近年来央行的信贷政策不断收紧，融资利率不断上浮，融资难度剧增。

③ 汇率变动风险。若 PPP 项目中使用外币支付设备及服务的费用，国际汇率的浮动对存量较大的外币资金影响很大，进而对项目损益也有很大影响，是一把"双刃剑"。例如美元贬值会导致本来预期的利润难以实现甚至出现亏损。

④ 财务风险。PPP 项目运营周期很长，投资回收期较长。这就要求社会资本不仅要有很强的融资能力，更要有资金实力，否则社会投资人可能因融资不到位而发生现金流短缺问题，产生阶段性的财务风险。

⑤ 通货膨胀风险。PPP 项目建设和运营周期很长，在建设或运营过程中，通货膨胀幅度过大会影响正常的经济秩序，随之会出现诸如价格上涨、利率提高、购买力下降等情况，对项目的收益有较大的影响。

4）建设风险。

① 技术风险。在 PPP 项目建设过程中，技术原因会导致项目建设质量不合格，甚至出现安全事故、环境破坏等问题。技术风险主要由社会资本自身的技术原因造成，一般由社会资本自行承担。具体原因有技术上出现差错、建设设计方案执行不到位、技术本身存在缺陷等，使得建设成本增加和工期延迟，造成不必要的经济损失。

② 成本风险。建设过程中各参与方可能因种种原因给项目建设带来成本升高的问题。例如，异常地质情况、原材料市场波动、承包商或供应商违约、人员待遇薪酬上涨等原因，将导致工程建设费用超预算，很可能引起 PPP 项目建设资金缺口。并且 PPP 项目要进行短期经营性贷款再融资时，很难找到其他的再融资金，此时极可能发生财务危机。

③ 组织协调风险。由于 PPP 项目是由政府和社会资本之间合作完成的，而政府和私营者之间因为性质和地位存在差异，项目合作中权力、责任分配可能不合理，各方的风险防范意识不强。在风险发生之后，各方推诿责任，谈判的成本会大幅提高，同时也会影响工程进度。

④ 完工风险。这是指项目不能按时完工或者完工后无法达到预期标准而产生的风险，原因一般包括未按时付款、设计失误、设计变更、施工组织不力、政府审批程序烦琐、公众反对等。

5）运营风险。

① 收益不足风险。PPP 项目的回报机制往往表现为使用者付费或可行性缺口补助的经营性项目，如果经营不善，或社会资本经营经验不足、经营能力欠缺，可能发生由于预期收益不能覆盖投资成本而产生的收益不足风险。

② 收费变更风险。PPP 项目在运营过程中，运营收费的调价机制不科学、收费调整机制不灵活、因调价而导致的产品或服务的价格过高或过低、政策变更等因素，可能引起项目公司运营收入达不到预期水平而产生收费变更风险。另外，我国公共服务领域大多实行政府指导价，收费调整需要经过严格的审批和听证程序，这也会影响调价按时完成，因此财务预测的准确性、调价机制的灵活性、政策的稳定性对收费变更风险尤为重要。且定价调价机制

的弹性相对不足，市场化程度不高，容易使得社会投资者缺乏积极性。

③ 项目唯一性风险。PPP 项目的唯一性风险是指政府在项目所在地或相同的领域新投资了其他具有实质性商业竞争的项目，导致 PPP 项目丧失了其独特的唯一性特点，造成经营能力下降，影响了项目的有序经营。例如，某商业综合体项目的唯一性风险主要体现在，若该片区周边新建了类似的商业综合体或其他商业配套，市场竞争加剧引发供需变化的风险、项目收益变化的风险，可能导致该项目的市场收益不足。

④ 运营质量风险。基于理性经济人假设，社会资本具有逐利性，往往会在获取建设期丰厚的利润后，忽视了运营管理，违背了 PPP 的初衷，甚至将 PPP 做成了拉长版的 BOT。

⑤ 市场需求变化风险。项目运营期间，可能因为宏观经济、人口变化、社会环境、法律法规调整等因素，实际需求与市场预测间产生差异，造成运营成本增加。另外，PPP 项目的合理回报指的是获得盈利而非暴利，可能存在因市场行情的增长导致社会资本获得过高的回报，政府方遭受损失。

6）违约风险。

① 特许经营协议性质不确定风险。PPP 项目的特许经营权的性质一直存在争议，一种观点认为特许经营协议属于民事合同范畴，政府部门与社会资本属于同等地位，拥有对等的权利和义务，双方均须按照协议内容约定履行相关权责；另一种观点认为特许经营协议属于行政合同，特许经营权本质上就是政府方具体的行政行为，等同于行政许可，在这种情况下，政府方对 PPP 项目拥有绝对的掌控力，可以对项目的建设、运营等内容全过程监管，特定情况下甚至可以收回特许经营权。

② 履约意识风险。遵循合同条款、履约合作是 PPP 项目运作成功的关键所在，我国目前存在履约意识不强的现状，一方面在项目履约阶段缺乏竞争压力，政府对社会资本履约情况的监管难度加大；另一方面，社会资本也很难采取有效措施保护自身权益。

7）债务风险。

PPP 项目的运作主体为项目公司，无论是资产还是负债都由项目公司独立承担，尤其是融资责任也由项目公司来承担，即使合作期满项目移交，也不会发生债务主体责任的转移，故不会在政府债务规模中体现。但是，从我国审计部门相关规定来看，PPP 项目政府支付责任虽然并不等同于政府债务，但本质上仍然是负有偿还责任的隐性政府债务。

各地实际推进的 PPP 项目可能远超财政部的统计数据，虽然 PPP 项目有最少十年、最高三十年的付费责任期，但如此庞大的付费压力，有些地方政府已过度透支了未来财力，将来存在政府违约风险。

8）其他风险。

① 腐败风险。不论是 PPP 项目，还是政府参与的其他项目都可能存在这一风险，参与项目的政府官员有可能会提出不合法的要求，甚至索取不合法的财物，导致社会资本在关系维持方面的成本增加，甚至签订不平等合约。

② 税收风险。我国还处于全面营改增的初始阶段，营业税下的各种优惠政策是否可以整体平移、新政策的具体执行口径还有待进一步明确，国家财政部对 PPP 项目税收政策始终未出台，建设期和移交期重复纳税的问题目前暂未得到解决，这将增加项目运作成本，降低项目收益水平。

③ 不可抗力风险。PPP 项目的实施过程中可能遭遇包括自然因素、政治因素在内的不

可抗力风险，如地震、极端恶劣气候条件、极端恶劣地质条件、战争、禁运等，对 PPP 项目运作也有一定的影响。由于合同任何一方都无法控制，风险发生时又无法避免，这些可能会对项目运作产生巨大的影响。

（2）按空间层级对风险分类

本节基于 PPP 项目风险空间层级把所有风险因素划分成三个水平，即宏观、中观和微观。

1）宏观水平风险。PPP 模式下工程建设宏观水平风险主要是指外在原因，也就是工程建设本身以外的因素导致的风险。这种层次的风险是国家或行业级以及自然类的风险，与政策和法律、经济、社会环境以及气候环境紧密相关。本质上，这类风险源于建设项目范围之外风险事件的发生，但这些风险事件引起的后果会严重影响项目自身的建设与运营。

宏观水平风险主要包括以下五类：①政治风险，包括不稳定的政府、项目资产的征用和国有化、决策程序效率低、政治上强烈的反对等。②经济风险，包括融资市场条件差、通货膨胀、汇率变动、具有重大经济影响事件的发生等。③法律风险，包括法律的改变、税收政策的改变、产业结构的调整等。④社会风险，包括缺乏传统的私人对公共服务的支持、公众对项目的反对程度等。⑤自然风险，包括不可抗力、工程地质条件、气候条件、施工环境等。

2）中观水平风险。中观水平风险是指工程建设内在的风险，即风险事件及其引起的后果发生和作用在工程建设整个系统过程内部，这些风险反映了 PPP 项目的执行情况。

中观水平风险主要包括以下五类：①项目的选择风险，包括土地的获得、项目的需求程度。②项目融资风险，包括融资的可能性、对项目投资者的吸引性、资金筹集的较高花费。③设计风险，包括项目审批的推迟、设计缺陷、不成熟的工程技术。④施工风险，包括施工费用的超支、施工工期的拖延、材料/劳动力的难以获得、设计变更、施工技术质量差、过多的合同变更、分包人或供应商的破产/毁约。⑤运营风险，包括运营费用的超支、运营收入低于期望值、实际运营时生产能力低于期望值、维修费用高于预期值、维修频率高于预期值。

3）微观水平风险。微观水平风险是指 PPP 项目合同管理中由于政府部门与社会资本之间存在的固有的矛盾，从而在合作关系中出现的风险。它也属于内在风险，但与中观水平风险不同，它与参与方有关而不是与项目本身有关。

微观水平风险主要包括以下两类：①关系风险，包括组织和相互协调风险、参与方 PPP 项目经验不足、责任和风险承担的分配不恰当、权利分配不恰当、合作者之间工作方法和知识水平的差异、合作者之间缺乏承诺等。②第三方风险，包括第三方侵权赔偿责任、人事危机等。

2.5　建设工程主体行为风险

建设工程主体行为风险是指在工程项目的策划、建设、经营、管理等活动中，有关利益主体为追求自身利益，未受道德的约束而采取的行为使项目发生损失的可能性。建设工程主体行为风险主要是由业主、承包商、分包商、监理方、设计单位等项目参与主体的行为不规范所造成的工程项目损失，是与传统的客观事件风险相对而言的。

建设工程主体行为风险与客观事件风险相比，具有其自身的特殊性，它属于工程项目的基本风险之一，存在于工程项目各参与主体的行为之中，与各项目参与主体的决策关系密切。由此可见，主体行为风险具有更大的主观性和不确定性，但同时也具有风险的可管理性，其风险的结果对建设工程项目的影响巨大。

建设工程主体关系如图 2-6 所示

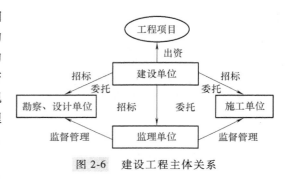

图 2-6　建设工程主体关系

2.5.1　建设单位的行为风险

在整个工程建设过程中，建设单位即业主是工程风险的主要承担者之一，属于业主所承担的行为风险有以下几个方面：

（1）政府或主管部门的行政管理行为

国家政府或某一行政主管部门往往因为全局利益而采取一些全局性的决策，如调整国民经济计划，强行下令某些已开工的项目下马，或对一些企业实行关停并转，或颁发新的政策法规等。从全局考虑，这些决策无可非议，但任何全局性决策总是难免造成一些牺牲品。许多项目业主或投资商常常不得不因此改变其投资计划或经营决策，由此不可避免地要遭受损失，这些损失常常难以取得补偿。

（2）资金筹措困难

实施工程的前提条件是资金保证。任何企业都离不开融资，靠自己的资金发展企业或兴建工程是极其有限的。得不到金融机构的支持，业主的资金筹措困难造成工程无法动工，或者中途夭折，业主已投入的资金无法产生效益，已经购买的土地因长期不能开工而被政府收回，或廉价卖出。

（3）不可预见事件

不可预见事件通常是指发生在经济领域里，且导致工程实施的经济条件发生变化的、有经验的工程人员也无法预料的事件。若发生这类事件，工程建设费用无疑要增加，甚至远远超出原始投资概算。

因地质勘探取得的资料不准、对自然因素预测错误、政治因素（如政府法规或政策变化导致条件的改变）都可能导致出现不可预见事件。若发生了这类事件，工程设计有可能不得不修改，合同条件不得不改变，承包商自然会提出索赔，这种风险链式反应加大了业主的工程风险。

（4）道德风险

道德风险是指业主的工作人员出现与应有的品行道德发生背离，失去应有的事业心和责任感，对工程玩忽职守等不轨行为，致使业主的财产遭受损失，或工程质量缺乏监督保证。

（5）群体越轨行为

群体越轨行为通常有两种情况：①来自社会的越轨行为，如全国性、地区性或行业性的罢工或骚乱甚至暴乱。这类事件一旦发生，社会将不得安宁，正常的秩序被打乱，直接或间接地影响工程的施工，甚至使工程瘫痪。②来自业主的直接合作者，虽然业主可以通过罚款以减少工程开支，但于事无补。因为罚款所得难以弥补工程拖延、竣工误期、投产推迟所造成的损失。

（6）承包商缺乏合作诚意

商场如战场，交易双方常常是互相斗智。由于当前工程市场竞争激烈，承包商既要获取项目，又必须确保相应的利润，争取最大的效益，而这些效益分散于承包工程的各个环节。有经验的承包商通常以低报价诱惑业主授予项目，而一旦合同签订，则制造索赔机会，从而加大业主的风险。

（7）承包商履约不力或不履约

承包商履约不力较为常见。虽然工程承包合同对承包商规定了各种义务和惩罚措施，但实际操作时常有很多情况使得合同不能顺利履行。除了客观原因履约不完全外，承包商有意无意地履约不力也是常见的。

承包商不履约的事有时也会发生，有些承包商因投标报价失误或因当初出于竞争需要报价过低，合同谈判时对业主比较迁就，一旦合同到手随即转变，千方百计地迫使业主追加合同价格。这种情况下，业主常常不能断然拒绝，只好做出让步，特别是当业主骑虎难下时，承包商更是层层加码，扩大收益。其结果只能是加大业主和投资商的风险。

（8）工期拖延

工程承包合同中都明确规定了合同工期及误期罚款，如果误期不严重，业主尚能通过误期惩罚条款以弥补其遭受的损失，但如果工程严重拖期，则不仅加大工程开支，还会因工程投入服务推迟而使项目不能很快产生效益。这种情况下，业主除了要承担直接损失风险外，还要承受间接损失风险。

（9）材料供应商履约不力或违约

出于发展的目的，地方政府往往要求工程材料向当地采购，而当地的材料供应商无论在产品质量还是交货期方面有时很难保证，承包商常常把质量不合格或工程进度慢的责任推给材料供应商，业主因此遭受损失。

有些业主为节省工程开支或照顾伙伴关系，采取包工不包料的办法发包工程。这种情况下，材料供应商有时只能顾及自己的利益而不考虑业主的急迫需要或全局利益，致使工程停工待料，或因材料质量不合要求而导致返工，承包商不仅不承担责任，还需要向业主提出索赔。当然业主有时可以对材料供应商采取惩罚措施，但局部补偿可能难以抵消全局性的损失，由此而产生一系列的连锁反应。

（10）监理工程师失职

监理工程师作为业主委托的工程管理人员，本应保护业主的利益，对业主尽职尽责，以确保工程的质量和进度。认真负责是监理工程师的行为准则。但监理工程师并不是业主的全权代表，在技术及工程管理上他有其特殊地位。如果监理工程师缺乏应有的职业道德，会使业主大受其害。

（11）设计错误

工程设计是工程质量的根本。虽然工程实施前，设计方案或设计图都应交付业主审核批准，但许多情况下，业主不具备专业审核能力，对设计商的设计方案难以做出专业科学的判断。如果设计出现错误，虽然设计商要为错误承担责任，但不能完全抵消业主所遭受的损失。

（12）其他风险

其他风险如由于业主使用或占用非合同规定提供的任何永久工程的区段或部分而造成损失或损害。

2.5.2 承包商的行为风险

承包商参与投标，中标后受业主委托，负责工程施工，同时对工程的质量安全承担主要责任，承包商面临的风险贯穿项目始终。

1. 决策风险

承包商在考虑是否进入某一市场、是否承包某一项目时，首先要考虑是否能承受进入该市场或承揽该项目可能遭遇的风险，承包商首先要对此做出决策。相应潜伏的风险主要有：

（1）信息取舍失误或信息失真风险

工程承包市场信息多，几乎每天都会有一些工程招标或发包的信息。这些信息虽然是真实的，但是否都值得捕捉和追踪却难以判断。有些承包商急于揽到工程以摆脱困境，难免饥不择食，头脑缺乏冷静或自不量力，见标就投。在这种背景下参与竞争，所采取的态度自然缺乏求实精神，对投标信息未能有效甄别。即使中标，获取的项目也极可能出现亏本风险。

（2）报价失误风险

报价策略是承包商中标获取项目的保证。策略正确且应用得当，承包商自然会受益颇多，但如果失误或策略不当，则会造成重大损失。潜伏有风险的报价策略主要有：

1）低价夺标寄盈利希望于索赔，这是承包商有可能采用的策略。由于工程项目具有合同周期长、投资巨大、参与单位众多的特点，并受到自然、政治、经济、法律和社会等多种条件的影响，造成索赔的因素较多。但是如果工程勘测、设计文件翔实，工程施工过程中变更较少，招标文件描述情况清晰，工程量估算误差较小，则施工期工程索赔机会较少。这将无法抵消低价夺标带来的风险，降低承包商的经济效益。若承包商中标后以次充好来达到盈利的目的，将导致招标采购工作失去意义，甚至危害到项目工程质量，留下质量安全隐患。

2）低价夺标进入市场，寄盈利希望于后续项目，这种策略多在进入市场时采用。在对市场形势判断比较准确的前提下，这种策略较为正确。如果承包商判断失误，以较少的利润，甚至无利润完成第一个项目，却未能获得后续项目，其购置的大批机械不得不转移，亏损难以补偿。

3）依仗技术优势拒不降价。有些承包商拥有优越于旁人的技术和实力，在竞标时不愿降价。但强手如林，拥有技术优势的承包商已为数颇多，而且多数发包人在决标时常常将价格因素置于前位。这种形势下，若依仗技术优势不愿降价，只能失去得标机会。

（3）联合体投标风险

工程市场上对于大型或较为复杂的项目，通常一个投标人难以具备相应的资质和技术力量参与投标和完成建设，一般都是多家实力雄厚的公司，组成一个投标联合体，共同参与投标。如果联合体内部权利、义务、责任的约定与承担等出现问题，不仅不能弥补自己的不足，提高竞争力，反而增加投标风险，甚至导致竞标失败。

2. 缔约和履约风险

缔约和履约是承包工程的关键环节，许多承包商因对缔约和履约过程的风险认识不足，致使本不该亏损的项目亏损较大。缔约和履约风险主要潜伏于以下方面：

（1）合同签订条款

工程承包所遵循的合同条款多种多样，但任何合同范本都离不开当事人的责、权、利三项主要内容。合同条款潜伏的风险往往是责任不清、权利不明所致。

1）不平等条款。工程承包本应以合同为约束依据，而合同的重要原则之一就是平等性，但建筑市场供求矛盾造成承发包双方地位不平等，业主与承包商之间有可能出现合同权利、义务不对等的条款。不平等的合同条款，加重了承包商的负担，增加了工程成本，使承包商投标时的预期工程成本及利润很难实现。加之施工过程中各种不利因素的长期困扰，承包人施工项目发生亏损在所难免。

2）合同中定义不准确。合同双方订立合同时，由于合同条款约定粗糙、合同条款不完善、相关责任不明确、权利义务规定不清晰，引发双方争议。业主出于对自身利益的考虑，有时会依据约定不明确的合同条款提出各种特殊要求，增加承包商项目管理难度。

3）合同条款遗漏。人的有限理性和语言描述局限性使得合同条款无法在事前对将来所有可能要发生的事件毫无遗漏地做出规定，也不能用准确的语言对事件做出解释，从而导致合同条款遗漏和语言模糊。合同条款遗漏，导致工程合同执行效率偏低以及履约时承包商常常找不到合法依据以保护自己的利益。

（2）施工管理

做好工程管理是承包商项目获得成功的一个关键环节。在建设工程项目中，参与实施的分包单位多，相互协调工作难度大。同时，也存在企业内部各职能部门与项目经理部的关系是否和谐、项目管理的其他相关主体间的配合是否协调、政府有关部门介入等问题。如果管理不到位，不能应用现代管理手段，不提高全面素质，结果将导致整个项目的失败，由此可能造成巨大损失。总承包商应做好协调，处理好交叉衔接问题，处理好人际关系。另外，由于高科技的不断涌现，施工管理不能再依靠传统办法，必须应要求引入现代管理方法和手段，提升工程管理水平。常见风险如下：

1）地质、地基条件。工程发包人一般应提供相应的地质资料和地基技术要求，但这些资料有时与实际出入很大，处理异常地质情况或遇到其他障碍物都会增加工作量和工期。

2）施工准备。业主提供的施工现场周边环境等方面存在自然与人为的障碍，或"三通一平"等准备工作不充分，导致施工单位不能做好施工前期的准备工作，给工程施工正常运行带来困难。

3）设计变更或设计图供应不及时。设计变更会影响施工安排，从而带来一系列问题；设计图供应不及时，会导致施工进度拖延，造成承包人工期推延和经济损失。

4）技术规范。由于业主没有明确采用的标准、规范，在建设过程中没有较好地进行协调和统一，影响此后工程的验收和结算。

5）施工技术协调。这主要体现在：工程施工过程出现与自身专业技术能力不适应的工程技术问题，各专业间又存在不能及时协调等困难；发包人管理工程的专业水平较差，对承包人提出的需要发包人解决的技术问题，难以做出及时的答复。

（3）合同管理

高效的合同管理是承包商赢取利润的关键手段，不善于管理合同的承包商是难以获得理想的经济效益的。

合同管理主要利用合同条款保护自己，扩大收益。要求承包商具有渊博的知识和娴熟的技巧，要善于开展索赔与反索赔。

（4）物资管理

物资管理直接关系工程能否顺利地按照计划进行，材料能否充足供应，人员能否充分发挥效力等一系列问题。这些问题直接或间接地影响工程效益。物资管理同样要求科学化，材料早购与晚购结果大不一样，既要保证工程的需要，又不能大量积材而占用大笔资金，因为资金具有时间价值。

（5）财务管理

财务管理是承包工程获得理想经济效益的重要保证。财务工作贯穿于工程项目的始终，其中的成本管理包括成本预测、成本计划、成本控制和成本核算，任何一个环节的疏忽或差错都可能给整个成本管理带来重大风险。

3. 责任风险

工程承包是基于合同当事人的责任、权利和义务的法律行为。承包商对其承揽的工程设计和施工负有不可推诿的责任，而承担工程承包的责任是有一定风险的。

（1）职业责任

"职业"一词意味着在特殊学识方面有不同于纯粹技能的专业造诣。工程承包商被认为是运用专业知识为他人服务的职业，他对自己所从事的职业必须承担责任。

承包商的职业责任主要体现于工程的技术和质量方面。任何工程都有严格的质量要求，不具备相应的专业技术是无法承揽工程的。技术的高低和质量的好坏对工程有相当重要的影响。

（2）法律责任

工程承包是法律行为，合同当事人负有不可推卸的法律责任，法律责任包括民事责任和刑事责任。承包商应承担的法律责任主要是民事责任。民事责任起因可以有多种：

1）起因于合同，包括违约、废约和不履约。

2）起因于行为或疏忽，包括故意侵权、无意侵权和受绝对或严格责任约束的侵权和妨害某人利益等。

3）起因于欺骗和错误等。

4）起因于其他诉讼和赔偿，包括破产倒闭、财产扣押、工程被接管和被取消承包资格等。

民事责任的经济赔偿，对承包商无疑是一项不容忽视的风险。

除了民事责任外，承包商有时也难免承担刑事责任，特别是由于技术错误或人为造成房屋倒塌、工程安全事故等，承包商都必须承担刑事责任。而这类责任的损失风险相对于民事责任可能影响更大。

（3）他人的归咎责任——替代责任

由于承包商的活动并不孤立，离不开他人的合作或具体实施，而合作者或实施者是以承包商的名义活动的，承包商应对合作者的行为承担替代责任。最常见的替代责任主要起因于代理人和承包商的员工。根据代理原则，当代理人代表委托人的利益行事时，委托人要对代理人的侵权行为负责。至于承包商的员工，如果属民事侵害行为，自然亦应由承包商承担责任。如果实行工程分包，承包商还应承担因分包人过失或行为不当而造成损失的替代责任。

（4）人事责任

承包商系企业之主，对企业每个成员的人身安全、就业保证及福利待遇都负有责任。任何员工，尤其是关键人员的潜在损失都将可能成为承包商的责任风险。承包商要想发展自己的事业，保证或提高其经济效益，必须吸引和稳定高水平的员工，提高员工的士气和生产率。而要达此目的，承包商必须承担相应的经济支出。

4. 分包或转包风险

分包或转包单位水平低，造成质量不合格，又无力承担返修责任，而总包单位要对业主方负责，不得不为分包或转包单位承担返修责任。这种情况往往是由选择分包不当或非法分包而又疏于监督管理造成的。

2.5.3　勘察、设计、监理单位的行为风险

接受业主委托，在工程项目的实施过程中提供勘察、设计、监理等方面的专业服务，勘察、设计、监理单位同业主、承包商一样，在工程项目的实施过程中也面临着各种各样的行为风险。

1. 来自业主的风险

工程实施过程中业主的行为常会影响勘察、设计、监理单位的工作正常进行。例如，业主不遵循客观规律，对工程提出过分的要求；业主单从自身的利益出发，随意做出决定，对勘察、设计和监理工作盲目干预；工程预算不足，使各单位面临"无米之炊"的困境。业主的这些行为，都可能会给勘察、设计、监理单位造成潜在的风险。

2. 来自承包商的风险

在工程施工阶段，监理单位可能面临来自承包商的一些行为风险。例如，如果承包商在投标阶段以低价中标，则它在施工过程往往会不断提出索赔，从而给监理工程师施加压力；也有一些承包商施工技术水平不高，在施工建设过程中偷工减料，对工程质量不负责任，一旦这些情况导致质量安全事故，监理单位也要承担相应的连带责任。

3. 来自自身的职业责任的风险

勘察、设计、监理单位分别与业主签订服务合同，履行各自的职责。而如果这些单位没有做好职责范围内的工作，就要承担相应的职业责任。例如，勘察、设计单位提供的设计方案不合理，或是存在较大的错误和漏洞；勘察、设计或监理单位自身能力和水平不够，难以完成其承担的相应任务。

复习思考题

1. 按照不同标准，建设工程风险如何分类？

2. 列举五种建设工程风险。

3. 简述建设工程全寿命周期各阶段风险。

4. 简述 DB、EPC、PPP 三种合同方式下的风险。

5. 简述建设工程主体行为风险。

第 **3** 章

建设工程风险管理的内容与过程

【本章导读】

为准确识别建设工程风险，提高工程项目管理中的决策能力和各项决策水平，需明确建设工程风险管理的内容与过程。通过制定建设工程风险管理的原则，为项目各主体提供管理准则。同时为风险管理设置合理的目标体系，形成一套科学的目标确定方法。通过对工程项目组织结构的介绍与总结，设置建设工程风险管理组织结构与人员配置。最后阐述建设工程风险管理的程序。

【主要内容】

本章主要介绍建设工程风险管理的原则、目标、组织结构及基本程序。重点阐述建筑工程风险管理目标的确定原则、目标体系及目标确定方法。同时阐述了建设工程风险管理的组织结构及人员配置，并介绍了建设工程风险管理的基本程序。

3.1 建设工程风险管理的原则

项目建设单位可以通过工程项目风险管理提高对风险各个因素的认识，从而提高在工程项目管理中的决策能力和各项决策水平。风险管理工作是由不同主体来完成的，不同主体对风险管理所要达到的目的也不尽相同，但不同主体对于风险管理应有相同的原则：

1. 可行、适用、有效性原则

建设工程风险管理首先应针对已识别的风险源，制定具有可操作性的管理措施，选择适用有效的管理措施，这样可以大大提高管理的效率，收到更好的效果。

2. 经济、合理、先进性原则

建设工程风险管理涉及多项工作和措施，应力求管理成本节约、管理信息流畅、方式简捷、手段先进，显示出高超的风险管理水平。

3. 主动、及时、全过程原则

工程项目的全过程分为前期准备阶段（可行性研究阶段、勘察设计阶段、招标投标阶段）、施工及保修阶段、生产运营期。对于风险管理，仍应遵循主动控制、事先控制的管理思想，根据不断发展变化的环境条件和不断出现的新情况、新问题，及时采取应对措施，调整管理方案，并将这一原则贯彻项目全过程，只有这样才能充分体现风险管理的特点和优势。

4. 综合、系统、全方位原则

风险管理是一项系统性、综合性极强的工作，不仅其产生的原因复杂，而且后果影响面广，所需处理措施综合性强。例如项目的多目标特征（投资、进度、质量、安全、合同变更和索赔、生产成本、利税等方面的目标）。因此，要全面彻底地降低乃至消除风险因素的影响，必须综合治理，动员各方力量，科学分配风险责任，建立风险利益的共同体和项目全方位风险管理体系，将风险管理的工作落到实处。

3.2 建设工程风险管理的目标

3.2.1 建设工程风险管理目标确定原则

1. 与参与主体项目目标的一致性

由于工程项目各参与主体的项目目标有差异，风险管理的具体目标也就有差异。例如业主和投资方最关注投资不能超概算，质量符合要求，项目运营效益稳定。而承包商则希望工程项目投资越多越好，施工成本要控制，利润要保证，但对项目建成后的运营情况缺乏关注。因此，各参与主体的风险管理目标应与总目标相一致，从而确定各参与主体的建设工程风险管理目标。

2. 建设工程风险管理目标的明确性

工程项目总目标包括工期、成本、质量、安全、环境保护和技术创新分目标，即"六位一体"，但工程项目分目标优先度未必是相同的，有的强调工期，有的强调成本，有的强调质量。要求建设工程项目风险管理目标具体且明确，不能模糊和冲突，否则建设工程项目风险管理工作就无法有效开展。

3. 建设风险管理目标的客观现实性

由于建设工程项目的复杂性、变化性、技术和物质条件的限制性以及管理人员理论水平不一样，不可能完全消除建设工程项目的不确定性，因此建设工程项目风险管理的目标要充分考虑客观现实性。

3.2.2 建设工程风险管理的目标体系

建设工程风险管理的目标从属于项目的总目标，是项目管理的一个组成部分。通过对项目风险的识别，将其定量化，进行分析和评价，选择风险管理措施，以避免项目风险的发生；或在风险发生后，使损失量降到最低限度。一个工程项目希望做好，就必须扎扎实实地抓好风险管理工作。必须确立具体的目标，制定具体的指导原则，规定风险管理的责任范围。

首先，建设工程风险管理的目标必须与工程建设项目的总目标一致。通常的工程项目管理目标涉及投资、进度和质量三个方面。在工程实施过程中，各种风险因素是影响上述三项目标实现的主要障碍，只有有效的风险管理才能确保工程总目标顺利实现。其次，建设工程风险管理的目标必须与风险管理的特定阶段相协调。建设工程风险管理的目标包括风险发生前的目标和风险发生后的目标。前者是减少风险事件形成的机会，包括节约经营成本、减少风险忧虑心理、满足相关法律的要求、负担其相应的责任等；后者是减少风险损失和尽快使风险管理主体复原，包括维护风险管理主体的继续生产、稳定收入、持续发展等。建设工程风险管理的总目标与两个阶段的分目标相互结合，构成了完整的工程风险管理目标体系。

1. 从建设工程风险管理与工程总目标一致的角度分析

风险管理本身是为了在保证建设过程安全的前提下，实现投资、进度、质量等的控制要求，其具体目标包括费用目标、时间目标、质量目标、安全目标和环境目标等。费用目标也即效益目标，包括成本、收益等；时间目标包括项目全寿命周期与服务寿命周期各项时间指标；质量目标主要着眼于实施阶段工程质量和最终项目工程质量，涉及工程设计、施工、技术系统、服务功能、安全性能等；安全目标包括项目施工和运营人员安全、实施阶段项目设备安全和项目建成后的安全保障能力；环境目标旨在使项目与生态环境和谐共存，建设资源集约型、可持续发展型项目。

同时也要注意，目标是动态变化的，随着项目进行，目标侧重点可能不同。具体目标不是孤立存在的，而是相互作用、相互影响的。在建设工程风险管理时，需要处理好项目管理目标与风险管理目标间的关系，同时对具体目标做好动态管理，力求在项目多个目标同时协调优化的基础上，建立一个稳定、均衡、高效的目标体系。例如，由于费用、时间与质量目标存在相互制约的关系，三者无法同时达到最优，因此，片面地追求某个具体目标而忽视或牺牲其他目标，则可能会给风险以可乘之机，给项目造成不必要的损失。

建设工程风险管理的具体目标如下：

1) 使项目获得成功。

2) 为项目实施创造安全的环境。

3) 降低成本，提高利润。

4) 保证项目质量。

5) 减少环境或内部对项目的干扰，保证项目按计划有节奏地进行，使项目实施时始终处于良好的受控状态。

6) 使竣工项目的效益稳定。

7) 树立信誉，扩大影响。

8) 应付特殊变故。

总而言之，建设工程项目风险管理是一种主动控制，它的最重要目标是使项目的三大目标——投资（成本）、质量、工期得到控制。

2. 建设工程风险损失发生前的风险管理目标

（1）管理方案经济合理目标

建设工程风险管理要使潜在损失最小，因此最佳状态是以最小的成本获得最大的安全保障。而这一目标的实现就需要选择最佳的风险决策优化组合，使整个风险管理计划方案和措施最经济、最合理。

（2）工程建设安全状态目标

安全状态目标就是指在损失发生前，对工程项目的风险实施严格的监测，预防风险的发生，使工程建设处于预期的状态下。

（3）减少忧虑心理目标

风险给人们带来了精神上和心理上紧张不安的情绪，这种心理上的忧虑和恐惧会严重影响劳动生产率，造成工作效率低下。损失前的另一重要管理目标就是减少人们的这种焦虑情绪，提供一种心理上的安全感和有利生产生活的宽松环境。

（4）风险管理单位社会责任目标

风险管理单位在工程实施过程中，必然受到政府和主管部门、有关政策和法规以及企业公共责任的制约，因此工程项目必须满足外部的附加义务。例如，在工程实施过程中，施工单位必须保证安全生产，做好环境保护工作，全面实施好防灾减灾计划，尽可能避免风险对社会造成不利影响等，履行必要的社会责任。

3. 建设工程风险损失发生后的风险管理目标

（1）损失最小化目标

在风险事件发生后，风险管理的首要目标是要使实际损失减少到最低程度。要实现这一目标，风险管理单位应采取积极的事后应急措施，防止损失的进一步扩大，将损失控制在最低的范围内。

（2）工程正常运行目标

在风险事件发生后，风险管理单位应尽快消除损失带来的不利影响，恢复项目的正常运转，保持项目的稳定，确保项目管理目标的实现，包括维护风险管理主体的继续运行、稳定收入、持续发展等。

1）保证风险管理主体的继续运行，尽快恢复正常的工程施工与运行秩序。损失发生后实施风险管理的第二个目标就是保证工程建设与运行等活动迅速恢复正常运转，尽快使人们的生活达到损失前的水平。显然风险事件是有危害性的，它给人们的生产和生活带来了不同程度的损失，而实施风险管理能够为不同参与主体、家庭、个人提供经济补偿，并为恢复工程秩序提供条件，使工程在损失后迅速恢复建设与运行以及正常生活。

2）实现稳定的收入。收入的稳定与工程建设生产服务的持续是不同的，它们是风险管理的不同目标。哪个目标更容易实现，将取决于事件本身和当时的环境情况，生产服务的持续可以通过牺牲收入来获得，而持续的稳定收入取决于事件本身和当时的环境情况。在成本费用不增加的情况下，通过持续的工程建设活动，或通过提供资金以补偿由于工程建设的中断而造成的收入损失，这两种方式均能达到实现稳定收入这一目标。

3）实现建设与运行的持续发展。上面两个目标，即风险管理主体的继续运行和实现稳定收入组成了损失后生产的增长目标。实施风险管理，不但要使企业和项目在遭到损失后能够求得生存，恢复原有建设与运行水平，而且应该使企业和项目在遭受损失后，采取有效措施，处置好各种损失，并尽快实现持续发展计划，使企业取得连续性发展。这一目标要求企业保证资金的流动性，保证资金在调研、发展以及促进生产等方面具有可持续性。

（3）损失后的社会责任目标

工程风险损失的发生不仅使风险承担者受害，还会波及工程的其他参建单位乃至整个社会，因此风险管理主体除了要尽快恢复项目的正常运转，将损失降到最低外，还要积极采取措施，做好相关的善后工作，履行好对社会的责任，树立良好的企业形象。

3.2.3　建设工程风险管理的目标确定方法

1. 目标确定的依据

目标规划是一项动态性工作，在建设工程的不同阶段都要进行，因而建设工程风险管理的目标并不是一经确定就不再改变的。由于建设工程不同阶段所具备的条件不同，风险管理目标确定的依据自然也就不同。无论是项目管理还是风险管理，从计划的制订与执行，到计划的调整与改善，都离不开信息的支持。换句话说，信息管理是项目管理和项目风险管理的基础。为避免信息不完全带来的隐患，提高信息传递效率、增强信息的即时性、对称性和有效性，帮助决策者做出恰当的决定，帮助项目各参与方制定合理科学的目标，保证项目风险分析与管理的质量，保障项目顺利运行，建立一个高效完整的风险管理信息系统是十分必要的，应予以足够的重视。

工程项目风险管理的目标规划一般是由某个单位编制，如施工单位或其他咨询公司。

这些单位都应当把自己承担过的建设工程的主要数据存入数据库。若某一地区或城市能建立本地区或本市的建设工程数据库，则可以在大范围内共享数据，从而大大提高目标确定的准确性和合理性。建立建设工程数据库，至少要做好以下几方面工作：

1）按照一定的标准对建设工程进行分类。通常按使用功能分类较为直接，也易于为人接受和记忆。例如，将建设工程分为道路、桥梁、房屋建筑等，房屋建筑还可进一步分为住宅、学校、医院、宾馆、办公楼、商场等。为了便于计算机辅助管理，还需要建立适当的编码体系。

2）对各类建设工程所可能采用的结构体系进行统一分类。例如，根据我国目前常用的结构形式，可将房屋建筑的结构体系分为砖混结构、框架结构、框剪结构、筒体结构等；可将桥梁建筑分为钢箱梁吊桥、钢箱梁斜拉桥、钢筋混凝土斜拉桥拱桥、中承式桁架桥、下承式桁架桥等。

3）数据既要有一定的综合性，又要能足以反映建设工程的基本情况和特征。例如，除了工程名称、投资总额、总工期、建成年份等共性数据外，房屋建筑的数据还应有建筑面积、层数柱距、基础形式、主要装修标准和材料等；桥梁建筑的数据还应有长度、跨度、宽度、高度（净高）等。工程内容最好能分解到分部工程，有些内容可能分解到单位工程已能满足需要。投资总额和总工期也应分解到单位工程或分部工程。项目投资类型和采购方式也应细化。

4）数据库应记录项目主要参与方的信息，并对其进行分类。可包含业主信息、承包商信息、咨询方信息、政府机构作用以及涉及的当地居民和当地非政府组织等信息。例如，业主类型可分为政府所有型、私人所有型、混合型（PPP）以及政府特许经营型。当地政府机构的作用包括发起项目、参与项目实施以及项目监管等。

建设工程数据库为风险管理目标确定提供必要的外部信息支持，应包含以下内容：

1）知识库：包括专家库和国家工程建设管理政策信息库等。专家库是通过收集不同领域（土木工程、建筑学、金融学、经济管理等）专家的资料建立起的专家知识库。国家工程建设管理政策信息库，则包括国家建设工程监理规范、建筑工程安全生产管理条例、市政道路质量检验标准等。

2）模型库：包括风险评价指标及准则库、风险分析技术与工具库、风险分析方法和模型库等。

3) 案例库：包括类似项目风险目标、识别、评估、应对和监控的历史数据信息，如工程项目建设经验汇编、大型项目投资分析报告、典型案例分析等。

建设工程数据库对建设工程风险管理目标确定的作用，在很大程度上取决于数据库中与拟建工程相近的同类工程的数量。因此，建立和完善建设工程数据库需要经历较长的时间，在确定数据库的结构之后，数据的积累、分析就成为主要任务，也可能在应用过程中对已确定的数据库结构和内容做适当的调整、修正和补充。

2. 建设工程数据库的应用

要确定某一拟建工程的风险管理目标，首先，必须大致明确该工程的基本技术要求，如工程类型、结构体系、基础形式、建筑高度、主要设备、主要装饰等。其次，在建设工程数据库中检索并选择尽可能相近的建设工程（可能有多个），将其作为拟建工程风险管理目标的参考对象。由于建设工程具有多样性和单件生产的特点，有时很难找到与拟建工程基本相同或相近的同类工程，因此，在应用建设工程数据库时，往往要对其中的数据进行适当的综合处理，必要时可将不同类型工程的不同分部工程加以组合。例如，若拟建造一座多功能综合办公楼，根据其基本的技术要求，可能在建设工程风险数据库中选择某银行的基础工程、某宾馆的主体结构工程、某办公楼的装饰工程和内部设施作为确定其目标的依据。

同时，要认真分析拟建工程的特点，识别出拟建工程与已建类似工程之间的差异，并定量分析这些差异对拟建工程目标的影响，从而确定拟建工程的各项目标。风险管理目标从属于项目总目标，参照项目总目标，即可确定建设工程风险管理目标。对于工程风险损失发生前和发生后的目标，也应从类似工程中找出共性部分，分析出可能出现的风险，减少风险事件形成的机会以及在风险发生后及时止损。

另外，建设工程数据库中的数据都是历史数据，由于拟建工程与已建工程之间存在"时间差"，因而对建设工程数据库中的有些数据不能直接应用，而必须考虑时间因素和外部条件的变化，采取适当的方式加以调整。

由以上分析可知，建设工程数据库中的数据表面上是静止的，实际上是动态的（不断得到充实）；表面上是孤立的，实际上内部有着非常密切的联系。因此建设工程数据库的应用并不是一项简单的复制工作。要用好、用活建设工程数据库，关键在于客观分析拟建工程的特点和具体条件。并采用适当的方式加以调整，这样才能充分发挥建设工程风险数据库对合理确定拟建工程风险管理目标的作用。

3. 建设工程风险管理目标的分解

为了在实施过程中有效地进行目标控制，仅有总目标还不够，还需要将总目标进行适当的分解。

（1）目标分解的原则

建设工程风险管理目标分解应遵循以下几个原则：

1) 能分能合。这要求建设工程的总目标能够自上而下逐层分解，也能够根据需要自下而上逐层综合。该原则实际上是要求目标分解有明确的依据并采用适当的方式，避免目标分解的随意性。

2) 按工程部位分解，而不按工种分解。这是因为建设工程的建造过程也是工程实体的形成过程，这样分解比较直观，而且可以将投资、进度、质量三大目标联系起来，也便于对偏差原因进行分析。

3）区别对待，有粗有细。根据建设工程目标的具体内容和所准备的数据，目标分解的粗细程度应当有所区别。例如，在建设工程的总投资构成中，有些费用数额大，占总投资的比例大；而有些费用则相反。从投资风险控制工作的要求来看，重点在于前一类费用。因此，对前一类费用应当尽可能分解得细一些、深一些；而对后一类的费用则分解得粗一些、浅一些。另外，有些工程内容的组成非常明确、具体（如建筑工程、设备等），所需要的投资和时间也较为明确，可以将风险管理目标分解得很细；而有些工程内容则比较笼统，难以详细分解。因此，对不同工程内容目标分解的层次或深度，不必强求一致，要根据目标控制的实际需要和风险发生的可能性来确定。

4）有可靠的数据来源。目标分解本身不是目的而是手段，是为目标控制服务的。目标分解的结果是形成不同层次的分目标，这些分目标就成为各级目标控制组织机构和人员进行目标控制的依据。如果数据来源不可靠，分目标就不可靠，就不能作为目标控制的依据。因此，目标分解所达到的深度应当以能够取得可靠的数据为原则，并非越深越好。

5）目标分解结构与组织分解结构相对应。目标控制必须要有组织加以保障，要落实到具体的机构和人员，因而就存在一定的目标控制组织分解结构。只有使目标分解结构与组织分解结构相对应，才能进行有效的目标控制。当然，一般而言，目标分解结构较细、层次较多，而组织分解结构较粗、层次较少。无论细或是粗，目标分解结构层次上应当与组织分解结构一致。

（2）目标分解的方式

建设工程风险管理的总目标可以按照不同的方式进行分解。对于工程风险损失发生前后的风险管理目标分解方式较少。管理方案经济目标可按照工程内容进行分解，社会责任目标和损失最小化目标可依据各参与方主体进行分解。

对于建设工程投资、进度、质量三个目标来说，目标分解的方式并不完全相同，其中，进度目标和质量目标的分解方式较为单一，而投资目标的分解方式较多。

按工程内容分解是建设工程目标分解最基本的方式，适用于投资、进度、质量三个目标的分解。但是，三个目标分解的深度不一定完全一致。一般来说，应将投资、进度、质量三个目标分解到单项工程和单位工程，其结果较为合理和可靠。在施工图设计完成之前，目标分解至少都应当达到这个层次。至于是否分解到分部工程和分项工程，一方面取决于工程进度所处的阶段、资料的详细程度、设计所达到的深度等，另一方面还取决于目标控制工作的需要。风险管理目标的分解则根据建设项目目标进行分解。

建设工程的风险管理中的投资目标还可以按总投资构成内容和资金使用时间（即进度）进行分解。

案例 3-1　某新建 1830（年产 18 万 t 合成氨、30 万 t 尿素）化工项目

采用 EPC 总承包方式建设。业主及投资方期望要求总投资在 12 亿元以内；年产 30 万 t 农用粒状尿素；原材料及能耗要求另约；建设时间为 20 个月；装置总体要求采用国内先进技术水平，合理、可靠、成熟，操作运行平衡、产品质量达标（产品质量要求另约）；设计年操作时间为 300 天；项目必须满足国家消防、环保等系列规范要求。业主另外要求，

主要控制阀门采用进口。政府已批建该项目，同时明确了排放指标及消防环保等各类要求。目前总承包商人力资源丰富，年轻人有锻炼成长需求。作为承建的总承包商，目标分解矩阵见表 3-1。

表 3-1　目标分解矩阵

工程结构分解（子目标）			投资费用风险	方案及技术落实	工期进展风险	HSE	质量风险	人员锻炼	（可根据要求设置）
设计组	煤气化组	造气	（省略）每个工段中的要求细分到不同专业，一直细分到可以执行的目标						
		气柜							
	合成氨组	压缩							
		变换							
		脱砖							
		砖回收							
		变压吸附（PSA）、提氢							
	尿素组	尿素厂房							
		CO_2 压缩							
		脱砖脱氢							
		造粒塔							
	公用工程组	（省略）							
	辅助设施组	（省略）							
采购组	（结构分解类同设计组）								
施工组	（结构分解类同设计组）								

资料来源：张华慧，刘守信. 工程项目中的目标管理［J］. 中国勘察设计，2010，(11)：34-37.（经编辑加工）。

3.3 | 建设工程风险管理组织

3.3.1 工程项目的组织结构

组织结构形式是组织的模式，是组织各要素相互联结的框架的形式。项目组织结构可按组织的结构分类或按项目组织与企业组织的联系方式分类。按组织的结构分类，项目组织结构常见的有直线制、职能制、直线职能制、矩阵制、事业部制等，按项目组织与企业组织的联系方式分类，项目组织结构常见的有职能式（部门控制式）、项目式、矩阵式等。

1. 职能式组织结构

职能式组织结构也称部门控制式组织结构，是指按职能原则建立的项目组织，通常是以企业中现有的职能部门作为承担任务的主体组织完成项目。一个项目可能由某一个职能部门负责完成，也可能由多个职能部门共同完成。各职能部门与项目相关的协调工作需在职能部门主管这一层次上进行。职能式组织结构的示意图如图 3-1 所示。

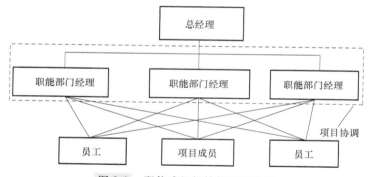

图 3-1　职能式组织结构的示意图

职能式组织结构的优点如下：

1）在人员的使用上具有较大的灵活性。不同专业技术人员可以被临时调配使用，工作完成后又可以返回他们原有的工作岗位。

2）有利于同一部门的专业人员一起交流知识和经验，可使项目获得部门内所有的知识和技术支持，对创造性地解决项目技术问题很有帮助。

3）具有较广专业基础的技术人员可同时参加不同的项目。

4）当有人员离开项目组甚至离开公司时，职能部门可作为保持项目技术持续性的基础，人员风险较小。

5）将项目委托给企业某一职能部门组织，不需要设立专门的组织机构，因此项目的运转启动时间短。

职能式组织结构的缺点如下：

1）职能部门有其日常工作，项目及客户的利益往往得不到优先考虑。

2）调配给项目的人员往往把项目看作他们额外的工作甚至负担，其工作积极性不是很高。

3）经常会出现没有一个人承担项目全部责任的现象。

4）项目常常得不到很好的支持，与职能部门利益直接有关的问题能得到很好的处理，而那些超出其利益范围的问题则容易被忽视。

5）技术复杂的项目通常需要多个职能部门的共同合作，但跨部门之间的交流沟通较困难。

职能式组织结构一般适用于小型或单一的、专业性较强、不需要涉及许多部门的项目。

2. 项目式组织结构

项目式组织结构也称工作队式组织结构，是指公司首先任命项目经理，由项目经理负责从企业内部招聘或抽调人员组成项目的组织结构。所有项目组织成员在项目建设期间，中断与原部门组织的领导和被领导关系，原单位负责人只负责业务指导及考察，不得随意干预其工作或调回人员。项目结束后项目组织撤销，所有人员仍回原部门和岗位。项目式组织结构的示意图如图 3-2 所示。

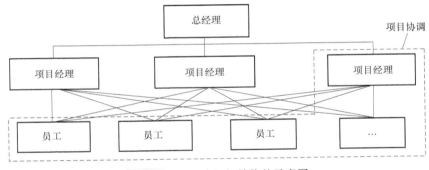

图 3-2　项目式组织结构的示意图

项目式组织结构的主要优点如下：

1）项目经理权力集中，可以及时决策，指挥方便，有利于提高工作效率。

2）项目经理从各个部门抽调或招聘的是项目所需要的各类专家，他们在项目管理中可以相互配合、相互学习、取长补短，有利于培养一专多能的人才并充分发挥其作用。

3）各种专业人才集中在一起，减少了等待或扯皮的时间，解决问题快，办事效率高。

4）由于减少了项目组织与企业职能部门的结合部分，使处理协调关系的工作量减少，同时弱化了项目组织与企业组织部门的关系，减少或避免了本位主义和行政干预，有利于项目经理顺利地开展工作。

项目式组织结构的主要缺点如下：

1）各类人员来自不同的部门，具有不同的专业背景，缺乏合作经验，难免配合不好。

2）各类人员集聚在一起，但在同一时期内他们的工作量可能有很大的差别，因此很容易造成忙闲不均，从而导致人力的浪费。对专业人才，企业难以在企业内部进行调剂，往往导致企业整体工作效率的降低。

3）项目管理人员长期离开原单位，离开他们所熟悉的工作环境，容易产生临时性观念和不满情绪，影响积极性的发挥。

4）专业职能部门的优势无法发挥，由于同一专业人员分散在不同的项目上，相互交流困难，职能部门无法对他们进行有效的培训和指导，影响各部门的数据、经验和技术积累，难以形成专业优势。

项目式组织结构适用于大型项目、工期要求紧迫的项目、要求多工种多部门密切配合的项目。

3. 矩阵式组织结构

矩阵式组织结构是现代大型工程项目广泛应用的一种新型组织形式。它把职能原则和对象原则结合起来，既发挥了职能部门的纵向优势，又发挥项目组织的横向优势，形成了独特的组织形式。从组织职能上看，以实现企业目标为宗旨的企业组织要求专业化分工并且长期稳定，而一次性项目组织则具有较强的综合性和临时性。短阵式组织形式能将企业组织职能与项目组织职能进行有机的结合，形成了一种纵向职能机构和横向项目机构相互交叉的"矩阵"形式。矩阵式组织结构有弱矩阵、平衡矩阵和强矩阵之分。

1）弱矩阵式组织结构。其示意图如图 3-3 所示。

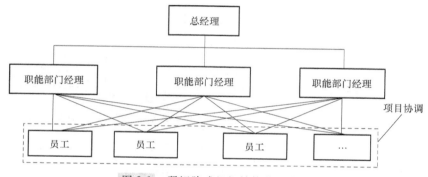

图 3-3　弱矩阵式组织结构的示意图

弱矩阵式组织结构的特点为：从企业相关职能部门安排专门人员组成项目团队，但无专职的项目经理。该组织形式偏向于职能式组织结构，因此其优缺点和适用条件与职能式组织结构相似。

2）平衡矩阵式组织结构。其示意图如图 3-4 所示。

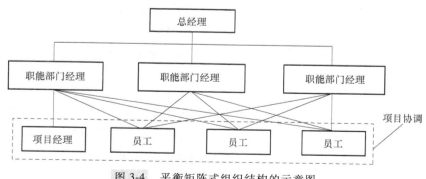

图 3-4　平衡矩阵式组织结构的示意图

平衡矩阵式组织结构的特点为：从企业相关职能部门安排专门人员组成项目团队，有专职的项目经理，且项目经理一般从企业某职能部门选聘。

3）强矩阵式组织结构。其示意图如图 3-5 所示。

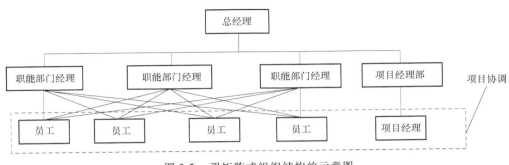

图 3-5　强矩阵式组织结构的示意图

强矩阵式组织结构的特点为：项目经理独立于企业职能部门之外，项目团队成员来源于相关职能部门，项目完成后再回到原职能部门。

在矩阵式组织形式中，永久性专业职能部门和临时性项目组织同时交互发挥作用。纵向表示不同的职能部门是永久性的，横向表示不同的项目是临时性的。职能部门的负责人对本部门参与项目组织的人员有组织调配、业务指导和管理考核的责任。项目经理将参加本项目的各种专业人员按项目实施的要求有效地组织协调在一起，为实现项目目标共同配合工作，并对他们负有领导责任。矩阵式组织中的每个成员，都应接受原职能部门负责人和项目经理的双重领导，他们参加项目从某种意义上说只是"借"到项目上，既接受项目经理的领导又接受原职能部门负责人的领导。在一般情况下，部门负责人的控制力大于项目经理的控制力。部门负责人有权根据不同项目的需要和工作强度，将本部门专业人员在项目之间进行适当调配，使专业人员可以同时为几个项目服务，避免出现某种专业人才在一个项目上闲置而在另一个项目上又奇缺的现象，大大提高人才的利用率。项目经理对参加本项目的专业人员有控制和使用的权力，当感到人力不足或某些成员不得力时，他可以向职能部门请求支持或要求调换，没有人员包袱。在这种体制下，项目经理可以得到多个职能部门的支持，但为了实现这些合作和支持，要求在纵向和横向有良好的沟通与协调配合，从而对整个企业组织和项目组织的管理水平和工作效率提出了更高的要求。

矩阵式组织结构的主要优点如下：

1）兼有职能式和项目式两种组织结构的优点。它把职能原则和对象原则有机地结合起来，既发挥了纵向职能部门的优势，又发挥了横向项目组织的优势，解决了传统组织模式中企业组织和项目组织相互矛盾的难题，增强了企业长期例行性管理和项目一次性管理的统一性。

2）能有效地利用人力资源。它可以通过职能部门的协调，将一些项目上闲置的人才及时转到急需的项目上，实现以尽可能少的人力资源实施多个项目管理的高效率，使有限的人力资源得到最佳的利用。

3）有利于人才的全面培养。它既可以使不同知识背景的人在项目组织的合作中相互取长补短，在实践中拓宽知识面，有利于培养人才的一专多能；又可以充分发挥纵向专业职能集中的优势，使人才的成长有深厚的专业训练基础。

矩阵式组织结构的主要缺点如下：

1）双重领导。矩阵式组织中的成员要接受来自横向、纵向领导的双重指令。当双方目标不一致或有矛盾时，当事人会无所适从。当出现问题时，往往会出现相互推诿、无人负责的现象。

2）管理水平要求高，协调较困难。矩阵式组织结构对企业管理和项目管理的水平、领导者的素质、组织机构的办事效率、信息沟通渠道的畅通均有较高的要求。矩阵式组织的复杂性和项目结合部分的增加，往往导致信息沟通量的膨胀和沟通渠道的复杂化，致使信息梗阻和信息失真增加，这就使组织关系的协调更加困难。

3）经常出现项目经理的责任与权力不统一的现象。在一般情况下职能部门对项目组织成员的控制力大于项目经理的控制力，导致项目经理的责任大于权力，工作难以开展。项目组织成员受到职能部门的控制，凝聚在项目上的力量减弱，使项目组织的作用发挥受到影响。同时，管理人员同时身兼多职地管理多个项目，难以确定管理项目的前后顺序，有时会顾此失彼。

矩阵式组织结构主要适用于大型复杂项目、对人工利用率要求高的项目，或同时承担多个项目的公司。

3.3.2 建设工程风险管理组织设置原则

组织结构就是组织内部各要素相互作用的方式和形式，设计和建立合理的建设工程项目风险管理组织结构，根据组织的外部环境变化适时地调整组织结构，目的就是有效地实现风险管理组织的目标。风险管理组织结构设计一般要遵循以下原则：

（1）目的性原则

从"一切为了确保项目目标实现"这一根本目标出发，因目标而设事，因事而设岗、设机构、分层次，同时定人定责，因责而授权。这是组织结构设计应遵循的客观规律，违背这种规律或脱离项目目标，就会导致组织的低效或失败。

风险管理组织的目标和任务就是对建设工程项目风险进行识别、估计和评价，并进行相应的监控和做出相应的应对措施，消除或降低风险发生时造成的损失。所以风险管理组织必须客观地分析工程项目中可能面临的各种风险，根据自身抗风险能力以及项目内、外部的客观环境，制定切实可行的风险管理目标；目标一旦确定，风险管理组织的设立就必须以风险管理目标为中心，以目标设机构，以目标设职位，以目标配人员。

（2）集权与分权统一的原则

集权是指把权力集中在上级领导的手中，而分权是指经过领导的授权，将部分权力分派给下级。在一个健全的组织中不存在绝对的集权，绝对的集权意味着没有下属主管，也不存在绝对的分权，绝对的分权意味着上级领导职位的消失，也就不存在组织了。合理的分权既可以保证指挥的统一，又可以保证下级有相应的权力来完成自己的职责，能发挥下级的主动性和创造性。为了保证项目组织的集权与分权的统一，授权过程应包括确定预期的成果、委派任务、授予实现这些任务所需的职权，以及行使职责使下属实现这些任务。

（3）专业分工与协作统一的原则

分工就是为了提高项目管理的工作效率，把为实现项目目标所必须做的工作，按照专业化的要求分派给各个部门以及部门中的每个人，明确他们的目标、任务、该干什么和怎样干。分工要严密，每项工作都要有人负责，每个人负责他所熟悉的工作，这样才能提高效率。

分工要求协作，组织中只有分工没有协作，组织就不能有效运行。为了实现分工协作的统一，组织中应明确部门和部门内部的协作关系与配合方法，各种关系的协调应尽量规范化、程序化。

精确地识别风险、合理正确地评估风险、有效及时地制订风险应对计划，都涉及各专业和学科方面的知识，因此风险管理过程是复杂和精细的，需要各专业、学科的人员共同完成，建立有效的分工和协作机制，这是保证组织顺利运作和风险管理目标圆满实现的基础。

（4）管理跨度与层次划分适当的原则

适当的管理跨度加上适当的层次划分和适当的授权，是建立高效率组织的基本条件。在建立项目风险管理组织时，每一级领导都要保持适当的管理跨度，以便集中精力在职责的范围内实施有效的领导。

（5）系统化管理的原则

这是由项目的系统性所决定的。项目是一个开放的系统，是由众多的子系统组成的有机整体，这就要求项目风险管理组织也必须是一个完整的组织结构系统，否则就会出现组织和项目系统之间的不匹配、不协调。

（6）韧性结构原则

现代组织理论特别强调组织结构应具有韧性，以适应环境的变化。所谓弹性结构，是指一个组织的部门结构、人员职责和工作职位都是可以变动的，保证组织结构能进行动态调整，以适应组织内外部环境的变化。工程项目是一个开放的复杂系统，项目以及它所处的环境的变化往往较大，因此韧性结构原则在项目风险管理组织结构设计中的意义很大，项目风险管理组织结构应能满足由于项目以及项目环境的变化而进行动态调整的要求。

（7）精简高效原则

项目风险管理组织结构设计应该把精简高效的原则放在重要的位置。组织结构中的每个部门、每个人和其他组织要素为了一个统一的目标，组合成最适宜的结构形式，实行最有效的内部协调，使决策和执行简捷而正确，减少重复和推诿，以提高组织效率。在保证必要职能履行的前提下，尽量简化机构，这也是提高效率的要求。

3.3.3　建设工程风险管理组织结构

项目风险管理的组织主要是指为实现风险管理目标而建立的组织结构，包括组织机构、管理体制和领导人员。没有一个健全、合理和稳定的组织结构，项目风险管理活动就不能有效地进行。

由于工程项目风险存在于项目的各个阶段和方面，风险应对策略又是多种多样，因此风险管理职能分散在项目管理的各个队组和专业部室，项目成员都负有一定的风险管理责任。另外，工程项目风险管理的目标是以最经济的成本保障项目总目标最大限度地实现，所以又要求由专门的风险管理部门来负责风险管理工作，因此工程项目风险管理在组织上具有既分散又集中的特点。

这个专门的风险管理部门负责整个建设工程的全部风险管理，但该部门不是项目主管部门，而是协调部门，负责制订建设工程的风险管理计划、直接负责整个工程的保险管理，对工程部门、财务和设计部门的风险管理提供建议和协调。这种机构设置利于对风险管理的责任进行分解、优化，使得各个部门为了实现整个工程的目标协调一致。

但风险管理组织没有必要脱离项目管理组织，最合理的方式是成为项目管理组织的一个分组织。无论企业选择了职能式组织结构、矩阵式组织结构还是项目式组织结构，都可以在其基础上建立风险管理组织。以下就用结合了职能式组织结构和项目式组织结构特点的强矩阵式组织结构形式为例，加以说明。

图 3-6 为强矩阵形式的项目风险管理组织结构，项目风险管理组织结构的最上层应该是项目经理。项目经理应该负起项目风险管理的全面责任。项目经理之下可设一名风险管理经理和几名风险管理人员，帮助项目经理组织协调整个项目管理组织的风险管理活动。

风险管理组织设有专职的项目风险管理经理，由建设工程项目管理经验丰富的高级管理人才担当。管理团队应配备专业的风险管理人员，包括合同谈判、索赔和财务管理等方面的合同管理专业人员，项目进度控制人员，项目费用控制人员，采购或分包管理人员等。在此基础上，还需要有制度化的专家辅助决策机制，协助项目经理正确分析存在的问题，并协助项目经理进行决策。也需要完善的财务管理制度和制度化的内部审计，要有适当的健全的制度约束体系进行监控。通过充分授权和完善的约束机制，保障工程建设能快速应对复杂局面，同时又保障了项目管理的决策者能照章办事。

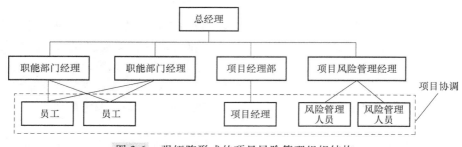

图 3-6　强矩阵形式的项目风险管理组织结构

从图 3-6 的组织结构中可以看到，建设工程项目风险管理组织独立于任何项目管理组织之外。这样设计的优点在于：

（1）节约项目成本，人力资源可以得到充分利用

企业一般有多个项目同时进行，并且每个项目所进行的程度不一样，所面临的实际情况不同，关键风险问题也有差别，如果为每个项目组配备一整套专业的风险管理人员，首先是人员数量不可能达到要求，人员的专业水平也会参差不齐，不一定会让项目经理满意。其次是会造成项目运行成本加大，项目最终盈利降低。最后，有时还会有专业人员资源闲置浪费的情况出现。

（2）利于不同项目间的经验借鉴

不同的项目可能会遇到相似的风险问题，不同的风险管理人员在不同的项目团队中，可加强横向相互交流的机会，降低信息闭塞所带来的风险，学习交流成功的风险应对措施，并应用推广。同时，也可以互相吸取失败的教训，及时警惕防范，不再重蹈覆辙。

（3）利于风险管理人员综合能力的提升

同一位风险管理人员在不同的项目风险管理过程中得到的锻炼和成长大大多于在一个项目中得到的。例如，让一位劳务风险管理人员负责三个东南亚的项目，项目所在地有着相似的文化背景、风俗习惯和宗教信仰，这位风险管理人员完全不需要一个项目接一个项目地去了解和熟悉情况，可以将时间和精力节省出来用在具体风险应对措施制定和执行监控上。

因此，建设工程风险管理是工程项目管理过程中至关重要的一环，设立独立的风险管理

组织显得尤为必要。在工程项目日益增多的现状下，新的工程风险管理组织结构将会把企业从总是被动承担风险的情况转变成主动防范和应对风险的局面，这样才能实现建设工程风险管理最终的目的——降低项目因各类风险所遭受的损失，提高项目的整体盈利水平。

3.3.4 建设工程风险管理组织人员配置

根据美国斯隆管理学院提出"安东尼结构"理论，可以有效地设计风险管理组织机构的层级和配备人员。风险管理组织机构里一般应该设计三个层次：一是上层，就是管理决策层；二是中层，就是技术、战术规划层；三是基层，就是具体运行和收集层。具体的机构层次结构见表 3-2。

表 3-2 风险管理组织机构层次结构

项 目	战 略 规 划	战 术 计 划	运 行 管 理
	上 层	中 层	基 层
主要关心的问题	如何制订应对计划，什么时候采取措施，效果如何	怎样制定风险应对方案、怎样评价风险	如何收集和整理各种风险、如何执行计划
视野	宽广	中等	狭窄
信息来源	外部为主，内部为辅	内部为主，外部为辅	内部
信息特征	高度汇总	中等汇总	详尽
冒险程度	高	中	低

根据以上层次设计，可以配备合适的人员，风险管理机构工作人员可以分为三类：一是建设工程风险管理经理和授权代表等，他们是建设工程风险管理组织机构里的上层决策者；二是建设工程风险管理技术人员，主要是具有现场经验的各类专业工程师；三是助理人员，他们是决策者和专业技术人员的助手，进行一些基础工作。

建设工程风险管理经理领导着风险管理组织的工作，他对整个风险管理组织以及风险管理都起着举足轻重的作用。实践证明，设置或配备一名合格的项目风险管理经理是一项影响重大的工作。风险管理经理必须具有相关的专业素质，如熟悉保险学、管理学、经济法等学科，具有一定的工程实践经验和管理背景，具有良好的沟通协调能力。

因此，项目风险管理经理的职责包括：①组织风险管理机构调查、预测和确认风险，包括工程实施各个阶段中可能会遇到的各种风险；②对识别的各种风险进行评估，确定各风险事件的发生概率和定量损失；③协调各部门之间的风险沟通；④确定风险管理目标，制订风险管理计划；⑤负责工程实施中的各项保险事务；⑥负责整个工程风险管理机构的管理工作。

3.4 建设工程风险管理的基本程序

3.4.1 风险识别

对风险进行管理的前提条件即对风险进行全面的识别。建设工程项目本身是一个复杂的系统，其风险影响因素很多，这些风险因素不仅关系错综复杂，而且各自引起的后果的严重程度也不相同。识别的过程即基于同类工程项目的统计数据，并结合具体工程管理水平对风险源、风险诱因及结果进行分析，比较系统全面地确定项目涉及的各个方面及其整个发展过程中可能存在的风险事件，将引起风险的极其复杂的风险因素或风险事件分解成比较简单的、容易被认识的基本单元。发现风险形成的规律，从而对风险加以识别。风险识别不是一次性的工作，应在项目寿命周期自始至终地定期进行，需要更多系统地、横向地分析。常见的风险识别方法包括：

1. 德尔菲法

德尔菲法（Delphi Method）又称专家调查法，本质上是一种匿名反馈函询法，主要依靠专家的直观能力对风险进行识别，即通过调查意见逐步集中，直至在某种程度上达到一致。它是美国著名咨询机构兰德公司于 20 世纪 50 年代初发明的，其基本步骤为如下几点：

1）由项目风险管理人员提出风险问题调查方案，制定专家调查表。

2）请若干专家阅读有关背景资料和项目方案设计资料，填写调查表。

3）风险管理人员收集整理专家意见，并把汇总结果反馈给各位专家。

4）请专家进行下一轮咨询填表，直至专家意见趋于集中。

2. 头脑风暴法

头脑风暴（Brain Storming）法也称集体思考法，是以专家的创造性思维来索取未来信息的一种直观预测和识别方法。此法由美国人奥斯本（A. F. Osborn）于 1939 年首创，从 20 世纪 50 年代起就得到了广泛运用。头脑风暴法以"宏观智能结构"为基础，通过专家会议，激起专家的思维"灵感"，诱发"思维共振"，以达到互相补充并产生"组合效应"，发挥专家的创造性思维来获取未来信息。我国 20 世纪 70 年代末开始引入头脑风暴法。主要流程如图 3-7 所示。

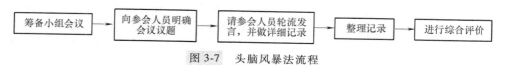

图 3-7　头脑风暴法流程

资料来源：吴春天 . A 酒店开发项目的风险管理研究［D］. 大连理工大学，2017.

3. 核对表法

核对表法（Checklist Method）是一种十分常用和有效的风险识别方法，它主要采用核对表来作为风险识别的工具。这种方法利用人们考虑问题的联想习惯，在过去经验的启示下，对未来可能发生的风险因素进行预测，实质上就是把人们经历过的风险事件及其来源等信息罗列出来，形成一张核对表，然后根据核对表，风险管理人员就可以对本工程可能存在的风险进行识别。主要步骤为：

1）列出主要项目。

2）根据主要项目列出具体项目。

3）按一定的逻辑顺序排列项目编制观察表。

4. 情景分析法

情景分析（Scenario Analysis）法是通过对系统内外相关问题的系统分析，设计出多种可能的未来前景，对系统发展态势做出自始至终的情景和画面的描述，来预测和识别其关键风险因素及其影响程度。该方法是由美国科研人员 Pierr Wark 于 1972 年提出的。运用情景分析法进行工程风险的识别可以拓展风险管理者的视野，增强他们分析未来状况的确切程度。但同时这种方法也具有很大的局限性，即所谓"隧道眼光"现象，好像从隧道中观察外界事物一样，分析问题可能不全面，容易产生偏差。近些年来，该方法在国外的广泛应用中产生了一些具体的方法，如目标展开法、空隙填补法、未来分析法等。但因其操作过程比较复杂，目前此法在我国的具体应用还不多见。主要流程如图 3-8 所示。

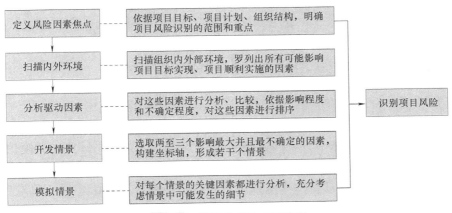

图 3-8　情景分析法主要流程

5. 图解法

风险识别可以从原因查找结果，也可以从结果反找原因。而从结果找原因，实际上是在风险发生后去寻找引发风险的原因，从而为其他工程的风险识别提供基础。图解法（Graphical Method）便是典型的从结果推测原因的风险识别方法，它通过图表描述工程各部分之间的相互关系，进而全面地分析和识别工程中存在的风险。图解法常用的图表形式有因果分析图（图 3-9）、流程图（图 3-10）、故障树等。

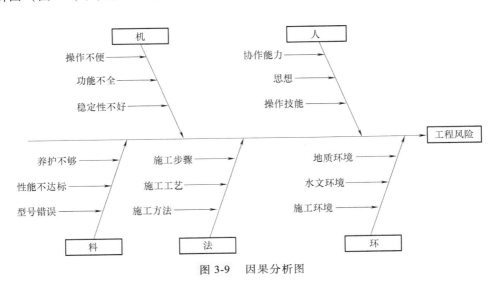

图 3-9　因果分析图

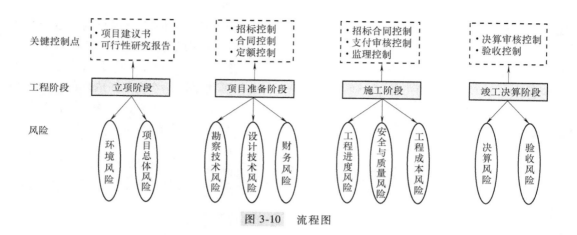

图 3-10　流程图

3.4.2　风险估计和评价

在进行了风险识别之后，就可对风险进行估计与评价。风险估计是在风险识别的基础上，通过对所收集的大量资料的分析，利用概率统计理论，估计和预测风险发生的可能性和相应的损失程度。风险评价是在风险识别和风险估计的基础上，对风险发生的概率、损失程度和其他因素进行综合分析，对工程的风险进行重要性排序，并评价工程的总体风险。

1. 风险估计的内容

（1）风险事件发生频率的估计

风险事件发生频率的估计用定性方式来进行。

其主要根据有：①工程风险管理计划；②已经识别出来的风险因素；③风险的类型；④历史经验数据。

风险事件发生频率估计的成果包括：①工程风险发生频率的清单；②需进一步分析的风险清单。

（2）损失严重程度的估计

1）损失程度估计的范围，既应包括频率很高、损失额比较小的风险损失，也应包括频率较低、损失额却比较大的风险损失；不仅包括损失的直接后果，而且包括损失的间接后果和财务影响。

2）损失的严重程度与发生损失的单位数量密切相关。在确定损失严重性的过程中，风险管理人员应特别注意同时考虑一个特定时间可能产生的所有类型的损失，以及它们对工程的最终影响。

损失严重程度估计的成果包括：①工程风险及其严重程度的清单；②企业发生的可能的损失金额；③损失对经营及财务影响的情况。

2. 风险评价的内容

风险估计只是对项目各阶段单个风险分别进行估计和量化，风险评价则考虑单个风险综合起来的整体风险以及项目主体对风险的承受能力。对识别出来的风险必须做如下的分析和评价：

（1）风险存在和发生的时间分析

风险存在和发生的时间分析，即风险可能在项目的哪个阶段、哪个环节上发生。有许多风险有明显的阶段性，有的风险是直接与具体工程活动相联系的，这对风险预警有很大的作用。

（2）风险的影响和损失分析

风险的影响是个非常复杂的问题，有的风险影响面较小，有的风险影响面很大，甚至引起整个工程的中断或报废。而许多风险之间又是有联系的。一个项目中，风险之间的相互影响被定义为风险关系。例如，某个工程活动受到干扰而拖延，则可能影响其后面的很多活动。

（3）风险发生的可能性分析

这就是研究风险自身的规律性，通常用概率表示。人们可以通过各种方法研究风险发生的概率。

（4）风险级别评定

风险因素非常多，涉及各个方面，但人们并不能对所有风险都十分重视，否则将大大提高管理费用。并且过分谨慎，反而会干扰正常决策过程。这就要求对项目诸风险进行比较和评价，确定它们的先后顺序。

3. 风险评价常用方法

风险评价是近 20 年发展起来的一门综合性边缘学科。在西方，风险评价已形成一门独立的学科，并有专门的组织机构及相关的网站。

1980 年，美国风险分析协会（Society for Risk Analysis，SRA）成立，它是一个跨学科、学术性的协会组织，它为所有对风险评价感兴趣的人们提供了一个开放的论坛。风险评价的定义广泛，包括风险分析、风险特征描述、风险沟通、风险管理以及与风险相关的政策，涉及个人、公共和私营部门组织以及当地社会所关注的风险。

其后，有许多风险分析协会的分支机构相继成立，其中比较有代表性的有欧洲分会，1988 年欧洲分会（European Section of the Society for Risk Analysis）在奥地利成立，当时的成立大会主要吸引了社会科学家和政策分析家，目前风险评价的学术研讨与经验交流在欧美发达国家开展得比较广泛。

现代数学和计算机技术的发展为风险评价的研究提供了大量的技术模型。在软件应用方面，英国雷丁（Reading）大学建筑管理工程系 Steve J. Simister 教授进行了一项风险评价模型技术应用方面的调查，调查显示 Monte Carlo、CASPAR（Computer Aided Simulation for Project Appraisal Risk）、AS（Application System）等软件系统应用较普及。表 3-3 为风险软件应用统计情况。

表 3-3 风险软件应用统计情况

应 用 软 件	所 占 比 例
Monte Carlo	21%
AS	14%
CASPAR	8%
Predict	4%
Risk 7000	4%

目前可用于风险评价的方法较多，但尚不存在对所有风险都适用的统一的分析方法。各种方法在使用时都有其局限性，应针对分析对象的不同特点，有选择地使用不同的分析方法，正如查普曼（C. B. Chapman）教授所说："没有一种简单而通用的方法能适合一切项目的风险评价，都要结合实际项目背景进行具体分析，加以特定处理。"但在风险评价领域，目前大家都认识到多学科的交融和渗透会越来越重要，已成为未来发展的趋势。同其他学科一样，风险评价技术正同时向着集成化和专门化这两个方向发展。

3.4.3 风险应对

风险应对是继风险识别、风险估计与评价之后，针对风险量化的结果，为降低工程风险的负面效应而制定风险应对策略和技术手段的过程。风险应对策略的制定不仅应结合工程项目的整体目标，而且要与风险发生的过程、时间和可能导致的后果相适应。常见的风险应对策略包括风险回避、风险预防、风险分离、风险分散及风险转移等。

1. 风险回避

风险回避主要是切断风险来源，使其不发生或遏制其发展。回避风险有两种基本途径：①拒绝承担风险，如了解到某工程项目风险较大，则不参与该工程的投标或拒绝业主的投标邀请；②放弃以前所承担的风险，如了解到某一研究计划有许多新的过去未发现的风险，便放弃研究以避免风险。

回避风险虽然是一种风险防范措施，但是一种消极的防范手段。因为在现代社会中广泛存在着各种风险，要想完全回避是不可能的。再者，回避风险固然能避免损失，但同时也失去了获利的机会。

2. 风险预防

风险预防是指减少风险发生的机会或降低风险的严重性，设法使风险最小化。通常有以下两种途径：

（1）风险发生前预防

这是指采用各种预防措施以杜绝风险发生的可能。例如，供应商通过扩大供应渠道以避免货物滞销；承包商通过提高质量控制标准以防止因质量不合格而返工或罚款；工程现场管理人员通过加强安全教育和强化安全措施，减少事故的发生；等等。业主要求承包商出具各种保函就是为了防止承包商不履约或履约不力，而承包商要求在合同附则中赋予其索赔权利也是为了防止业主违约或发生种种不测事件。

（2）风险不可避免时减少风险并止损

这是指在风险损失已经不可避免的情况下，通过种种措施遏制风险势头继续恶化或限制其扩散范围使其不再蔓延。例如，承包商在业主付款误期超过合同规定期限的情况下，停工或撤出施工队伍并提出索赔要求，甚至提起诉讼；业主在确信承包商无力继续实施其委托的工程时立即撤换承包商；施工事故发生后采取紧急救护等。

3. 风险分离

风险分离是指将各风险单位进行分离，以避免发生连锁反应或互相牵连。这种处理可以将风险局限在一定范围内，从而达到减少损失的目的。

风险分离常用于工程中的设备采购。为了尽量减少汇率波动导致的汇率风险，可在若干不同的国家采购设备，付款采用多种货币。

在施工过程中，承包商对材料进行分隔存放也是风险分离手段。这样可以避免材料集中于一处时可能遭受的巨大损失。

4. 风险分散

风险分散也称为风险分配，是通过增加风险单位以减轻总体风险的压力，达到共同分摊集体风险的目的。工程项目总的风险有一定的范围，这些风险必须在项目参加者之间进行分配。每个参与者都必须承担一定的风险责任，这样每个参与者都有管理和控制风险的积极性。风险分配通常在任务书、责任书、合同、招标文件等文件中规定。在起草这些文件时都应对风险做出估计、定义和分配。

工程担保和工程保险逐渐成为工程建设当事人进行风险分散的选择。工程担保和工程保险作为经济手段，可防止因他方不履行法定的合同义务给自己带来难以弥补的损失。

5. 风险转移

有些风险无法通过上述手段进行有效控制，经营者只好采取转移手段以保护自己。风险转移并非损失转嫁，也不能认为是损人利己有损商业道德。因为有许多风险对一些人的确可能造成损失，但转移后并不一定给他人造成损失。其原因是各人的优势不一样，因而对风险的承受能力也不一样。

风险转移的手段常用于工程承包的分包、技术转让或财产出租。合同、技术或财产的所有人通过分包工程、转让技术或合同、出租设备或房屋等手段将应由自己全部承担的风险部分或全部转移至他人，从而减轻自身的风险压力。

3.4.4　风险监控

风险监控是指随时监测并记录工程项目的各项风险状态，并将其与风险管理目标相比较，如果发现偏差，则及时采取控制措施的过程。风险监控包括对工程风险的监视和控制两大环节。前者是在采取风险应对措施后，定期地对"风险识别清单"中的风险进行跟踪检查，观察并记录其发展变化；后者则是在风险监视的基础上，采取相应的组织、技术、经济或合同等措施，对原计划进行调整，以便使制定的风险应对策略更加符合实际。风险监控是一个实时的、连续的过程，贯穿于整个工程建设周期。在某时段内，风险监视和控制交替进行，即发现风险后应立即采取控制措施，而风险因素消失后立即进行下一轮的风险监视。风险监视和风险控制是相辅相成的，风险监视给风险控制提供实施风险应对策略的时机，提示风险管理者何时采取控制措施；风险控制则给风险监视提供监视内容，提示风险管理者下一轮应监视的重要风险。因此，常将风险监视和控制结合起来统一考虑。

复习思考题

1. 建设工程风险管理目标有哪些？
2. 风险管理目标的确定原则是什么？
3. 项目管理的组织结构有哪些？
4. 项目管理的各种组织结构优缺点是什么？
5. 项目风险管理经理的职责是什么？
6. 建设工程风险管理的基本程序是什么？

第 **4** 章

建设工程风险识别

【本章导读】

建设工程风险识别是风险管理的基础，应贯穿于项目实施全过程的项目风险管理工作。它不是一次性行为，而应有规律地贯穿整个项目中，只有全面地识别潜在的风险因素，才能准确地评价风险影响程度以及确定相应风险的应对和监控策略。而在识别建设工程项目所面临的各种风险后，应分别对各种风险进行衡量，从而进行比较，以确定各种风险的相对重要程度，为风险评估奠定基础。

【主要内容】

本章主要介绍了建设工程风险识别的定义，风险识别流程，工程各阶段风险识别的内容，风险识别方法及风险衡量方法。重点阐述了建设工程各阶段风险识别的内容，详细地介绍了专家调查法、核对表法、故障树分析法、工作-风险分解法共四种风险识别法，以及专家调查法和以概率论为基础的风险量化法共两种风险衡量法。

4.1 建设工程风险识别概述

4.1.1 建设工程风险识别的定义

风险识别是项目风险管理的重要组成部分。建设工程风险识别是指系统地、连续地识别并记录可能对建设工程项目造成不利影响的因素，包括列出所有与项目相关的过程、参与者及存在的问题，从中确定风险的来源、产生条件。其识别内容主要包括各种风险因素、风险来源、风险范围、风险特征、风险后果等，并要对风险类型、风险产生原因等方面进行研究，这样才能在风险管理中确定风险来源、风险形成的原因、风险形成的机理、风险的特征及风险可能产生的影响。

对项目风险的识别在于准确识别项目所面临的现存以及潜在风险，以确切掌控实施风险控制措施的最佳时机。识别项目风险的类别、范围和破坏程度会受到评估者的主观影响，而识别误差会导致项目风险的度量、评价甚至采取的对策出现偏差。所以风险识别是风险管理的基础，只有全面地识别潜在的风险因素，才能准确地评价风险影响程度以及确定应对相应风险的策略。

所以，项目风险识别是项目风险管理系统中的基础，最危险的事是没有识别潜在的风险。对于任何因环境变化而可能出现的风险事件，要及时识别和分析，才能正确地确定相应的风险处置与监控策略。

4.1.2　建设工程风险识别的目的

建设工程风险识别是一项贯穿于项目实施全过程的项目风险管理工作。它不是一次性行为，而应有规律地贯穿整个项目中。风险识别包括识别内在风险及外在风险。内在风险是指项目工作组能加以控制和影响的风险，如人事变动和成本变化等。外在风险是指超出项目工作组等控制力和影响力之外的风险，如市场波动或政府行为失信等。严格来说，风险仅仅是指遭受创伤和损失的可能性，但对项目而言，风险识别还牵涉机会选择（积极成本）和不利因素威胁（消极结果）。任何有助于进行潜在问题识别的信息源都可用于风险识别，信息源有主观和客观两种。客观的信息源包括过去项目中记录的经验和表示当前项目进行情况的文件，如工程文档、计划分析、需求分析、技术性能评价等；主观信息源是基于有经验的专家的经验判断。项目风险识别是项目风险管理中的首要工作，其主要目的包括以下几个方面：

（1）识别项目中的潜在风险及其特征

这是项目风险识别的第一个目标。只有首先确定可能会遇到哪些风险，才能够进一步分析这些项目的性质和后果。所以在项目风险识别工作中，首先要全面分析项目的各种影响因素，从中找出可能存在的各种风险，并整理汇总成项目风险的清单。

（2）识别风险的主要来源

只有识别清楚各个项目风险的主要影响因素，才能够把握项目风险发展变化的规律，才能够度量项目风险的可能性与后果的大小，从而才有可能对项目风险进行应对和控制。

（3）预测风险可能会引起的后果

项目风险识别的根本目的就是要降低项目风险可能带来的不利后果。在识别出项目风险和项目风险的主要来源之后，必须全面分析项目风险可能带来的后果及其后果的严重程度。当然，这一阶段的识别和分析主要是定性分析。

4.1.3　建设工程风险识别的原则

在风险识别过程中应遵循以下原则：

（1）由粗及细、由细及粗的原则

由粗及细是指对风险因素进行全面分析，并通过多种途径对建设工程项目风险进行分解，逐渐细化，以获得对建设工程项目风险的广泛认识，从而得到工程项目初始风险清单。由细及粗是指从工程项目初始风险清单的众多风险中，根据同类建设工程项目的经验，以及对拟建建设工程项目具体情况的分析和风险调查，确定那些对建设工程项目目标实现有较大影响的工程风险，作为主要风险，即作为风险评价以及风险对策决策的主要对象。

（2）严格界定风险内涵并考虑风险因素之间的相关性

对各种风险的内涵要严格加以界定，不要出现重复和交叉现象。另外，还要尽可能考虑各种风险因素之间的相关性，如主次关系、因果关系、互斥关系、正相关关系、负相关关系等。应当说，在风险识别阶段考虑风险因素之间的相关性有一定的难度，但至少要做到严格界定风险内涵。

（3）先怀疑后排除的原则

对于所遇到的问题都要考虑其是否存在不确定性，不要轻易否定或排除某些风险，要通过认真的分析进行确认或排除。

（4）排除与确认并重的原则

对于肯定可以排除和肯定可以确认的风险应尽早予以排除和确认。对于一时既不能排除又不能确认的风险再做进一步的分析，然后予以排除或确认。最后，对于肯定不能排除但又不能肯定予以确认的风险按确认考虑。

（5）必要时，可做实验论证

对于某些按常规方式难以判定其是否存在，也难以确定其对建筑工程项目目标影响程度的风险，尤其是技术方面的风险，必要时可做实验论证，如抗震实验、风洞实验等。这样做的结论可靠，但要付出相应的代价。

4.2 建设工程风险识别的过程

4.2.1 风险识别流程

风险识别就是确定何种风险事件可能影响项目，主要包括收集数据或信息、分析不确定性、编制项目风险识别报告等，是项目风险管理中一项经常性的工作。风险识别最耗时间，需要分析者有经验、有创造性、有系统性。风险识别过程通常由风险分析人员与项目营销、规划、设计、造价等人员及有关专家共同进行。风险识别的过程主要分为三个步骤。

1. 收集数据或信息

一般认为风险是由数据或信息不完备而引起的。但是，收集和风险事件直接相关的信息可能较为困难，不过风险事件总不能孤立开来，可能会存在一些与其相关的信息，或与其间接联系的信息，或是与本项目可以类比的信息。风险识别应注意以下方面的信息的收集：

（1）项目环境方面的信息

自然方面的气象、水文、地质等对项目的实施有较大的影响。社会环境方面的政治、经济、文化、政策等对项目建设有重大影响。

（2）项目本身及类似项目的有关信息

这些资料对项目风险识别极有价值，具体需要收集下列资料：

1）风险管理计划。该计划包含风险识别阶段需要的方法或者技术、资料来源、时间安排、岗位职责等，是指导风险识别纲领性的文件。

2）工程项目前期的文件所依据的前提、假设和制约因素。工程项目建议书、工程项目可行性研究报告、设计或其他文件一般都是在若干前提和假设的基础上做出的。这些前提和假设在项目实施期间可能成立，也可能不成立。因此，工程项目的前提、假设和制约因素是进行风险识别时应参考的依据。

3）工程项目概况和有关计划文件。具体内容包括工程项目目标、任务、范围、进度计划、费用计划、资源计划、质量计划和采购计划等。

4）历史信息。以前类似项目的成功经验和教训对风险识别非常有用，主要包括档案记录、项目总结、营销经验，以及工程事故、项目索赔等处理的来龙去脉等。要获取历史信息，一是可以查阅以前项目的档案，二是可以找以往项目的主要参与人员了解情况，三是可以从相关研究论文或专著中查阅。

2. 分析不确定性

首先，应分析项目状态，这是一个将项目原始状态与可能状态进行比较及分析的过程。比较这两种状态下项目目标值的变化，如果这种变化是恶性的，则为风险。其次，对项目进行结构分解，使工程项目建设中存在风险的环节和子项变得容易辨认。最后，确认不确定性的客观存在，风险管理者不仅要识别所发现或推测的因素存在不确定性，而且要确认这种不确定性是客观存在的，只有符合这两个条件的因素才可以视作风险。具体来说，在资料收集完整的基础上，应该从以下方面分析工程项目的不确定性，从而确定存在的风险：

1）从不同建设阶段的不确定性分析。工程项目的建设全过程一般分为前期决策阶段、设计阶段、工程施工阶段、竣工验收阶段。每一个阶段有不同的工程项目风险，即使相同的工程项目风险在不同阶段的发生概率和影响后果也不一样。因此应该按照不同阶段进行不确定性分析，识别工程项目风险。

2）不同目标的不确定性分析。工程项目有投资、进度、质量和安全等目标，有时风险管理只是针对某一目标进行的。而工程项目不同目标的风险是不一样的，因此要针对不同的目标识别出工程项目风险。

3）按照工程分解结构进行不确定性分析。不同的工程项目结构有不同的性质和要求，其存在的工程项目风险不同，风险的影响程度也不相同。按照工程项目的工作分解结构（WBS），将整个工程项目分为单项工程、单位工程和分部分项工程，然后从最底层逐级分析不确定性的存在，识别出工程项目风险。

4）工程项目建设环境的不确定性分析。工程项目建设环境对工程项目目标的影响非常大。因此应对其进行详尽的不确定性分析，识别出存在的工程项目风险。

在项目不确定性分析的基础上，进一步分析这些不确定因素引发项目风险的大小。然后将所有识别出来的风险罗列起来，便得到工程项目的初步风险清单，再根据需要对风险进行分类，以确定风险的性质。分类可先按照工程项目的目标、阶段、结构进行，然后按照可控性进行分类，最后按照技术和非技术进行分类，也可以根据其他标准进行分类。风险分类方法在风险管理计划中已经确定。

3. 编制项目风险识别报告

在项目风险分类的基础上，应编制出风险识别报告。该报告是风险识别的成果，通常其包含的内容有以下几个方面：

（1）已识别出的风险

该结果经常采用风险清单的形式出现，将项目所面临的风险汇总并按类进行排列，可给人们一个整体的感觉。风险清单能使项目管理人员不仅把握自己的岗位所面临的风险，而且能使其了解到其他管理人员可能会碰到的风险，还能使他们预感到风险可能发生的连锁反应。罗列风险清单必须做到科学、客观、全面，尤其是不能遗漏主要风险。风险识别的结果就是建立工程项目建设风险清单，在风险识别过程中，核心工作是分解项目风险和识别项目风险因素、风险事件和后果。

（2）潜在的项目风险

潜在的项目风险是指尚没有迹象表明将会发生的风险，是人们主观判断的风险，一般是一些独立的项目风险事件，如自然灾害、项目团队重要成员的辞职等，对损失相对较大的潜在的项目风险，应注意跟踪和评估。

（3）项目风险征兆

项目风险征兆（Risk Symptom）是指项目风险发生变化的可能的趋向。有些风险在发生时或发生前，会有某些特定的征兆。通过对风险征兆的跟踪监视，可以获知风险将要发生或已经发生了，项目团队应采取相应的应对措施。例如在项目执行过程中，当未能实现某个里程碑时，可能就是工期将要延误的警报；通货膨胀会使资源价格上涨，从而导致项目投资超概算，所以通货膨胀一般是发生项目投资风险的一种征兆，应密切关注并做好应对准备。

在进行风险识别时，应同时将与风险相关的风险征兆一并识别出来。在制订风险应对计划时，也要定义某些风险征兆，以便实施相应的应急计划。

4.2.2 项目各阶段的风险识别

1. 项目建议书和可行性研究阶段的风险识别

项目建议书和可行性研究阶段（也称立项阶段）的风险识别任务是从项目概念和初步目标出发，考虑项目全寿命周期内的所有潜在风险，尽可能识别所有风险因素，为项目估计和评价打好基础。由于在立项阶段，项目的具体设计、工程技术、实施进度等情况的信息相对匮乏，风险识别具有一定的难度，需要更多地依赖专家以及项目参与人员的经验来识别风险。常用的方法有专家调查法、流程图法、故障树分析法、核对表法等。

（1）基于 PEST 的工程环境的风险识别

环境分析是对工程项目所在地外部环境的宏观分析，识别影响该工程项目的有利因素和不利因素。PEST 是常用的环境分析的方法，主要从政治（Political）、经济（Economic）、社会文化（Social-cultural）、技术（Technological）四个方面分析。

1）政治环境。政治环境包括一个国家的社会制度，执政党的性质，政府的方针、政策、法令等。不同的国家有着不同的社会制度，不同的社会制度对组织活动有着不同的限制和要求。即使社会制度不变的同一个国家，在不同时期，由于执政党的不同，政府的方针特点、政策倾向对组织活动的态度和影响也是不断变化的。对于这些变化，组织可能无法预测，但一旦变化产生，它们对活动可能会产生何种影响，组织是可以分析的。组织必须通过政治环境研究、了解国家和政府目前禁止组织干什么，允许组织干什么，从而使组织活动符合社会利益，受到政府的保护和支持。

2）经济环境。经济环境是影响组织，特别是经济组织的项目活动的重要环境因素，它主要包括宏观和微观两个方面的内容。

① 宏观经济环境。宏观经济环境主要是指一个国家的人口数量及其增长趋势，国民收入、国民生产总值及其变化情况，以及通过这些指标能够反映的国民经济发展水平和发展速度。人口众多既为项目建设和运营提供丰富的劳动力资源，又可能因其基本生活需求难以充分满足，从而构成经济发展的障碍。经济繁荣显然为项目运营提供了机会，而宏观经济的衰退则可能给所有经济组织带来生存的困难。

② 微观经济环境。微观经济环境主要是指工程所在地区或所需服务地区的消费者的收入水平、消费偏好、储蓄情况、就业程度等因素。这些因素直接决定着项目未来的发展市场大小。假定其他条件不变，一个地区的就业越充分，收入水平越高，该地区的购买能力就越高，对某种活动及其产品的需求量就越大。一个地区的经济收入水平对其他非经济组织的活动也是有重要影响的。

3）社会文化环境。社会文化环境包括一个国家或地区的居民受教育程度和文化水平、宗教信仰、风俗习惯、价值观念等。文化水平会影响居民的需求层次，宗教信仰和风俗习惯会禁止或限制某些活动的进行，价值观念会影响居民对项目的组织目标、组织活动及对组织存在本身的认可与否。

4）技术环境。任何组织的活动都需要利用一定的物质条件，这些物质条件反映着一定的技术水平。社会的进步会影响这些物质条件所反映的技术水平的先进程度，从而会影响利用这些条件进行组织活动的效率。

技术环境对企业的影响更为明显。企业生产经营过程是一定的劳动者借助一定的劳动条件生产和销售一定产品的过程。不同的产品，代表不同的技术水平，对劳动者和劳动条件有着不同的技术要求。技术的进步可能使企业产品被与新技术相关的竞争产品所替代，可能使生产实施和工艺方法显得落后，可能使生产作业人员的操作技能和知识结构不符合要求。因此，企业必须关注技术环境的变化，以及时采取应对措施。技术环境的研究，除了要考察与所处领域的活动直接相关的技术手段的发展变化外，还应及时了解以下情况：第一，国家对科技开发的投资和支持重点；第二，该领域技术发展动态和研究开发经费总额；第三，技术转移和技术商品化速度；第四，专利及其保护情况等。

基于以上四个角度分析环境变化对工程的影响。所以环境分析方面的风险可以分为政治（法律）环境风险、经济环境风险、社会文化环境风险、技术环境风险四大类。政治的角度主要有垄断法、环境保护法、税法、对外贸易相关规定、劳动法、政府稳定性等方面；经济的角度主要有利率、汇率、通货膨胀、失业率、可支配收入、能源供给、成本等方面；社会文化的角度主要有社会稳定、生活方式的变化、教育水平、消费、政府对研究的投入等方面；技术的角度主要有政府和行业对技术的重视、技术的发明和进展、技术传播的速度、折旧和报废速度等方面。在具体的工程实践中，可运用具体的风险识别方法，从以上四类风险中识别具体的风险因素。

（2）其他工作的风险识别

项目建议书与可行性研究阶段的风险识别工作还包括项目实施计划与进度、投资估算和资金筹措、社会和经济效益评价等。

1）项目实施计划与进度方面的风险。根据建设工期和勘察设计、设备制造、工程施工与安装、试生产所需时间与进度要求，来选择整个工程项目实施方案和总进度。因此这涉及工程项目的实施全过程，风险因素比较复杂。存在的风险主要包括自然风险、社会风险、融资风险、设计风险、施工风险、技术风险和接口风险等。

2）投资估算和资金筹措方面的风险。

① 投资估算方面的风险。这对建设项目至关重要，主要分为工程量估算不足、设备材料劳动力价格上涨使投资不足、计划失误或外部条件因素导致建设工期拖延、外汇汇率不利变化导致投资增加等。

② 资金筹措方面的风险。业主资金筹措不足，导致支付不及时，导致工程停工待料，影响工程进度；项目资本金、财政补助资金、项目贷款及其他来源结构不合理；资金头寸储备过多，造成资金闲置，增加财务费用等。

3）社会和经济效益评价方面的风险。社会和经济效益评价为决策者提供重要的决策依据，其评价依据主要来源于历史经验数据，因此主要风险包括：数据、资料来源不可靠；评价指标的取舍不恰当；计算失误等。

2. 设计阶段的风险识别

设计阶段风险识别的任务是在立项阶段风险识别的基础上，进一步识别项目设计活动的风险因素。该阶段项目设计与计划等活动使资金投入加大，投资方风险骤升，风险识别也越发重要。

（1）工程项目设计风险的含义

工程项目设计风险是指由于设计过程中出现失误或引起错误或引起工程事故而导致经济损失的不确定性。工程项目设计风险主要表现为法律风险、技术风险、人为风险和程序风险。

1）法律风险。根据《中华人民共和国建筑法》和《中华人民共和国民法典》，设计单位需要承担相应责任。如果由于设计方的失误或错误导致设计质量有问题而引起工程事故，则设计单位承担 100% 的风险。

2）技术风险。技术风险主要表现在两个方面：①设计方案不当，比如屋架支撑不完善，悬挑结构稳定性严重不足；②构造不合理，如钢筋混凝土构造不合理、墙体连接构造不合理、墙梁构造不当等。

3）人为风险。人为风险主要表现为：一是结构计算书不全，主要的载荷取值不准确；二是工程地基、基础承载力计算错误，部分工程没有按规定进行差异沉降计算；三是设计图缺少注册结构工程师、注册建筑师的审核。

4）程序风险。程序风险主要表现为：一是无勘察资料就进行设计；二是超出标准规范的限制范围，开展超高、超层、开间过大等建设工程设计；三是设计单位内部不严格执行设计、校对和审核等制度。

（2）工程项目设计的主要风险源及风险分析

工程项目设计的主要风险源包括业主的行为、设计单位因素和施工原因三方面。

1）业主的行为。

① 业主对项目设计进行了干预。业主在工程各种合作关系中所处的地位是最高的，业主地位的优势往往会使业主具有很强的话语权。在设计进行过程当中，业主往往会根据自己的意见，要求设计师更改前期设计。业主个人行为引起的设计变更和因为策划定位问题引起的设计变更同样都是来自于业主方，但是两者有本质的区别。个人行为引起设计变更是由业主发起的，是主动行为；策划定位失误而引起设计更改是业主被动接受的，是为了弥补前面工作的失误而不得不做出的举动。业主个人行为引起的设计变更存在风险，既有可能给项目带来好处，也可能不利于各参与方提高工作效率。实际上，设计方会将业主的这种个人行为看作一种无谓的"干扰"。可以在事先订立的设计合同中加入对随意行为约束的条款，减少设计变更概率，降低设计风险。

② 业主提供的资料不完善、要求不明确。在投标阶段出现这样的情况会使设计工作缺

乏依据和目标，因此在投标阶段做投标设计是非常必要的。投标设计可作为投标报价的依据甚至签订合同的依据。投标设计应达到基本设计的深度，投标设计费用可协商由业主承担全部或部分。投标设计对业主无法提供的条件数据进行假设，对设计结果进行明确，也是对提供的设施进行明确，这样一旦条件数据发生变化或设计结果要求变化，即可进行索赔，挽回损失。

2）设计单位因素。

① 设计人员的原因。一是设计单位的设计人员的专业素质。由于设计人员缺乏实际工程经验，设计方案时有不符合实际施工操作的情况。另外有些设计错误是由于设计人员对建筑或者结构标准不熟悉所致，这类错误对项目损害巨大。二是由于项目的规划设计是庞大的综合工作，包括建筑结构、水电、暖通、市政、安装等各种专业部门的工作内容，每项内容的专业性非常强，因此各专业部门之间的衔接非常容易产生问题。有时会发生各专业设计图产生冲突的现象，严重的时候会导致大部分设计返工。三是很多设计人员单纯追求高效率，为了承接更多的工作，获取更多的利润，短时间完成大量设计任务，人为地压缩了正常的设计周期，降低了设计质量。

② 设计管理的原因。一是不按照正常设计阶段进行设计。工程设计一般分初步设计和施工图设计两阶段。在项目设计前期准备工作中，如果设计基础资料欠缺，难以满足下个阶段设计内容所要求的深度，且在外部设计尚未落实的情况下直接进入施工图设计阶段，会造成较大的设计风险。二是设计出图前的审核环节不严格。设计单位出图前最终由技术总工审查设计图，把控设计图的质量以减小设计出错的风险。但是由于赶工期或内部管控不严格等因素导致设计图审核的质量不高，这增加了设计阶段的项目风险。

3）施工原因。

施工必须在设计图交付以后开始，但是设计人员必须要跟踪工程施工进行直到竣工完毕。因为施工人员在按照设计图施工时，需要和设计人员沟通，而设计人员也可以在施工现场及时发现设计上存在的问题。在施工过程中发生设计更改是非常普遍的，通常有四种情况：一是设计图不符合实际或存在某种缺陷，这属于设计单位的工作失误，责任由设计单位承担；二是按原设计施工技术难度太高，必要要更改设计才能继续工作；三是施工环节失误，对建筑质量造成损坏，必须要改变原设计才可以恢复或者部分补偿损失；四是施工后期设备安装问题，由于设备的购置是在设计完成以后进行的，因此设备的尺寸大小（比如电梯）很有可能与设计不符合，这时要经过设计单位重新设计才能放置设备，施工方不得擅自改动。

3. 实施阶段的风险识别

实施阶段的风险识别任务是在漫长的工期中，识别各种不可预见性风险因素，同时注意参与者之间的风险分担。本阶段风险识别可以采用核对表法、故障树分析、流程图法、工作分解结构（WBS）法等。本阶段的风险源主要来自两个方面：合同和施工。

（1）合同风险

合同条件是相互关联的有机整体，对承包商风险的识别应当着眼于对整个合同条件进行全面系统的分析。

1）承包商承诺的充分性条款的风险。承包商承诺的充分性表现为：承诺充分获得对投标书或工程产生影响的资料；承诺现场、周围环境、地下水文、气候条件等满足要求；承诺中标价的正确性和充分性及在中标价内承担全部义务的充分性；承诺对需要的专用和临时道路承担全部费用；等等。对承包商承诺的充分性要求极大地减少了承包商申辩的机会，是业主将风险转嫁给承包商的重要方式。对于这类风险，承包商应当在投标前仔细研究资料和进行现场踏勘，在标价中适度计入风险费用。承包商还应当认识到承诺的充分性并不是完全无条件的，如果业主提供的资料有误或隐瞒事实，承包商可以推翻自己承认合同金额充分性的说法，甚至向业主提出索赔。

2）工程款的支付风险。工程款支付风险主要是指承包商不能按时收回或者不能全额收回应由业主在不同时期支付的款项的风险。在各类支付款项中，质保金的支付风险在实践中表现得尤其巨大，经常有承包商的质保金被业主以各种理由扣除，即使最后被收回也需付出很大代价。特别地，在国际工程中还面临汇率和汇兑风险，特别是结算条款规定支付货币多为当地货币，则会存在汇率和汇兑风险。

3）生产设备、材料或工艺缺陷风险。生产设备、材料或工艺缺陷风险不仅贯穿于整个施工过程，而且延续到工程竣工之后，以缺陷责任期的形式加以体现，保障了业主和消费者权益。承包商应当注意，引起缺陷的原因并不都是容易判定的，缺陷有可能完全或部分是由设计问题引起的，但承包商往往难以证明，特别是很难证明缺陷的部分原因是设计不当造成的，因此，承包商常常仍是这类风险的承担者。承包商应严格质量管理，包括人员的工作质量和材料、工程设备和工艺的合格性，并取得工程师的认可，特别是做好事前预控、事中控制和自检。遇到设计明显不合理或错误之处，要及时提出，要求修正，降低风险。

4）工期风险。许多项目会遇到工期延误的问题，工期延误常常导致业主和承包商双方的费用增加。在多个事件交叉作用导致工期延误的情况下，只要存在业主责任，业主应给予承包商工期补偿和一定的费用补偿；相反，只要存在承包商责任，承包商就不得提出费用方面的施工索赔，甚至要向业主支付相应的赔偿金。

5）合同变更风险。合同变更风险是指由于承包工程投资大、工期长，在合同执行过程中不可避免地会发生很多变更，变更又往往涉及费用和工期变化，从而为项目带来了损失的风险。在项目开工后，特别是项目施工后期，由于劳动力和材料价格的波动，都有可能造成利润的降低。另外一种表现形式是当业主删减工程内容或者修改工程内容时，承包商遭受资源浪费和预期利润损失。

6）环境保护的风险。环保问题日益受到重视。例如我国《建设工程施工合同（示范文本）》（GF—2017—0201）通用条款规定，对大气、水、噪声以及固体废物等采取防范措施由承包商承担，环保不力成为承包商风险，体现了由对不利事件的控制较有优势的一方来承担风险的原则。

7）不可抗力风险。不可抗力风险是指工程项目各方在合同签订后或履行过程中遇到的超出各方合理预见能力并合法加以控制的风险事件，而遭受工程误期或合同终止，人员财产和物资安全受到损害。

8）合同文件不完备引起的风险。合同组成文件种类多，文件间可能出现矛盾或歧义，主要包括以下几种情况：①合同文件不完备、条件不明确、技术规范约定不明确，致使合同存在漏洞或出现误解；②合同类型不恰当、合同分解不恰当；③合同风险配置不合理，各方风险分配过于失衡，沟通出现问题，合同一方破产等，致使合同履行困难或项目无法顺利进行等。

（2）施工风险

施工风险的风险源有几种：①自然社会环境影响、组织管理不力、项目人员与项目类型不适宜、设计缺陷、施工效率低下、沟通障碍等原因，致使工程进度拖延；②施工环境、材料、机械、操作、管理、工艺或方案的原因，引起工程质量风险；③施工方案不合理、变更频繁或处理不当，投资管理水平低、通货膨胀，政治影响，不可抗力等原因，引起投资上升风险；④自然环境限制、自然灾害等不可抗力影响，施工条件、安全措施简陋，操作不当，人员素质不过关，管理混乱，建筑与设计不相符等原因，引起安全风险；⑤危害人类、生态健康，资源浪费等原因，导致施工环境风险。

4. 竣工阶段的风险识别

工程项目的完成过程中涉及众多利益相关者，每个利益相关者在不同的项目阶段都面临不同的风险。在竣工验收阶段，主要从业主和承包商两大主要利益相关者的角度进行风险分析。

竣工阶段风险识别主要是以竣工验收资料、工程内容为对象，针对竣工验收资料的完整性、准确性，建筑、安装工程的符合性，确定出现风险对工程本身、利益相关者造成的影响，并将这些风险的特性整理成文档。

竣工验收阶段工程项目风险识别的主要依据包括：

1）建设项目竣工验收的主要依据。这包括：上级主管部门对该项目批准的各类文件；可行性研究报告；施工图设计文件及设计变更洽商记录；国家颁布的各种标准和现行的施工验收规范；工程承包文件；技术设备说明书；建筑安装工程统计规定及主管部门关于工程竣工的规定。

2）竣工验收阶段的历史资料。这主要是指类似工程在竣工验收阶段发现的风险以及因竣工验收不合格造成日后使用的风险等。

在竣工验收阶段，由于工作内容复杂，可以利用核对表法、德尔菲法、头脑风暴法以及WBS等方法识别相应的风险。对于承包商来说，风险主要体现在竣工验收条件的设定、竣工验收资料管理、债权债务处理以及利益相关者关系的协调风险等方面：

1）竣工验收的风险。这一阶段施工方应全面回顾项目实施的全过程，以确保项目验收顺利通过。其具体工作内容是在分项、分部整理技术资料的同时，整理各施工阶段的质量问题及处理结论，列出条目，召集会议，进一步检查落实，制订全面整改计划，并在人力、财力、物力等各方面予以保证。实行总分包的项目应请分包单位参加并落实其整改责任。如果整改计划不及时或不落实，不具备竣工验收条件，则必定给承包商带来风险。

2）竣工验收资料管理的风险。竣工验收资料管理从以下几个方面给承包商带来风险：

① 由于施工项目经理部或企业未按有关资料管理的规定执行，使竣工资料不全或混乱，影响施工项目竣工验收。

② 建设单位与施工单位在签订施工承包合同时，对施工技术资料的编制责任和移交期限等事项未能做出全面、完整、明确的规定，造成竣工验收时资料不符合竣工验收规定，影响竣工验收。

③ 监理人员未能按规定及时签订认可的资料，以致在竣工验收时发生纠纷，影响竣工验收工作的顺利进行。

④ 由于市场的供求机制不健全，法规不健全，业主拖欠工程款，施工企业拖欠材料款、机械设备租赁费，资源供应方为了今后索取款项故意不按时交付有关证明文件，致使竣工验

收工作不能正常进行。

3）债权债务处理的风险

① 债权处理。工程项目面临竣工阶段，应提前做好工程结算准备，以便做好结算工作，否则不能按时竣工结算，且久拖未决，可能严重影响资金运转。对于业主有意拖欠工程款不按时结算等事件，超过《中华人民共和国民法典》规定的普通诉讼时效，法院不再受理，承包商将由此蒙受损失。

② 债务处理。承包商由于自身原因拖欠供应商或劳务费用，会增加利息的支出或影响接受新的施工任务，同时还影响竣工验收资料的收集整理。

4.3 建设工程风险识别方法

识别项目风险的类别、范围和破坏程度会受到评估者的主观影响，而识别误差会导致项目风险的度量、评价甚至采取的对策出现偏差。项目风险识别方法直接决定了风险识别的精确度以及项目风险的后续管理，因此，选择适当且能精确识别项目风险的方法至关重要。

4.3.1 专家调查法

专家调查法是系统风险识别的主要方法，它是以专家为索取信息的主要对象，各领域的专家运用专业的理论与丰富的实践经验，找出各种潜在的风险，并对其产生的原因进行分析。这种方法的优点是在缺乏足够的统计数据和原始资料的情况下，可以做出定性的估计；缺点主要表现在易受心理因素的影响。专家调查法主要包括头脑风暴法、德尔菲法、专家个人判断法和流程图法。

1. 头脑风暴法

头脑风暴法也称集体思考法，是以专家的创造性思维来索取未来信息的一种直观预测和识别方法。此法由美国人奥斯本于 1939 年首创，从 20 世纪 50 年代起就得到了广泛应用。头脑风暴法一般在一个专家小组内进行。以"宏观智能结构"为基础，通过专家会议，发挥专家的创造性思维来获取未来信息。这就要求主持专家会议的人在会议开始时的发言中能激起专家的思维"灵感"，促使专家回答会议提出的问题，通过专家之间的信息交流和相互启发，诱发专家产生"思维共振"，以达到互相补充并产生"组合效应"，获取更多的未来信息，使预测和识别的结果更准确头脑风暴法的流程如图 4-1 所示。

图 4-1　头脑风暴法的流程

在应用本方法时，进行有效的引导非常重要。其中包括：在开始阶段创造自由讨论的氛围；会议期间对讨论进程进行有效控制和调节，使讨论不断进入新的阶段；筛选和捕捉讨论中产生的新设想和新议题。其中需要注意的是，本方法最主要的规则之一是不干扰他人发言、不发表判断性评论、不质疑任何观点。

（1）头脑风暴法特点

头脑风暴法的特点较为明显：

1）充分发挥集体智慧，对会议的领导者组织能力要求较高。

2）注重信息数量，而非质量。

3）适用于问题明确、目标单一的情形。讨论复杂问题则需要先将其分解，再进行讨论。

4）所得信息、意见、建议等需要进行筛选和详尽分析。在大多数情况下，只有少部分结论具有实际意义。但有时，一个想法、一条建议就可能带来巨大的社会经济效益。即便头脑风暴得出的所有建议都不具有可操作性，它们作为对原有分析结果的一种论证，也有助于决策。

（2）头脑风暴法的局限性

头脑风暴法的特点决定了该方法的局限性：①参与者可能缺乏必要的技术及知识，无法提出有效的建议；②由于头脑风暴法相对松散，因此较难保证过程及结果的全面性；③可能会出现特殊的小组状况，导致某些有重要观点的人保持沉默而其他人成为讨论的主角。

一般而言，头脑风暴法可以与其他风险评估方法一起使用，也可以单独使用来激发风险管理过程任何阶段的想象力。头脑风暴法可以用作旨在发现问题的高层次讨论，也可以用作更细致的评审或是特殊问题的细节讨论。

2. 德尔菲法

德尔菲法是 20 世纪 50 年代初美国兰德公司（Rand Corporation）研究美国受苏联核袭击风险时提出的，并在世界上快速地盛行起来。它是依靠专家的直观判断能力对风险进行识别的方法，现在此方法的应用已遍及经济、社会、工程技术等各领域。用德尔菲法进行项目风险识别的过程是：由项目风险小组选定项目相关领域的专家，并与这些适当数量的专家建立直接的函询联系，通过函询收集专家意见，然后加以综合整理，再匿名反馈给各位专家，再次征询意见。这样反复 4~5 轮，最后的意见作为最后识别的根据。德尔菲法的操作流程如图 4-2 所示。

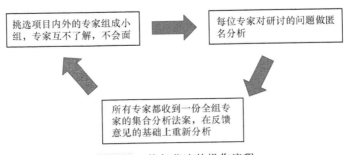

图 4-2　德尔菲法的操作流程

德尔菲法的特点是：①集中多位专家意见。②函询征求意见，匿名反馈。这就在一定程度上减轻了公开发表对专家可能造成的心理负担，避免了专家横向讨论对观点的客观性的影响。③在信息、数据、资料受限的条件下，对未来事件做出风险预估。④主要依靠专家经验，得到的结论只是一种大致的风险程度，而非风险的具体数值。

德尔菲法的重要意义在于，它为决策者和风险管理者提供了可供参考的依据和多方案选择的可能性，开阔了决策思路。其局限性在于，该方法耗时、耗力，并对参与者的理解能力、专业知识和书面表达等有较高要求。

案例 4-1　株洲航电枢纽工程项目决策阶段风险识别

1. 工程概况

株洲航电枢纽位于衡阳至株洲 182km 河段上,是个以航运为主、航电结合,并兼有交通、灌溉、供水与养殖等综合利用的工程。其主要功能有:

1)渠化大源渡至空洲河道,调节枯水流量,整治空洲至湘江潭河段,使衡阳至城陵矶 439km 的航道以千吨级标准全线贯通。

2)缓解地区电力供需紧张局面,利用"以电养航"模式滚动开发湘江航运工程。

3)枯水期可使水位抬高 3~10m,使农田灌溉条件得到进一步改善。

4)增加下游枯水期流量,改善沿岸城镇供水条件。

5)其他:利用水库发展水产养殖;沟通两岸国道和省内交通干线,缩短公路运行里程;促进枢纽附近潇湘胜景之一的空灵寺旅游事业的发展。

2. 工程背景

1985 年,交通部国务院发展研究中心和湖南省政府联合对湘江进行开发考察,提出要把湘江衡阳至城陵矶 439km 航道建成为千吨级航道。1988 年交通部向国家计委提出"拟将湘江航运建设作为内河发展航运的试点工程"。1989 年交通部领导来湘视察湘江时指出,在湘江航运开发的同时,必须加快航道配套工程的建设。同年 12 月长江水系发展战略研讨会给国务院的《关于发展长江水系船运的建议》报告中也提出了将以湘江作为航电结合、综合利用水资和船运现代的"样板"工程进行建设。湘江大源渡航电枢纽工程的顺利建成,"以电养航,航电结合"发展航运的一次成功实践,为内河航运滚动开发探索出了一条新路子,具有重大的指导意义。该工程项目构思阶段正值亚洲金融危机之时,为确保我国经济长期稳定发展,中央提出了"扩大内需,加快基础设施建设"的方针;1999 年年初,湖南省委省政府制定了加快"一点一线"区域经济优先发展、重点推进"长-株-潭"经济一体化的战略目标。这为本工程建设提供了良好的机遇。

(1)气象

湘江流域系大陆性特色较浓的中亚带季风湿润气候区,全年无霜期 270~300 天,年平均气温 16~18℃,流域内雨量充沛,多年平均雨量为 1423.3mm,但时空分布不均。

(2)洪水

湘江流域洪水系降雨形成,洪水特性与暴雨特性一致。每年 4 月—9 月为汛期,全年最大洪水发生时间多在 4 月—7 月,其中 5 月—6 月出现次数最多。

(3)工程地质

据地质初步评价,水库蓄水后,库水仅局限于两岸防洪大堤或岸坡间的河道中,库周基岩多为不透水的砂页岩、泥岩,无渗漏之虑。

(4)腹地内社会经济概况

衡阳至株洲 182km 河段的腹地范围包括衡阳、株洲、湘潭和长沙。四市面积 4.356 万 km²,占湖南全省面积 19%。据湖南省统计,1997 年人口 1906 万人,占湖南全省人口 29.50%,国内生产总值 1174.42 亿元,占湖南全省的 39.2%。区内资源丰富,工农业发达,是湖南省政治、经济、文化的中心地带。1997 年全省工业总产值最高的 10 家企业中，腹地内占 5 家；实现利润最多的 10 家企业中，腹地内有 4 家。

（5）库区淹没

主要淹没区在株洲县内。水库淹没耕地约 12410 亩[⊖]，淹没小水电站 1 座，涵闸 73 座，四级公路约 1.5km，耕地路约 14km。

（6）环境

株洲航电枢纽建成后，正常蓄水位（40.50m）下总库容为 4.82 亿 m³，河床平均宽 800m 左右，沿库两岸为低矮丘陵及冲积平原地形，河槽宽敞，库区以红壤土为主，人多耕地少，垦殖指数较高，植被较好。

3. 项目决策阶段风险识别

（1）风险分类

对株洲航电枢纽工程项目决策阶段各种风险因素和可能发生的风险事件进行辨别，是风险管理的首要步骤，风险识别要回答下列问题：

1）项目中存在哪些潜在的风险因素？

2）这些因素会引起什么风险？

3）这些风险造成的后果有多大？

忽视、缩小或夸大项目风险的范围、种类和造成的后果都会造成不必要的损失。按全面风险管理的观点，本案例将该工程决策阶段的风险划分为项目外部风险和项目内部风险。项目外部风险包括自然风险、社会风险、政治政策风险和经济风险；项目内部风险包括技术风险和管理风险。

1）自然风险。自然风险是航电枢纽工程面临的主要风险，如地震、风暴，特殊的未预测到的地质条件（如泥石流、河塘、垃圾场、流沙、泉眼等），反常的恶劣的雨雪天气、冰冻天气，恶劣的现场条件等。同时，项目的建设可能造成对自然环境的破坏，运输条件的变化可能造成供应的中断等。

2）社会风险。株洲航电枢纽工程的水库淹没影响涉及株洲县、醴陵市、衡阳县、衡东县和湘潭县 5 县市的 14 个乡镇，涉及总人口为 29.62 万人，淹没范围大，涉及面广，来自社会方面的影响较大，涉及移民、环保，有时遇到文化遗址保护等问题，同时社会治安问题、社会不良风气等也可能给工程带来负面的影响。

3）政治政策风险。该工程的项目构思阶段正处于我国采取"扩大内需，加快基础设施建设"方针来应对亚洲金融危机的时期，工程背景条件优越，但也存在政策的不稳定性、经济开放程度不高或排外性、地方保护主义倾向等方面的风险。

4）经济风险。这是指国家经济政策的变化，产业结构的调整，银根紧缩，项目产品的市场变化，项目的工程承包市场、材料供应市场、劳动力市场的变动，工资的提高，物价的上涨，通货膨胀速度的加快和外汇汇率的变化等可能给工程带来的风险。该工程预可行性研究阶段投资估算为 16.8558 亿元，投资额较大，经济风险不容忽视。

5）技术风险。项目采用技术的先进性、可靠性、适用性和可得性发生重大变化，导致生产能力利用率降低、生产成本提高等，可能给工程带来风险；同时航电枢纽工程项目

⊖ 1 亩 = 666.67m²。

决策阶段需拟定建设规模、主要建筑物布置以及施工方案等，各拟定方案应用条件与工程实际情况可能存在着较大差距，造成工程费用增加、进度延缓，甚至整个项目的失败。总之，技术风险是客观存在的。

6）管理风险。该工程决策阶段牵涉多个部门，决策阶段工作复杂，各职能部门之间的权力交叉及技术部门间的技术衔接关系复杂，在管理上也会存在一定的风险。

（2）德尔菲法风险识别结果

如前文所述，先分类后识别的方法可以有效避免遗漏。首先把航电枢纽工程项目决策阶段风险划分为自然风险、社会风险、政治政策风险、经济风险、技术风险和管理风险。通过德尔菲法进行风险因素识别，根据风险评价指标体系设置原则将识别结果归类并建立风险因素清单，见表4-1。下面对个别指标含义进行说明。

表 4-1　项目风险因素清单

一级风险	二级风险
自然风险	环境恶化
	地质条件
	不可抗力
	运输条件的变化
	反常的气候气象
社会风险	当地治安
	宗教信仰及风俗习惯
	移民搬迁
政治政策风险	环保政策的改变
	地方保护
	战争战乱
经济风险	汇率变化
	利率调整
	建材价格上涨
	劳动力市场变动
技术风险	拟定关键技术方案不可行
	施工组织设计不合理
	主要建筑物布置不合理
管理风险	部门间组织协调不利
	职业道德

二级个别指标的含义如下：

1) 环境恶化：工程的建设将给环境带来的意料之外的影响。

2) 不可抗力：地震、特大洪水等将给项目来的风险。

3) 运输条件的变化：由于某些原因，运输条件与预测的发生较大偏差而带来的风险。

4) 宗教信仰及风俗习惯：由于当地宗教、风俗等现状与调查、预测结果有所偏差而产生的风险，如库区内存在一些鲜为人知的庙宇等。

5) 环保政策的改变：预料之外的新环保政策的出台给工程带来的风险。

6) 地方保护：当地政府为保护该地区利益而可能会采取的地方保护手段给工程带来的风险。

7) 劳动力市场变动：由于某些原因，劳动力市场变动造成劳动力不足、人工费上涨等而给工程带来的风险。

8) 拟定关键技术方案不可行：航电枢纽工程项目采用技术的先进性、可靠性、适用性和可得性可能发生变化而给工程造成的损失。

9) 职业道德：工作人员未能恪尽职守给工程带来的风险。

3. 专家个人判断法

专家个人判断（Individual Judgement）法也称为主观评分法，是风险分析方法中常用的一种，一般运用于决策前期或数据资料匮乏的情形。操作时，首先，调研者需识别工程项目所有的风险因素并将之设计成风险调查表；之后专家根据个人经验，估计各风险因素的重要性，并用权重表示，同时根据各风险因素的影响程度划分风险等级（如 $0 \sim 10$ 的分值，"0"表示最小，10 表示最大）；最后调研者将风险因素的权重和等级相乘并加总，得到汇总的风险程度，数值越高表示风险越大。专家个人判断法本质上是定性评估，只不过其结果为数值形式。

专家个人判断法的优点是参与人员少，流程简单，花费较少，且不受外界干预，可以较为有效地得到调研结果；缺点是专家的知识深度和广度是有限的，仅仅依靠专家的个人经验，难免有片面性，且专家的个人偏好、兴趣等也有可能干扰调研结果的客观性和公正性，因而只适用于历史资料不多的情况下对风险的初步衡量或描述一些难以精确度量的风险（如项目质量风险）。

案例 4-2　某过江通道项目

C 江 N 市段上游过江通道是《N 市总体规划》确定的一条重要的城市过江快速通道。江南接主城 B 大道和 W 路，通过 W 路再接城西干道和城东干道；江北接 B 大道和 P 路，将江南江北的快速交通网络连为一体，形成横跨 C 江的一条城市快速通道。聘请相关专家对本项目风险因素评分，见表 4-2。

案例

表 4-2　风险因素评分表

可能发生的风险因素	风险发生可能性					风险值 PC
	较小（2）	不大（4）	中等（6）	比较大（8）	很大（10）	
政局不稳	√				△	20
物价上涨			√	△		48
业主支付能力		√		△		32
技术难度				△	√	80
工期紧迫			√△			36
材料供应		√	△			24
无后续项目	△			√		32

注：√——风险发生可能性评分（P）；△——风险发生后果评分（C）。

4. 流程图法

　　流程图法首先要建立一个工程项目的总流程图与各分流程图，它们要展示项目实施的全部活动。流程图可用网络图来表示，也可利用 WBS 来表示。它能统一描述项目工作步骤，显示出项目的重点环节，能将实际的流程与想象中的状况进行比较，便于检查工作进展情况。这是一种非常有用的结构化方法，它可以帮助分析和了解项目风险所处的具体环节及各环节之间存在的风险。运用这种方法完成的项目风险识别结果，可以为项目实施中的风险控制提供依据。

案例 4-3　巴基斯坦某天然气处理改造承包项目

　　该项目是基于业主提供的基本设计及现场条件，完成处理站的改造，包括详细设计、采购、系统的安装和调试。业主拥有一座正在运营的联合循环发电厂，其发电气源来自上游建设的天然气处理站，但近年来存在一些操作问题，特别是凝析油及蜡的持续存在，对下游汽轮机的燃烧室造成不利影响。为解决这些问题，业主进行了前期概念分析和基本设计，结论是需要对当前的处理站设施进行改造。此次改造将大大增加气体处理能力，并有效地把原料气中的重烃组分降低到受控范围内以满足下游汽轮机的输入要求，同时增设的烃露点分析仪可以全面评估其烃露点控制单元的处理效果。项目所在地的安保由业主负责，因此项目不涉及安保方面。本案例运用流程图法进行风险识别，流程图如图 4-3 所示。

案

例

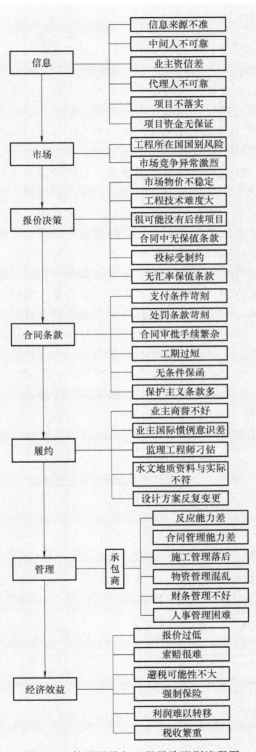

图 4-3　某国际承包工程风险识别流程图

4.3.2 核对表法

核对表法一般根据项目环境、产品或技术资料、团队成员的技能或缺陷等风险要素，把经历过的风险事件及来源列成一张核对表。核对表的内容可包括：以前项目成功或失败的原因；项目范围、成本、质量、进度、采购与合同、人力资源与沟通等情况；项目产品或服务说明书；项目管理成员技能；项目可用资源等。项目经理对照核对表，对本项目的潜在风险进行联想，相对来说简单易行。这种方法可以揭示的风险的绝对量要比别的方法少一些，但是这种方法可以识别其他方法不能发现的某些风险。

核对表法可用来识别潜在危险，评估控制效果，适用于项目全寿命周期的任何阶段，也可以作为其他风险评估技术的组成部分进行使用。具体步骤包括：①组成核对表编制组，确定活动范围；②依据有关标准、规范、法律条款及过去的经验，选择设计一个能充分涵盖整个范围的核对表；③使用核对表的人员及团队应熟悉过程或系统的各个因素，同时审查核对表上的项目是否缺失；④按此表对系统进行检查。

该方法的作用在于可以有效地帮助工程项目风险管理人员识别风险，也可以起到查缺补漏、举一反三、开阔思路的作用。在使用该方法时，应充分考虑项目本身的特点，包括资金资源、自然环境、社会环境、管理现状等，核对表毕竟主要依赖专家和历史经验，无法涵盖所有的风险，项目也总有自己的特殊之处，即使是定期更新的核对表，依然会有所不足，因此不能完全依赖核对表，而应更多地把它当作一个借鉴。

核对表法一般有三类基础表格：项目综合风险核对表、风险-响应-对策识别表和多维风险概率后果及后果核对表。在具体的运用中可以根据需要修改。

1. 项目综合风险核对表

该表显示成功项目的经验和失败项目的教训，成功的经验和失败的教训也可以合并为原因，见表4-3。

表 4-3　核对表：项目成功和失败的原因

风 险 项	成功的原因	失败的原因
项目管理	（1）项目目标定义明确，风险措施得力 （2）项目各方责任和承担的风险分配明确	（1）项目决策未进行可行性研究和论证 （2）项目程序紊乱，业主缺乏动力
项目融资	（1）项目融资只与贷款风险有关，与资本金无关 （2）可行性研究切实可行，财务数据偏差较小	（1）工期延误，利息增加，收益推迟 （2）成本费用超支
项目招标	（1）资格条件设置恰当，投资者水平相当 （2）可行性研究切实可行，财务数据偏差	（1）组织不力，资格条件设置有误 （2）招标文件有漏洞，程序不严谨
⋮	⋮	⋮

2. 风险-响应-对策识别表

项目各阶段风险-响应-对策识别表见表4-4。画"√"表示有风险存在。

表 4-4 项目各阶段风险-响应-对策识别表

风 险 项	立项	设计	实施	运营	风 险 对 策
政治（法律、法规、条文、政策）	√	√	√	√	招标、工程担保、购买保险等
市场（产量、价格）			√	√	专家评估，制订市场竞争战略计划，与客户和供应商建立伙伴关系，签订合同/协议，购买保险等
资金（汇率、利率、来源）		√	√		利用项目融资建立伙伴关系，进行现金流量表分析等
设计（参数错误、忽略、人员错误）		√			招标、购买专业责任保险、监理等
采购（货源、运输、信用）			√		招标、购买保险、监理、监管等
施工（信用、现场设备）			√		招标、购买保险、监理、监管等
试运营（能力不足）				√	招标、购买保险、担保等
运营（成本、产品）				√	进行全寿命周期风险管理、定期评估等
自然（水文、地质、气象）		√	√		购买保险，采取一定的风险预防措施
项目组织（体系、规范）	√	√	√	√	签订项目（联营体）协议，建立统一目标下的组织体系
⋮					⋮

3. 多维风险概率后果及后果核对表

该表可以衡量多个相关风险源对目标风险的影响概率后果，表 4-5 是某工程目标风险（成本风险）（概率/后果）风险核对表，可以看出，主体结构因素对目标风险的影响概率/后果很小，基础因素对该风险的影响概率/后果很大，装饰因素对该风险的影响/概率后果很小。

表 4-5 某工程目标风险（成本风险）（概率/后果）风险核对表

概率/后果	因 素		
	主 体 结 构	基 础	装 饰
很小	√		√
小			
一般			
大			
很大		√	

案例 4-4 龙泉换流站竣工阶段风险识别

1. 工程概况

龙泉换流站位于宜昌市以东，距市区直线距离为 22km，公路距离为 32km，距三峡电站 50km，隶属于宜昌县（现夷陵区）龙泉镇，在站址的东侧有柏临河通过，北侧有一条排洪沟。站址区域位于鄂西山地与江汉平原西部边缘的接壤处，西北部主要为碳酸盐所形成的中低山，东南部主要为白垩纪至晚第三纪砂岩夹泥岩砾岩组成的低丘，区域地质稳定，地震基本烈度Ⅵ级。地下水通过卵石层与柏临河河水连通，雨季水位较高，埋深0.5m左右，旱季埋深1.8～4.6m，标高为138.9～145.68m。龙泉换流站工程概算为16.4644亿元，建设规模如下：

1）直流输送功率：单极额定输送功率1500MW，双极额定输送功率3000MW。

2）直流电压：额定电压±500kV，最高运行电压±515kV。

3）直流电流：额定电流3000A。

4）交流母线电压：额定电压500kV，最高运行电压550kV。

5）双极每极12脉动换流器一套：额定电压±500kV，额定功率3000MW。

6）换流变压器（单相双绕组）：14台（其中2台备用），每台容量297.5MV·A。

7）500kV交流滤波器：8组，共1076Mvar。

8）500kV/220kV/35kV降压变压器：一期750MV·A，1组；二期2组。

9）500kV交流出线：8回，本期5回（三峡3回，荆门2回），备用3回。

10）220kV交流出线：9回，本期5回（白家冲2回，猇亭1回，晓溪塔1回，当阳1回），备用4回。

11）35kV无功补偿：容性4×50Mvar，感性3×60Mvar。

12）接地极规模：接地极线路1回，全长42.261km，接地体为线埋单圆环形，电极设计半径为360m。

龙泉换流站工期要求为2年，后面根据需要工期缩减为1年零6个月，由河南和广西送变电公司负责建设，设备由西安变压器厂等十几个设备厂家供货。由于项目巨大，工期要求比较紧，再加上工程地质复杂，建设周期较长，在建设过程中，出现了多次成本超支、投资追加等风险事件，同时期间也因地质勘测失误造成工程变更。在竣工验收阶段，由于承包商将工程变更费用索赔费用表以及部分财务资料遗失，使资料不完备，不能核实相关数据。为了有效地控制这些风险，项目部成立了专门的风险管理小组对竣工内容进行严格审查，保证不出现风险事故，同时通过计算机处理信息，保证了信息的正确性和快速性，对工程竣工阶段的实际情形进行了模拟，发现偏差及时调整，并且制定必要的控制措施。

2. 风险识别

由于这里是对项目竣工验收进行风险识别，所以采用核对表的方法识别风险。根据对工程竣工验收情况的详尽分析和以往项目的经验，可以得到如下核对表（表4-6）。

表4-6　竣工验收风险控制核对表

竣工验收成功原因	竣工验收失败原因
1. 竣工验收有严格的管理制度	1. 验收没有严格的管理制度
2. 竣工验收程序严格	2. 验收步骤错乱，没有头绪
3. 建筑工程验收审查全面，没有遗留漏项	3. 建筑工程验收审查不全面
4. 安装工程验收审查全面，没有遗留漏项	4. 安装工程资料审查不全面
5. 工程技术资料审查全面，没有遗留漏项	5. 工程技术资料审查不全面
6. 工程综合资料审查全面，没有遗留漏项	6. 工程综合资料审查不全面
7. 工程财务资料全面并真实反映工程全过程费用	7. 工程财务资料审查不细致，有漏项

根据竣工验收风险控制核对表制作风险来源表，见表 4-7。

表 4-7 风险来源表

风险分类	风险因素	造成危害	发生时间
组织原因	验收阶段没有明确的管理制度	竣工验收程序混乱，易造成验收的不完备、不真实	验收阶段
验收人员	验收人员执行过程不公正，存在徇私舞弊的现象	验收人员不公正，造成结果的不真实	验收阶段
建筑工程验收资料不完备、不真实	1. 建筑物的位置、标高、轴线不符合要求 2. 对基础工程中的土石方工程、垫层工程、砌筑工程等资料的审查验收不完备 3. 对结构工程中的木结构、砖混结构、内浇外砌结构、钢筋混凝土结构的审查验收不完备 4. 对屋面工程的屋面瓦、保温层、防水层等的审查验收不完备 5. 对门窗工程的审查不完备 6. 对装饰工程的审查不完备	验收过程不完备，很容易造成建筑工程的质量风险	验收阶段
安装工程验收不完备、不真实	1. 建筑设备安装工程验收时设备的规格、型号、数量、质量不符合设计要求，安装时的材料、材质、材种、检查试压、闭水试验、照明不符合要求 2. 工艺设备安装工程不符合设计要求 3. 动力设备安装工程验收不符合要求	验收不完备，很容易造成安装工程的质量风险	验收阶段
工程技术资料不完备	1. 工程地质、水文等的勘察报告不完备 2. 初步设计、技术设计、关键的技术试验、总体规划设计不完备 3. 土质试验报告、基础处理资料不完备 4. 建筑工程施工、单位工程质量检验等的记录不完备 5. 设备试车、验收运转、维修记录不完备 6. 产品的技术参数、性能、设计图、工艺说明、工艺规程、技术总结、产品检验、包装、工艺图不完备 7. 设备图、说明书不完备 8. 其他合同、谈判协议等资料不完备	1. 技术资料缺失，容易造成日后工程维护和维修困难 2. 技术资料不真实，容易造成工程质量问题	验收阶段
工程综合资料不完备	1. 项目建议书及批件、可行性研究报告及批件、项目评估报告、环境影响评估报告书、设计任务书不完备 2. 土地征用申报及批准的文件、承包合同、招标投标及合同文件、施工执照、项目竣工验收报告、验收鉴定书不完备	工程综合资料缺失，会使工程日后的使用维护，缺少依据	验收阶段
工程财务资料验收不完备	1. 工程财务资料缺失 2. 工程财务资料不真实	1. 工程财务资料缺失，会使工程日后的使用维护缺少依据 2. 工程财务资料不真实，容易造成工程结算困难	验收阶段

资料来源：陈伟珂. 工程项目风险管理 [M]. 人民交通出版社，2008.（经编辑加工）。

4.3.3 故障树分析法

故障树分析法是美国贝尔电话实验室的沃森（H. A. Watson）提出的，最先用于民兵式导弹发射控制系统的可靠性分析。它是一种图形演绎法，是故障事件在一定条件下的逻辑推理方法。故障树分析法把系统不希望出现的事件作为故障树分析图的顶层事件，通过对可能造成系统故障的各种因素进行分析，用规定的逻辑符号自上而下，由总体至部分，按树枝状结构逐层细化，分析导致各事件发生的所有可能的直接因素及其相互间的逻辑关系，并由此逐步深入分析，直到找出事故的基本原因，即故障树分析图的底层事件为止，从而确定系统故障原因的各种组合方式和发生概率，并采取相应的改进措施，提高系统的可靠性。

1. 故障树分析法的特点

1）故障树分析法是一种图形演绎方法，是故障事件在一定条件下的逻辑推理方法。它可以就某些特定的故障状态，做逐层次深入的分析，分析各层次之间各因素的相互联系与制约关系，即输入（原因）与输出（结果）的逻辑关系，并且用专门符号表示出来。

2）故障树分析能对导致灾害或功能事故的各种因素及其逻辑关系做出全面、简洁和形象的描述，为改进设计、制定安全技术措施提供依据。

3）故障树分析不仅可以分析某些元部件故障对系统的影响，而且可对导致这些元部件故障的特殊原因（人的因素、环境等）进行分析。

4）故障树分析可作为定性评价，也可定量计算系统的故障概率及其可靠性参数，为改善和评价系统的安全性和可靠性、减小风险提供定量分析的数据。

5）故障树是图形化的技术资料，具有直观性，即使不曾参与系统设计的管理，操作和维修人员通过阅读也能全面了解和掌握各项风险控制要点。

2. 故障树的构成

故障树中使用的符号通常分为事件符号和逻辑门符号，有时故障树规模很大，可以用转入和转出符号来简化。

（1）事件符号

事件符号一般有四种，如图4-4所示。

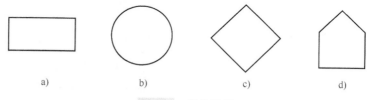

a)　　　　　　　b)　　　　　　　c)　　　　　　　d)

图 4-4　事件符号

a）矩形符号——顶层事件或中间事件　b）圆形符号——基本原因事件即基本事件
c）菱形符号——省略事件或二次事件　d）房形符号——正常事件

（2）逻辑门符号

逻辑门符号是表示相应事件的连接特性符号，用它可以明确表示该事件与其直接原因事件的逻辑连接关系。一般可以用如下两种逻辑门连接，如图4-5所示。

（3）转移符号

转移符号如图4-6所示。

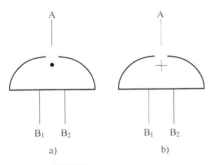

图 4-5　逻辑门符号

a）与门——只有所有输入事件B₁、B₂
都发生时，输出事件 A 才发生

b）或门——输入事件B₁、B₂中任一
事件发生时，输出事件 A 就发生

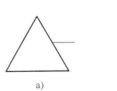

图 4-6　转移符号

a）转出符号——这个部分树由此转出，并在三角形
内标出对应的数字，表示向何处转出

b）转入符号——连接的地方是相应转出符号连接的
部分树转入的地方，三角形内标出从何处转入
转出转入符号内的数字一一对应

3. 故障树分析的程序

故障树分析的程序，常因评价对象、分析目的、粗细程度的不同而不同，但一般可按如下程序进行，如图 4-7 所示。

（1）熟悉系统

全面了解工程系统的整个情况，包括系统性能、工序、事件、费用、质量参数，以及工程作业情况及环境状况等，必要时可绘出工序流程图和场地布置图。

（2）调查事件

尽量广泛地了解工程的事件。既包括分析系统已发生的事件，也包括未来可能发生的事件，同时也要调查外单位和同类工程发生的事件。

（3）确定顶层事件

所谓顶层事件，就是我们要分析的对象事件——系统失效事件。对调查的事

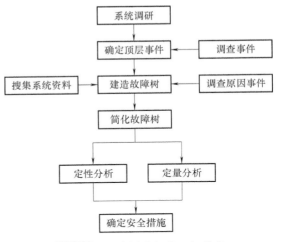

图 4-7　故障树分析的一般程序

件，要分析其严重程度和发生的频率，从中找出后果严重且发生概率大的事件作为顶层事件。也可事先进行危险性预先分析（PHA）、故障模式及影响分析（FMEA）、事件树分析（ETA），从而确定顶层事件。

（4）调查原因事件

调查与事件有关的所有原因事件和各种因素，包括：机械设备故障；原材料、能源供应不正常（缺陷）；生产管理、指挥和操作上的失误与差错；环境不良等。

（5）构造故障树

这是故障树分析的核心部分之一。根据上述资料，从顶层事件开始，按照演绎法，运用

逻辑推理，一级一级地识别出所有直接原因事件，直到最基本的原因事件为止。按照逻辑关系，用逻辑门连接输入输出关系（即上下层事件），画出故障树。

（6）修改、简化故障树

在故障树构造完成后，应进行修改和简化，特别是在故障树的不同位置存在相同基本事件时，必须用布尔代数法进行整理简化。

（7）定性分析

求出故障树的最小割集或者最小径集，确定各基本事件的结构重要度大小。根据定性分析结论，按轻重缓急分别采取相应对策。

（8）定量分析

定量分析应根据需要和条件来确定，包括确定各基本事件的故障率和失误率，并计算其发生的概率，求出顶层事件发生的概率，同时对各基本事件进行概率重要度分析和临界度分析。

（9）制定安全对策

建造故障树的目的是查找隐患，找出薄弱环节，查出系统的缺陷，然后加以改进，在对故障树进行全面分析之后，必须制定相应的安全对策。

案例 4-5　哈牡铁路客运专线建设项目风险识别

案例

哈牡铁路客运专线建设项目（以下简称哈牡铁路项目）是黑龙江省建设的一条起自哈尔滨市终至牡丹江市的客运专线，项目于 2014 年 12 月经国家批复正式启动建设，项目全线总长 293.2km，项目投资估算总额为 366.78 亿元，由中国铁路总公司与黑龙江省共同承建，是国家重点推进的建设项目之一，也是黑龙江省建国以来单体投资最大项目之一。哈牡铁路项目作为黑龙江"哈牡鸡七双佳哈"东部铁路环线的重要组成部分，是构建以哈尔滨市为中心"两小时经济圈"的重要通道。哈牡铁路项目建设是一项复杂又庞大的系统工程，具有投资额度巨大、建设工期长、技术要求高、涉及人员众多、安全问题突出、项目影响因素多以及控制难度大等特征。

1. 哈牡铁路项目风险因素分析

哈牡铁路项目风险来源多变且复杂，通过翻阅大量国内外有关铁路建设的文献资料，将影响铁路建设的风险因素总结为外部环境风险、项目执行风险和目标实现风险三类，并在此基础上，结合哈牡铁路项目建设特征，分析哈牡铁路项目风险因素构成。

（1）外部环境风险

外部环境风险是指哈牡铁路项目所处的外部环境对项目产生的影响，主要体现为政治风险、自然风险和经济风险。

1）政治风险。政治风险是指由于国家政策、政府干预、国际局势变化、战争和暴乱等因素而导致财产损失或人员伤亡的风险。虽然政治风险是重要的风险源之一，但是考虑到如今我国政策连续、法规合理、政局比较稳定，所以政治风险对哈牡铁路项目的影响甚微，不予考虑。

2）自然风险。自然风险是指由自然界不可抗因素如地震、暴雨等自然灾害造成的财产损失或人员伤亡的风险。自然风险具有客观性，一旦自然风险发生，可能会使哈牡铁路项目已完工的工程坍塌、设施设备损毁以及人员伤亡等。但随着新兴科技的发展，自然风险已能通过相关技术进行预测估计，难以预测的情况发生概率也较小，因此，哈牡铁路项目虽然存在自然风险，但也不作为本案例的研究重点。

3）经济风险。经济风险是指由于价格波动、资金不到位及使用不当、项目承包商违约等因素导致经济损失的风险。哈牡铁路项目涉及资金额度巨大，能否合理使用项目资金是哈牡铁路项目建成的关键。而哈牡铁路项目建设主要采用分包的方式，项目承包商违约以及项目施工所需劳动力、原材料等价格变动的不确定性都将影响项目的建设成本，给项目带来风险，因此需要提前做好防范措施，降低经济风险对项目的影响。

（2）执行过程风险

执行过程风险是指在哈牡铁路项目规划、设计、实施、运行和维护等全过程中存在的风险，主要体现为合同风险、技术风险、管理风险和人员风险。

1）合同风险。合同风险是指因项目合同表述不当或疏于对合同签订双方审核等情况，而导致的与承包商、供应商或检测机构等主体之间产生矛盾和纠纷等的风险。哈牡铁路项目工程复杂烦琐，技术难度高，涉及利益主体众多，这都将大大增加合同文件出现错误的可能性。合同风险是考虑的重点。

2）技术风险。技术风险是指项目施工所采用的技术给项目带来的风险，如技术选择不当、技术方案不完善或安全系数不准确等引起的项目损失。哈牡铁路项目的施工地位于我国东北地区，冬季气候寒冷，对项目寒地施工技术和工艺要求较高。因此，应当适当提高项目建设的寒地技术水平，以防范技术风险发生的可能。

3）管理风险。管理风险是指在项目的计划、组织和协调等过程中人力可控情况所导致的项目损失风险，如人员协调风险、项目决策风险等。哈牡铁路项目共划分为八个标段，涉及众多的项目计划、组织和协调过程，对项目管理部门和施工企业管理者的管理能力要求较高，而项目的管理风险又体现在项目管理体系的每个环节，所以在项目的管理过程中应对管理风险进行规避。

4）人员风险。人员风险是指项目相关人员流动给项目带来的风险，包括人员流入风险和人员流出风险。人员流入风险是指不符合项目考核标准的人员流入而引起的项目损失，人员流出风险是指符合项目考核标准的人员流出而引起的项目损失。哈牡铁路项目的人员流动是不可避免的，所以该项目存在人员风险。

（3）目标实现风险

目标实现风险是指影响项目目标实现的风险因素，主要体现为质量风险和进度风险。

1）质量风险。质量风险是指在项目施工过程中，由于项目环境、施工管理、建筑材料和工艺、施工质量检测等原因导致质量缺陷或质量事故发生的风险。尽管哈牡铁路项目的施工管理十分专业、经验丰富且流程规范，但其质量风险仍然存在。

2）进度风险。进度风险即工期延误风险，是指项目进度无法按照计划成功完成而引起项目损失的风险。导致工期延误的因素主要源于外部环境和施工过程的不确定性，进而使得实际施工进度偏离计划施工进度。哈牡铁路项目的施工环境和施工过程同样具有不确定性，如资金与物资到位不及时、施工进度滞后等因素，因而哈牡铁路项目存在进度风险。

2. 哈牡铁路项目风险因素识别

（1）哈牡铁路项目风险识别故障树模型构建

哈牡铁路项目风险来源多变且复杂，通过翻阅大量国内外有关铁路建设的文献资料，将影响铁路建设的风险因素总结为外部环境风险、项目执行风险和目标实现风险三类，并在此基础上，结合哈牡铁路项目建设特征，分析哈牡铁路项目风险因素构成。

故障树法中常用事件分为顶层事件、底层事件和中间事件。顶层事件是指研究项目的顶端风险，即哈牡铁路项目风险 T。底层事件 X 是指基本事件，位于故障树最低端，是不需要再分析其发生原因，只是导致其他事件发生的原因事件。中间事件 H 是指位于顶层事件和底层事件之间的独立事件，即哈牡铁路项目的经济风险、合同风险、技术风险、管理风险、人员风险、质量风险和进度风险。根据对哈牡铁路项目风险因素的分析，列出哈牡铁路项目的风险事件，见表4-8。其中：X_4、X_5 和 X_6 可称为直接合同风险 H_{21}；X_7 和 X_{11} 为项目人员协调风险，可表示为 H_{41}；X_{12} 和 X_{13} 为决策安全风险，可表示为 H_{42}；X_{19}、X_{20} 和 X_{21} 可称为直接进度风险 H_{71}。根据对哈牡铁路项目风险事件的分析，构建哈牡铁路项目风险识别故障树模型，如图4-8所示。

表 4-8 哈牡铁路项目的风险事件

顶层事件	中间事件	底层事件
哈牡铁路项目风险 T	经济风险 H_1	项目分包商违约 X_1
		资金到位不及时与使用不当 X_2
		劳动力、原材料等价格变化 X_3
	合同风险 H_2	合同类型选择不当 X_4
		合同主体资格未审核 X_5
		合同条款表述不确切 X_6
		各参与主体之间协调不当 X_7
	技术风险 H_3	技术方案设计不完善 X_8
		技术选择不当 X_9
		寒地技术支撑不到位 X_{10}
	管理风险 H_4	各参与主体之间协调不当 X_7
		对分包商管理不当 X_{11}
		管理决策不科学 X_{12}
		安全监管不到位 X_{13}
	人员风险 H_5	施工人员素质低 X_{14}
		技术与施工人员流失 X_{15}
	质量风险 H_6	质量管理体系不完善 X_{16}
		施工质量检测不到位 X_{17}
		施工质量不达标 X_{18}
	进度风险 H_7	资金到位不及时与使用不当 X_2
		物资供应不到位 X_{19}
		施工进度滞后 X_{20}
		进度控制不严格 X_{21}

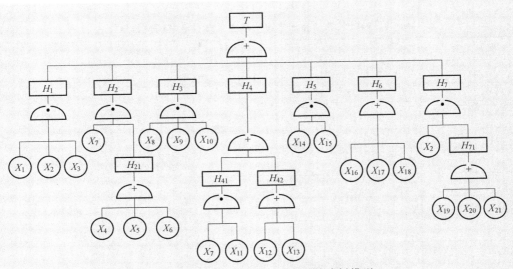

图 4-8　哈牡铁路项目风险识别故障树模型

（2）哈牡铁路项目风险识别故障树模型定性分析

哈牡铁路项目风险识别故障树模型的定性分析是指从经济风险、合同风险、技术风险、管理风险、人员风险、质量风险和进度风险七个方面，识别出导致哈牡铁路项目风险发生的所有故障模式。根据图 4-8 构建的哈牡铁路项目风险识别故障树模型，采用布尔代数法计算哈牡铁路项目风险识别故障树的最小割集 T，其计算步骤如下：

$$T = H_1 + H_2 + H_3 + H_4 + H_5 + H_6 + H_7$$

$$= (X_1 X_2 X_3) + (X_7 H_{21}) + (X_8 X_9 X_{10}) + (H_{41} + H_{42}) + (X_{14} X_{15}) + (X_{16} + X_{17} + X_{18}) + (X_2 H_{71})$$

$$= (X_1 X_2 X_3) + X_7 (X_4 + X_5 + X_6) + (X_8 X_9 X_{10}) + (X_7 X_{11} + X_{12} + X_{13}) + (X_{14} X_{15}) + (X_{16} + X_{17} + X_{18}) + X_2 (X_{19} + X_{20} + X_{21})$$

$$= X_1 X_2 X_3 + X_4 X_7 + X_5 X_7 + X_6 X_7 + X_8 X_9 X_{10} + X_7 X_{11} + X_{12} + X_{13} + X_{14} X_{15} + X_{16} + X_{17} + X_{18} + X_2 X_{19} + X_2 X_{20} + X_2 X_{21}$$

依据上式可知，哈牡铁路项目风险识别故障树的最小割集总数为 15 个，即能够导致哈牡铁路项目风险形成的模式共有 15 种，分别为

$\{X_1, X_2, X_3\}$，$\{X_4, X_7\}$，$\{X_5, X_7\}$，$\{X_6, X_7\}$，$\{X_8, X_9, X_{10}\}$，$\{X_7, X_{11}\}$，$\{X_{12}\}$，$\{X_{13}\}$，$\{X_{14}, X_{15}\}$，$\{X_{16}\}$，$\{X_{17}\}$，$\{X_{18}\}$，$\{X_2 X_{19}\}$，$\{X_2 X_{20}\}$，$\{X_2 X_{21}\}$

3. 哈牡铁路项目风险因素排序

依据分析哈牡铁路项目风险因素发生概率的重要度对项目风险因素进行排序，将哈牡铁路项目风险底层事件发生的重要程度分为五个等级，分别为可能性很大、可能性较大、可能性一般、可能性较小、可能性很小。并引入六西格玛的五个标准与底层事件发生的五个等级依次形成对应关系，即 3σ（0.0668）、4σ（0.00621）、5σ（0.00023）、5.5σ（0.000032）、6σ（0.0000034）。结合专家咨询打分法，邀请铁道建设项目管理专家、风险管理人员和有关学者等共 10 位资深专家，对哈牡铁路项目风险各底层事件发生的可能性进行选择，其具体专家调查结果见表 4-9。

表 4-9　哈牡铁路项目底层事件发生可能性专家调查结果

底 层 事 件	可能性很大	可能性较大	可能性一般	可能性较小	可能性很小
X_1	1	1	2	3	3
X_2	2	3	3	1	1
X_3	2	2	3	3	0
X_4	1	1	0	4	4
X_5	2	0	1	3	4
X_6	0	1	3	3	3
X_7	0	1	4	3	2
X_8	2	3	2	2	1
X_9	2	1	3	2	2
X_{10}	3	2	2	2	1
X_{11}	1	0	1	2	6
X_{12}	1	1	4	2	2
X_{13}	2	3	2	1	2
X_{14}	1	3	4	1	1
X_{15}	0	3	3	0	4
X_{16}	2	0	3	3	2
X_{17}	1	2	4	2	1
X_{18}	1	1	3	3	2
X_{19}	1	3	3	3	0
X_{20}	3	3	2	1	1
X_{21}	3	2	3	2	0

根据专家调查结果对每一个哈牡铁路项目底层事件发生的可能性进行加权平均，得出21 个底层事件的发生概率为

$$p(X_i) = \frac{\sum_{j=1}^{5} n_{ij} S_j}{10} \quad (i=1, 2, \cdots, 21)$$

式中　n_{ij}——第 i 个底层事件第 j 个等级的专家选择数量；

$\qquad S_j$——第 j 个等级的六西格玛数值。

顶层事件发生的概率函数 $f = q(T)$，是底层事件发生概率 $p(X_i)$ 的多元线性函数，将多元线性函数的偏导数 $I_f(i)$ 定义为底层事件概率的重要度，计算方法如下：

$$I_f(i) = \frac{\partial q(T)}{\partial p(X_i)}$$

$$q(T) = p(X_1)p(X_2)p(X_3) + p(X_4)p(X_7) + p(X_5)p(X_7) + p(X_6)p(X_7) +$$
$$p(X_8)p(X_9)p(X_{10}) + p(X_7)p(X_{11}) + p(X_{12}) + p(X_{13}) + p(X_{14})p(X_{15}) + p(X_{16}) +$$
$$p(X_{17}) + p(X_{18}) + p(X_2)p(X_{19}) + p(X_2)p(X_{20}) + p(X_2)p(X_{21})$$

计算哈牡铁路项目 21 个底层事件的发生概率如下：

$p(X_1) = (1×0.0668 + 1×0.00621 + 2×0.00023 + 3×0.000032 + 3×0.0000034)/10 = 0.007358$

$p(X_2) = (2×0.0668 + 3×0.00621 + 3×0.00023 + 1×0.000032 + 1×0.0000034)/10 = 0.015296$

$p(X_3) = (2×0.0668 + 2×0.00621 + 3×0.00023 + 3×0.000032)/10 = 0.014681$

$p(X_4) = (1×0.0668 + 1×0.00621 + 4×0.000032 + 4×0.0000034)/10 = 0.007315$

同理可得其他底层事件发生的概率如下：

$p(X_5) = 0.013394, p(X_6) = 0.000701, p(X_7) = 0.000723, p(X_8) = 0.015276$

$p(X_9) = 0.014057, p(X_{10}) = 0.021335, p(X_{11}) = 0.006711, p(X_{12}) = 0.0074$

$p(X_{13}) = 0.015273, p(X_{14}) = 0.008639, p(X_{15}) = 0.001914, p(X_{16}) = 0.013439$

$p(X_{17}) = 0.008021, p(X_{18}) = 0.00738, p(X_{19}) = 0.008001, p(X_{20}) = 0.021953$

$p(X_{21}) = 0.021357$

计算哈牡铁路项目 21 个底层事件的概率重要度如下：

$$I_f(1) = \frac{\partial q(T)}{\partial p(X_1)} = p(X_2)p(X_3) = 0.015296×0.014681 = 0.000225$$

同理可得其他底层事件的概率重要度如下：

$I_f(2) = 0.051419, I_f(3) = 0.000113, I_f(7) = 0.028121$

$I_f(4) = I_f(5) = I_f(6) = I_f(11) = 0.000723$

$I_f(8) = 0.000299, I_f(9) = 0.000326, I_f(10) = 0.000215$

$I_f(12) = I_f(13) = 1$

$I_f(14) = 0.001914, I_f(15) = 0.008639$

$I_f(16) = I_f(17) = I_f(18) = 1$

$I_f(19) = I_f(20) = I_f(21) = 0.015296$

根据计算结果比较，哈牡铁路项目的 21 个底层事件概率的重要度排序如下：

$X_{16} = X_{17} = X_{18} = X_{12} = X_{13} > X_2 > X_7 > X_{19} = X_{20} = X_{21} > X_{15} > X_{14} > X_4 = X_5 = X_6 = X_{11} > X_9 > X_8 > X_1 > X_{10} > X_3$

由此可得出结论，底层事件中质量管理体系不完善 X_{16}、施工质量检测不到位 X_{17}、施工质量不达标 X_{18}、管理决策不科学 X_{12} 和安全监管不到位 X_{13} 的概率重要度最高，说明哈牡铁路项目风险发生的概率对以上五种底层事件发生概率最为敏感，即质量风险和管理风险为哈牡铁路项目的主要风险，进度风险和经济风险为哈牡铁路项目的次要风险。

资料来源：马喜民，李佳. 基于故障树的哈牡铁路客运专线建设项目风险识别研究 [J]. 科技与管理，2016，18（4）：82-86.（经编辑加工）。

4.3.4 工作-风险分解法

1. 工作-风险分解法的基本概念

工作分解结构（Work Breakdown Structure，WBS）和风险分解结构（Risk Breakdown Structure，RBS）是当前风险识别的常用工具。工作-风险分解（WBS-RBS）法最初是由美国学者 David Hillson 于 2003 年提出的，经不断发展完善并日趋成熟，目前被广泛应用于项目风险管理领域。

WBS-RBS 法是将工作分解，构成 WBS 树，风险分解形成 RBS 树，然后以 WBS 树和 RBS 树交叉构成的 WBS-RBS 矩阵进行风险识别的方法。运用 WBS-RBS 识别项目风险需要解决两个基本问题：①判断风险是否存在；②判断风险因素向风险事件和风险事故转化的条件。为了解决这两个问题，WBS-RBS 从项目作业和项目风险两个角度分别进行分解，然后构建 WBS 树和 RBS 树，在此基础上，把两者交叉构建 WBS-RBS 矩阵，按照矩阵元素逐一判断风险是否存在及其大小程度，就可以系统、全面地识别风险。WBS-RBS 法是一种既能把握项目风险全局，又能兼顾风险细节的项目风险识别方法。

2. WBS-RBS 法的优点

从 WBS-RBS 风险识别的原理可以看出，同其他风险识别方法比较，其优点有以下三方面：

1）风险经系统地分解逐级显现在 WBS 树上，从而不容易遗漏掉某些重要的风险源，符合风险识别的系统性原则。

2）创建过程中，可以估计出各层次工作的相对权重，根据权重识别风险，满足风险识别的权衡原则。

3）该方法使得定性分析过程更加细化，更加接近量化分析模式。运用矩阵纵向和横向的相互交叉分析风险，经过分解把作业和风险的初始状态细化了，在一定程度上规避了其他方法笼统地凭借主观判断识别风险的弊端。

3. WBS-RBS 法的步骤

建立 WBS-RBS 矩阵主要有三个步骤：①构建 WBS 树——进行工作分解，形成工作分解结构；②构建 RBS 树——进行风险分解，形成风险分解结构；③以 WBS 最底层的作业包集合作为矩阵的列，以 RBS 最底层的风险因子集合作为矩阵的行，建立 WBS-RBS 矩阵，判断风险的存在性和风险转化的条件。

（1）构建 WBS 树

工作分解结构（WBS）是将整个工程项目进行系统分解，主要是根据母工程与子工程以及子工程之间的结构关系和施工流程进行工作分析，以分解后的"工序"层作为目标块。

图 4-9 所示为一个典型的工作分解结构模型，即 WBS 树。第一层是总项目，与项目相关的活动和成本的总和等于总项目。但每个项目也可以分解为任务，所以任务的总和等于所有项目的总和，反过来项目又组成总项目。

WBS 建立过程可归纳如下几个步骤：

1）分解项目工作，将项目细分为更小的、易于管理的组分或工作包（工程总体→单位工程→分部分项工程→工序）。

2）建立项目初步的 WBS，即建立一个工程分解结构的框架、层次及编码等，画出 WBS 树。

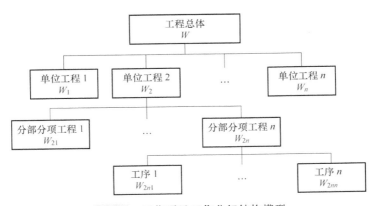

图 4-9　工作项目工作分解结构模型

3）更新和修正 WBS，以项目初步的 WBS 为基础，在项目的各个阶段对其进行修订、扩展、完善。

（2）构建 RBS 树

以 WBS-RBS 法进行风险识别的第二步是风险分解形成 RBS 树。风险识别的主要任务是识别出风险事件发生所依赖的风险源，而风险事件与风险源之间存在着因果关系。RBS 树建立了风险事件与风险因素之间的因果联系。风险分类第一层次可把风险事件分为内、外两类，内部风险产生于项目内部，而外部风险源于项目环境因素。第二层次的风险事件分别按照内、外两类事件继续往下细分，每层风险都按照其影响因素构成进行分解，最终分解到基本的风险事件，把各层风险分解组合形成 RBS 树，如图 4-10 所示。

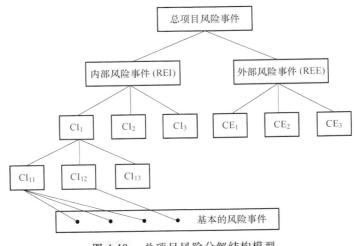

图 4-10　总项目风险分解结构模型

（3）建立 WBS-RBS 矩阵

以 WBS"工序"层为列向量、RBS"基本风险源"作为行向量形成耦合矩阵。按照风险辨识矩阵元素，逐一判断第 i 个作业包的第 j 种风险是否存在，若存在则为"1"，若不存在或风险较小可以忽略，则为"0"。

案例 4-6　地铁基坑项目

由于地铁基坑开挖工期长、施工难度大、技术复杂、现场施工条件差、对环境影响控制要求高，事故频发。其中，地铁基坑是高风险工程，有必要对其风险事件进行识别与分析，采取相应预防措施，避免事故的发生。因此，将采用 WBS-RBS 法对基坑工程工作结构和风险源进行系统分解并耦合形成相关风险因素和事件。

1. 地铁基坑工程工作分解结构

地铁基坑围护多采用地下连续墙，以地下连续墙作为围护结构的地铁基坑为对象进行 WBS 分解，如图 4-11 所示。

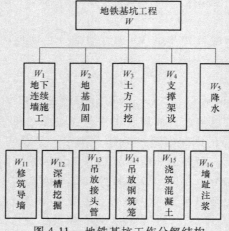

图 4-11　地铁基坑工作分解结构

2. 地铁基坑风险分解结构

地铁基坑风险源包括管理、技术、周边环境等各个方面，其中技术因素分别从勘察、设计、施工三个阶段考虑，周边环境主要考虑台风、不良地质或地下障碍物及地下管线。风险分解结构如图 4-12 所示。

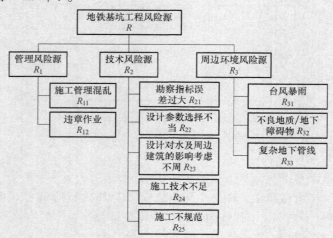

图 4-12　地铁基坑工程风险分解结构

3. 地铁基坑 WBS-RBS 耦合矩阵的建立

根据前面的分析，建立的地铁基坑 WBS-RBS 耦合矩阵见表 4-10。

表 4-10　地铁基坑 WBS-RBS 耦合矩阵

		W_1						W_2	W_3	W_4	W_5
		W_{11}	W_{12}	W_{13}	W_{14}	W_{15}	W_{16}				
R_1	R_{11}	0	0	1	1	0	0	0	1	0	0
	R_{12}	0	0	1	1	0	0	0	0	1	0
R_2	R_{21}	0	1	0	0	0	0	0	1	0	0
	R_{22}	0	1	0	0	0	0	0	1	0	0
	R_{23}	0	0	0	0	0	0	0	0	1	0
	R_{24}	1	1	0	1	0	1	1	1	1	0
	R_{25}	0	1	1	1	1	0	1	1	1	1
R_3	R_{31}	0	0	0	0	0	0	0	0	0	1
	R_{32}	0	0	0	0	0	0	0	0	0	0
	R_{33}	0	0	0	0	0	0	0	0	0	0

通过耦合作用，得到表中每个"1"代表的风险事件或因素（表 4-11）。

表 4-11　地铁基坑风险事件

编　号	风险事件	编　号	风险事件
$W_{11}R_{24}$、$W_{12}R_{24}$	垂直度偏差	$W_{12}R_{21}$	槽壁坍塌
$W_{12}R_{22}$	围护结构入土深度不够	$W_{12}R_{25}$	槽底沉渣过厚
$W_{13}R_{11}$、$W_{14}R_{11}$、$W_{13}R_{12}$、$W_{14}R_{12}$	人员伤亡	$W_{13}R_{24}$、$W_{13}R_{25}$	混凝土绕流
$W_{14}R_{25}$	刷壁不彻底	$W_{15}R_{24}$	浇筑不均匀
$W_{15}R_{25}$	提管过快	$W_{16}R_{24}$	注浆不到位
W_2R_{21}、W_2R_{24}	加固效果不好	W_2R_{25}	钻孔封堵不密实
W_3R_{11}	超挖	W_3R_{22}	坡度选取不当
W_3R_{24}	土体加固效果差	W_3R_{25}	坡顶堆载
W_3R_{31}	浸泡土体	W_4R_{12}	车辆等在支撑上行走
W_4R_{22}、W_4R_{23}	支撑抗力不足	W_4R_{24}	与围檩连接不可靠
W_4R_{25}	支撑不及时/机械碰撞	W_5R_{25}、W_5R_{31}	降水不到位

资料来源：周红波，高文杰，蔡来炳，等. 基于 WBS-RBS 的地铁基坑故障树风险识别与分析 [J]. 岩土力学，2009（9）：162-166；185.（经编辑加工）。

4.4 建设工程风险衡量方法

识别工程项目所面临的各种风险以后，应分别对各种风险进行衡量，从而进行比较，以确定各种风险的相对重要程度。衡量风险时应考虑两个方面：损失发生的频率或发生的次数和这些损失的严重性，而损失的严重性比其发生的频率或次数更为重要。例如工程完全毁损虽然只有一次，但这一次足以造成致命损伤；而局部塌方虽有多次或发生频率较大，却不致使工程全部毁损。衡量风险的潜在损失最重要的方法是确定风险的概率分布。这也是当前工程风险管理最常用的方法之一。概率分布不仅能使人们比较准确地衡量风险，还有助于做出风险管理决策。

4.4.1 风险衡量的基本概念

1. 概率与概率分布

与某结果相联系的概率是该结果发生的可能性，概率在 0~1 之间变化。如果某一结果发生的可能性为 0，即该结果的发生概率为 0，则该结果不可能发生；如果该结果发生的概率接近 1，则该结果很可能发生。概率分布表明每一可能结果发生的概率。由于在构成概率分布相应的时间内，每一项目的潜在损失的概率分布有且仅有一个结果能够发生，因此，各项目中的损失概率之和必然等于 1。

概率包括主观概率和客观概率两种。主观概率系指人们凭主观推断而得出的概率，例如对某项承包工程，人们往往根据一些风险因素，定性推断承揽该工程会发生几种亏损的可能性。实际上这种主观概率没有多大实用价值，因为它缺乏可信的依据，而且凭主观推断的结果与实际结果常常相差甚远。客观概率则是人们在基本条件不变的前提下，对类似事件进行多次观察，统计每次观察结果及其发生的概率，进而推断出类似事件发生的可能性所得到的概率。依据统计结果推断出的客观概率对判断潜在的风险损失很具参考意义。

在衡量风险损失时宜考虑三种概率分布：总损失金额、潜伏损失的具体事项及各项损失的预期数额。

2. 概率分布的类型

随机变量可能的取值范围和取这些值相应的概率称为随机变量的概率分布。在风险分析中，概率分布用来描述损失原因所致各种损失发生可能性的分布情况，是显示各种风险事件发生概率的函数。根据随机变量取值的不同，概率分布可分为连续型和离散型两大类。当随机变量取值为有限个值或所有取值都可以逐个列举出来时，该种随机变量称为离散型随机变量，其概率称为离散概率。当随机变量的取值充满一个区间，无法逐个列举时，该种随机变量称为连续随机变量，其概率称为连续概率。工程项目风险管理常用的连续型概率分布包括正态分布、指数分布、三角形分布、梯形分布、极值分布等，离散型概率分布包括二项分布、泊松分布等。可以根据实际情况进行概率分布类型的选择。

（1）正态分布

正态分布（Normal Distribution）是最常用的概率分布，其概率密度函数为

$$f(x) = \frac{1}{\sigma\sqrt{2\pi}} e^{-\frac{(x-\mu)^2}{2\sigma^2}} \qquad (-\infty < x < +\infty, \ \sigma > 0)$$

该分布的特点是密度函数以均值为中心对称分布，如图 4-13 所示。

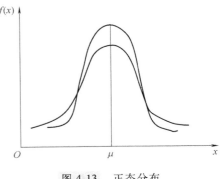

图 4-13　正态分布

其均值为 μ，方差为 σ^2，用 $N(\mu,\sigma^2)$ 表示，当 $\mu=1$，$\sigma^2=0$ 时，称这种分布为标准正态分布，用 $N(0,1)$ 表示。如果根据客观数据和专家经验估计得出的风险变量变化在一个区间，均值出现的机会最大，大于或小于均值的数值出现机会均等，则可用正态分布来描述。例如工程施工质量管理方法的"6σ"法，就是以正态分布为基础对风险概率进行估计。

（2）泊松分布

泊松分布（Poisson Distribution）是用于建立某种度量单位内发生次数模型的一种离散分布。其概率密度函数为

$$f(x)=\begin{cases}\dfrac{e^{-\lambda}\lambda^x}{x!} & x=0,1,2,\cdots\\[2mm] 0 & 其他\end{cases}$$

泊松分布的均值为 λ，而且方差也为 λ。在工程项目中，很多随机现象都近似服从泊松分布，可以用该分布来进行概率估计，如图 4-14 所示。例如，单位时间内工程索赔的次数、机械设备在单位时间内出现故障的次数、单位时间内质量事故的次数等。

（3）三角形分布

三角形分布（Triangular Distribution）是将各种复杂的分布简化成了由最小值、最可能值和最大值三组数据构成的对称或不对称的三角形的分布，极大地减少了数据量，如图 4-15 所示。该分布适合用于描述工期、投资等不对称分布的输入变量，也可用于描述产量、成本等对称分布的输入变量。

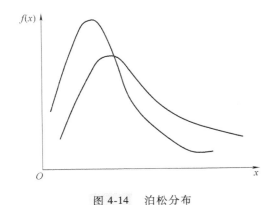

图 4-14　泊松分布

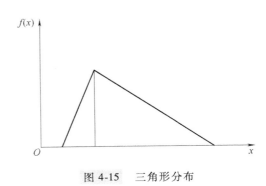

图 4-15　三角形分布

（4）均匀分布

描述每一区间分布的概率时，可用均匀分布（Uniform Distribution）。均匀分布的概率密度函数为

$$f(x) = \frac{1}{b-a} \qquad (a \leq x \leq b)$$

其概率密度曲线如图 4-16 所示。利用均匀分布可以估计工程项目中每发生一次人身伤亡时的索赔额、每次事故的损失额等。如果 $a=0$，$b=1$，则此时的均匀分布称为 [0，1] 分布。

（5）梯形分布

梯形分布（Trapezium Distribution）的概率密度函数为

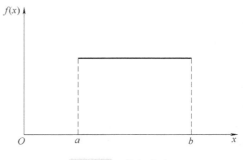

图 4-16　均匀分布

$$f(x) = \begin{cases} \dfrac{h}{c-a}(x-a) & a \leq x \leq c \\[2mm] \dfrac{2}{b+d-c-a} & c \leq x \leq d \\[2mm] -\dfrac{h}{b-d}(x-b) & d \leq x \leq b \\[2mm] 0 & \text{其他} \end{cases}$$

式中　$h = \dfrac{2}{b+d-c-a}$。

梯形分布又称四点分布，该分布是三角形分布的特例，在确定风险变量的最大值和最小值后，对最可能值却难以判定，只能确定最可能值在某一区间 [c，d] 内变动，这时可用梯形分布，如图 4-17 所示。

梯形分布通常被用作其他分布的粗略估计，使用起来非常灵活。但其缺点是限于有界性，排除了出现极端偏离值的可能性。

（6）指数分布

指数分布（Exponential Distribution）适用于在时间上随机出现的风险时间的概率估计。其密度函数为

$$f(x) = \lambda e^{-\lambda x} \quad (x \geq 0)$$

指数分布的均值为 $1/\lambda$，方差为 $1/\lambda^2$，其概率密度曲线如图 4-18 所示，随着 x 增加，概率密度逐渐减小。指数分布具有无记忆性的特性，即当前时间对未来结果没有影响，广泛运用于设备故障风险及工程结构可靠性的监测中。

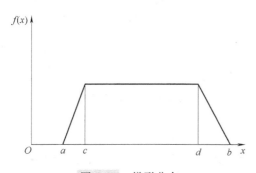

图 4-17　梯形分布

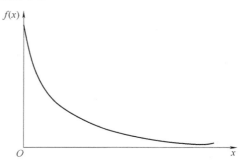

图 4-18　指数分布

（7）β 分布

β 分布（Beta Distribution）是密度函数在最大值两边不对称分布的一种概率分布，适用于描述工期等不对称分布的输入变量，如图 4-19 所示。β 分布的密度函数为

$$f(x) = \frac{1}{\beta(p,q)}(x-a)^{p-1}(b-x)^{q-1}(a \leqslant x \leqslant b; p,q > 0)$$

当 $p < q$ 时为正偏斜；当 $p = q$ 时，分布为对称的；当 $p > q$ 时为负偏斜。

它较易从有限的数据中识别出，还能在分析过程中取得额外数据时予以更新，可以包括多种形状的曲线，如对称、左偏斜、右偏斜等。

（8）经验分布

当没有充分依据或无法找到合适风险变量的理论分布时，常用到经验分布。该种分布利用德尔菲法对风险变量的数值范围及相应的概率进行估计，来得到变量的分布，一般将取值范围分为几个区间，对专家的判断进行统计分析后绘制成直方图。

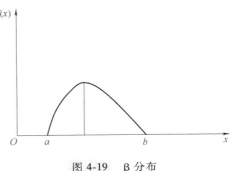

图 4-19　β 分布

3. 概率分布的确立依据

概率分布不能凭空设想或凭主观推断建立。确立概率分布表应参考相关的历史资料，依据理论上的概率分布，并借鉴其他经验对自己的判断进行调整和补充。

参考相关的历史资料系指在相同条件下，通过观察各种潜在损失金额在长时期内已经发生的次数，估计每一可能事件的概率。但是，由于人们常常缺乏广泛而足够的经验，加之风险环境不断地发生变化，故依据历史资料的概率只能作为参考。参考历史资料时应尽量扩大参考范围，参考时应有所区分，不可完全照搬。

逻辑推理及定性分析亦有助于确立概率分布。但推理和分析只能得出抽象的概率，而无法具体化。要想准确判断风险损失尚须进行风险分析。

4.4.2　风险衡量的方法

1. 专家调查法

专家调查法是由项目专家对工程项目各阶段风险因素的发生概率和后果进行打分，从而使风险概率量化的一种定性方法。专家调查法已经在建设工程风险识别方法中进行了阐述，此处将着重举例介绍专家调查法在风险衡量中的应用。

（1）离散型随机变量概率分布的专家调查法

案例 4-7　销售量预测

要调查某项目的销售量，项目评价中采用的市场销售量为 150t，请了 15 位专家对该产品销售量可能出现的状态及其概率进行专家预测，专家意见汇总见表 4-12。

$$方差 = \frac{1}{n-1}\sum_{i=1}^{n}(x_i - \bar{x})^2，其中，n = 15，\sum_{i=1}^{n}(x_i - \bar{x})^2 \approx 58.9。$$

案例

表 4-12　专家意见汇总

专　　家	销售量/t					期望值/t
	80	90	100	110	120	
1	10%	15%	50%	15%	10%	100
2	15%	25%	40%	15%	5%	97
3	10%	15%	60%	10%	5%	98.5
4	5%	12.50%	65%	12.50%	5%	100
5	10%	15%	55%	15%	5%	99
6	10%	15%	50%	15%	10%	100
7	5%	15%	55%	15%	10%	101
8	5%	10%	60%	15%	10%	101.5
9	5%	15%	50%	20%	10%	101.5
10	0	15%	70%	15%	0	100
11	10%	15%	75%	0	0	96.5
12	10%	25%	60%	5%	0	96
13	10%	20%	60%	10%	0	97
14	0	10%	60%	20%	10%	103
15	5%	20%	60%	15%	0	98.5
平均						99.3

因此，方差为 4.21，标准差为 $\sqrt{4.21} \approx 2.05$。

意见分歧系数 $= \dfrac{2.05}{99.3} = 2.1\%$。

从上述分析结果和表 4-12 可以看出，专家意见比较集中。若专家意见分歧程度在 10% 以上，则需要进行第二轮甚至第三轮讨论，消除因误解而产生的分歧。以最终调查的结果作为被调查变量（销售量）的概率分布。

（2）连续型随机变量概率分布的专家调查法

在项目估计风险概率时，最常运用的是正态分布，下面举例讨论。

案例 4-8　产品价格预测

某项目产品价格服从正态分布，请了 10 位专家对价格的范围及在该范围内的概率进行估计，第一轮调查结果见表 4-13。

表 4-13　第一轮调查结果

专家	期望值（元）	方差（元²）	范围（元）	范围内概率	σ（元）	σ 的方差
1	100	0	80～120	90%	12.2	0.0625
2	100	0	80～120	95%	10.2	5.0625
3	100	0	80～120	85%	13.9	2.1025
4	95	25	75～115	90%	12.2	0.0625
5	95	25	75～115	95%	10.2	5.0625
6	95	25	75～115	85%	13.9	2.1025
7	105	25	85～125	90%	12.2	0.0625
8	105	25	85～125	95%	10.2	5.0625
9	105	25	85～125	85%	13.9	2.1025
10	100	0	80～120	80%	15.6	9.9225
合计	1000	150			124.5	31.6050
平均	100	16.7			12.45	3.5117

第 1 位专家认为价格在 80～120 元内的概率为 90%，即在 80～120 元外的概率为 10%，小于 80 元的概率为 5%，大于 120 元的概率为 5%。查标准正态分布概率表，比期望值减少 20 元的概率为 5%，相当于 -1.64σ，$\sigma = \dfrac{20\ 元}{1.64} = 12.2$ 元。

第 2 位专家认为比期望值减少 20 元的概率为 2.5%，相当于 -1.96σ，$\sigma = \dfrac{20\ 元}{1.96} = 10.2$ 元。

以此类推，可计算 10 位专家对产品价格的期望值与标准差的估计值。

同样可以估计各位专家对期望值估计的分歧系数 $\dfrac{\sqrt{3.5117}}{12.45}$，为 15%，对价格标准差的估计分歧系数大于 10%，从调查资料可知，主要是第 10 位专家与其他专家意见分歧较大。经第二轮调查，10 位专家对落在范围内的概率估计见表 4-14，则均值为 11.3，其方差为 0.784。

表 4-14　第二轮调查结果

专家	期望值（元）	方差（元²）	范围（元）	范围内概率	σ（元）	σ 的方差
1	100	0	80～120	90%	12.2	0.81
2	100	0	80～120	93%	10.2	1.21
3	100	0	80～120	88%	11.05	0.0625
4	95	25	75～115	90%	12.2	0.81
5	95	25	75～115	93%	10.2	1.21

（续）

专家	期望值（元）	方差（元²）	范围（元）	范围内概率	σ（元）	σ的方差
6	95	25	75～115	88%	11.05	0.0625
7	105	25	85～125	90%	12.2	0.81
8	105	25	85-125	93%	10.2	1.21
9	105	25	85～125	88%	11.05	0.0625
10	100	0	80～120	90%	12.2	0.81
合计	1000	150			112.55	7.06
平均	100	16.7			11.3	0.784

意见分歧系数 $\dfrac{\sqrt{0.784}}{11.3}$，即为 7.8%，满足要求，故不再进行第三轮调查。故产品价格服从 N（100，11.3）的概率分布。

2. 以概率论为基础的风险量化方法

衡量风险大小较为传统的方法是研究风险的概率分布，它能够得到较为准确的风险量化值，因而以此为基础发展了多种有效的风险分析方法，如蒙特卡罗模拟、控制区间和记忆模型（Controlled Interval and Memory Model，CIM 模型）等。概率分布通常反映某一事件发生结果的可能性，如果知道了风险事件的概率分布，就不难据此推断同类事件的风险大小。因此，建立概率分布是风险量化的一种主要方法。风险概率分析可以分为客观概率分析和主观概率分析。前者利用历史统计资料确定风险概率分布，后者则根据专家经验判断风险概率。

（1）客观概率分析法

客观概率分析法的本质是利用样本的分布代替总体的分布，因此该方法立足于大量数据和试验，需要用统计的方法进行计算。客观概率分析所得数值是客观存在的，不以人的意志为转移。当工程项目某类风险事件或风险因素有较多历史数据资料可查时，即可根据数据资料制作频率直方图，并根据直方图画出风险密度函数曲线，找出数据分布的规律性，进而找到风险发生的规律，推断出风险因素或风险事件的概率分布类型，如正态分布、三角形分布等。数据量越大，所估计的密度曲线越接近实际的密度曲线。

由于部分风险因素或风险事件在工程项目实践中较常发生，历史上已经总结出了该类风险因素或事件的分布概率。在此情形下，可利用已知的理论概率分布，并结合工程具体情况，确定风险因素或风险事件发生的概率。例如，工程项目质量风险、地质地基风险、施工工期风险等均近似服从正态分布，因此，可利用正态分布分析以上风险。下面将重点介绍蒙特卡罗模拟法和 CIM 模型的原理和应用。

1）蒙特卡罗模拟。

① 原理。风险分析中，若风险因素（即输入的随机变量）多于三个，且每个因素可能出现的状态多于三种（如连续随机变量），就必须采用蒙特卡罗模拟法对投资、财务效益和项目经济效益等指标进行模拟分析。蒙特卡罗模拟法的基本原理是利用各种不同分布的随机变量（如项目总投资、建设工期、工程量等）的抽样序列模拟实际系统的概率统计模

型，给出问题（即评价指标，如内部收益率、财务净现值、投资回收期、经济内部收益率和经济净现值等）数值解的渐进统计估计值，包括概率分布及累计概率分布、期望值、方差、标准差等，而后计算项目由可行转变为不可行的概率，以估计项目风险。

随机变量的抽样过程需要依赖计算机或随机数发生器生成随机数来完成。需注意的是，抽样序列也即随机数，应满足以下特征：尽可能地服从原随机变量分布[一]；序列中的数互不相关；该随机数序列有一个长周期（某数重复出现之前随机数序列的长度）。

假定项目风险 X_i 与造成的后果 Y 之间存在如下所示的函数关系：

$$Y = f(X_1, X_2, \cdots, X_i, \cdots, X_n)$$

式中，已知变量 X_i 的概率分布，则可利用随机数发生器抽取一组变量 $(X_1, X_2, \cdots, X_n)$ 的值 $(x_{1i}, x_{2i}, \cdots, x_{ni})$，然后按照 Y 与 X 的关系式确定函数 Y 的值 y_i，反复独立抽样（模拟），便可得到函数 Y 的一批抽样数据 $y_1, y_2, \cdots, y_n$，当模拟次数足够多时（200～500次）[二]，便可给出与实际情况相近的函数 Y 的概率分布及其数字特征，据此可以估计项目的总体风险水平。当变量 X 的概率分布未知时，通常可用专家调查的方法得到主观概率分布。

蒙特卡罗模拟要求各随机变量相互独立，否则会影响结果的可信度。然而在现实情况中，项目投资、实施、运营等都会受多种风险因素的影响，且这些因素之间往往具有不同程度的相关性。此时，需要引入相关系数 ρ 对风险因素的相关性进行处理。需注意的是，模拟时假设风险因素相互独立或假设具有相关性，二者的结果有很大不同，前者模拟的结果方差大，后者方差小。在实际应用中，由于处理相关性相对复杂和困难，因此常用简化的手法忽略相关因素的影响，尽管此举降低了评价结论的精确性。

② 应用步骤。应用步骤如下：

第一步，确定风险分析所采用的评价指标，如净现值、内部收益率、偿债准备率等。

第二步，确定对风险分析指标有重要影响的输入变量。

第三步，调查确定输入变量的概率分布。

第四步，为各输入变量独立抽取随机数。

第五步，将抽得的随机数转化为各输入变量的抽样值。

第六步，根据抽得的各输入随机变量的抽样值组成一组项目评价基础数据。

第七步，根据抽样值组成的基础数据计算出评价指标值。

第八步，重复第四～七步，直至预定模拟次数。

第九步，整理模拟结果所得评价指标的期望值、方差、标准差和它的概率分布、累计概率，绘制累计概率图。

第十步，得出项目由可行转变为不可行的概率。

项目风险衡量蒙特卡罗模拟程序如图 4-20 所示。

[一] 确定输入变量的分布及相关分布参数，是进行蒙特卡罗模拟的基础和关键。如果历史数据不存在，可以使用德尔菲法，让一组科学家或者工程师来负责估计每个变量的行为；如果可以得到可靠的历史数据，则可以直接进行分布拟合。假设历史模式不变且历史趋向自我重复，那么历史数据就可用来拟合最佳分布，其变量也可以用来更好地定义模拟变量。

[二] 模拟的次数影响着结果的质量。模拟次数过少，随机数的分布就不均匀。模拟次数越多，对输出分布的特性刻画及参数估计（如均值估计）就越精确。但由于输入变量分布本身并不精确，且计算超量将耗费过多金钱和精力，也没有必要模拟过多次数。因此，模拟一般应在 200～500 次为宜。

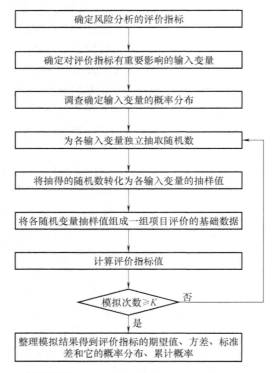

图 4-20 项目风险衡量蒙特卡罗模拟程序

注意，随机抽样时，可按照以下几种类别进行：

第一，均匀分布抽样，其风险概率分布为

$$P(x) = \begin{cases} \dfrac{1}{b-a} & a \leqslant x \leqslant b \\ 0 & 其他 \end{cases}$$

则随机值

$$u = a + (b-a)r$$

式中　r——随机数，以下同理。

第二，正态分布抽样，其风险变量概率分布为

$$P(x) = \frac{1}{\sigma\sqrt{2\pi}} e^{-\frac{(x-\mu)^2}{2\sigma^2}} \qquad (-\infty < x < +\infty, \ \sigma > 0)$$

则随机值

$$u_1^* = \sqrt{-2\ln r_1}\cos2\pi r_1, \ u_2^* = \sqrt{-2\ln r_2}\sin2\pi r_2$$

第三，三角形分布抽样，其概率分布为

$$P(x) = \begin{cases} \dfrac{2(x-a)}{(b-a)(c-a)} & a \leqslant x < b \\ \dfrac{2(c-x)}{(c-b)(c-a)} & b \leqslant x < c \\ 0 & 其他 \end{cases}$$

则随机值

$$u=\begin{cases} a+\sqrt{(b-a)(c-a)r} & 0\leqslant r\leqslant \dfrac{c-a}{b-a} \\ b-\sqrt{(b-a)(b-c)(1-r)} & \dfrac{c-a}{b-a}\leqslant r\leqslant 1 \end{cases}$$

案例 4-9 收益率的概率分布

设某项目计划固定资产投资为 10000 万元，流动资金为 1000 万元，项目 2 年建成，第 3 年投产，当年达产。预计每年不含增值税的收入为 5000 万元，经营成本为 2000 万元，附加税及营业外支出每年 50 万元，项目周期 12 年。若该类固定资产投资服从最悲观值为 13000 万元、最可能值为 10000 万元、最乐观值为 9000 万元的三角形分布，年销售收入服从期望值为 $\mu=5000$ 万元、$\sigma=300$ 万元的正态分布，年经营成本服从期望值为 $\mu=2000$ 万元、$\sigma=100$ 万元的正态分布，项目要求达到的内部收益率为 15%，计算收益率低于 15% 的概率。

本例以全投资税前内部收益率（IRR）为项目风险分析的评价指标，以固定资产投资、产品销售收入、经营成本为影响全投资税前内部收益率的关键风险变量。

固定资产投资服从三角形分布，如图 4-21 所示，并可计算得出累计概率，见表 4-15。

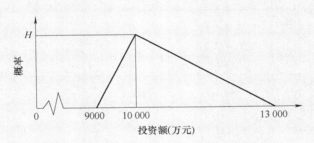

图 4-21　投资三角形分布图

表 4-15　三角形分布的累计概率

投资（万元）	小于预定投资的面积	累计概率
	三角形面积 = 4000H×0.5 = 2000H	
9000	0	0
9250	250×0.25H×0.5 = 31.25H	$\dfrac{31.25H}{2000H}=0.0156$
9500	500×0.5H×0.5 = 125H	$\dfrac{125H}{2000H}=0.0625$
9750	750×0.75H×0.5 = 281.25H	$\dfrac{281.25H}{2000H}=0.1406$
10000	1000×H×0.5	0.25
10300	1000×0.5H+300×(H+0.9H)/2	0.3925

（续）

投资（万元）	小于预定投资的面积	累计概率
10600	$500H+600\times(H+0.8H)/2$	0.5200
10900	$500H+900\times(H+0.7H)/2$	0.6325
11200	$500H+1200\times(H+0.6H)/2$	0.7300
11500	$500H+1500\times(H+0.5H)/2$	0.8125
11800	$500H+1800\times(H+0.4H)/2$	0.8800
12100	$500H+2100\times(H+0.3H)/2$	0.9325
12400	$500H+2400\times(H+0.2H)/2$	0.9700
12700	$500H+2700\times(H+0.1H)/2$	0.9925
13000	$500H+3000H/2$	1.0000

设定模拟次数为 20 次，对投资、销售收入、经营成本分别抽取随机数（表示累计概率值），将抽得的随机数转化为各随机变量的抽样值，得到结果见表 4-16。

表 4-16　随机数抽样

模拟顺序	投　资		销售收入		经营成本	
	随　机　数	投资取值（万元）	随　机　数	收入取值（万元）	随　机　数	成本取值（万元）
1	48867	10526	06242	4540	66903	2043
2	32267	10153	84601	5306	31484	1952
3	27345	10049	51345	5010	61290	2029
4	55753	10700	9115	4600	72534	2057
5	93124	12093	65079	5116	39507	1973
6	98658	12621	88493	5360	66162	2042
7	68216	11053	04903	4503	63090	2033
8	17901	9838	26015	4910	48192	1995
9	88124	11807	65799	5122	42039	1980
10	83464	11598	4090	4478	36293	1965
11	91310	11989	27684	4822	56420	2016
12	32739	10162	39791	4922	92710	2145
13	07751	9548	79836	5251	47929	1995
14	55228	10686	63448	5103	43793	1982
15	89013	11858	43011	4947	09746	1870
16	51828	10596	09063	4599	18988	1912

（续）

模拟顺序	投　资		销售收入		经营成本	
	随　机　数	投资取值（万元）	随　机　数	收入取值（万元）	随　机　数	成本取值（万元）
17	59783	10808	21433	4762	09549	1869
18	80267	11464	04407	4489	56646	2017
19	82919	11574	38960	4916	17226	1905
20	77017	11346	19619	4744	68855	2049

注意：

1. 服从三角形分布或经验分布的随机变量产生方法

投资的第一个随机数为 48867，在累计概率表中查找累计概率 0.48867 所对应的投资额，查得投资额 10300 万 ~10600 万元，通过线性插值，第一个投资抽样值为 10300 万元 +300 万元 ×（48867-39250）/（52000-39250）= 10526 万元。

2. 服从正态分布的随机变量产生方法

销售收入第一个随机数为 06242，查标准正态分布表得销售收入的随机离差在 -1.54 ~ -1.53，经线性插值得 -1.5348。第一个销售收入抽样值为 5000 万元 -1.5348×300 万元 = 4540 万元。同样，经营成本第一个随机数为 66903，相应的随机变量离差为 0.4328，第一个经营成本的抽样值为 2000 万元 +100 万元 ×0.4328 ≈ 2043 万元。

之后，可根据投资、销售收入、经营成本的各 20 个抽样值组成 20 组项目评价基础数据，并根据 20 组项目评价基础数据，编制 20 个计算全投资税前内部收益率的全投资现金流量，从而计算项目评价指标值。整理模拟结果，按内部收益率从小到大的次序排列，并计算累计概率，可知内部收益率低于 15% 的概率为 15%，内部收益率高于 15% 的概率为 85%。

2）CIM 模型。

① 变量独立的 CIM 模型。现实中，工程项目风险因素的出现具有较大的随机性，各风险因素出现与否，出现时机和出现顺序都存在不确定性。假设各变量相互独立，则可以利用并联响应和串联响应模型对随机变量概率分布进行组合或叠加。

第一，并联响应模型。如图 4-22 所示，假设影响项目 S 的风险因素包括 X_1，X_2，…，X_n，其中任一风险出现，都会影响项目 S，这种情形正如同并联电路——所有支路中，任一支路接通，则该电路通。风险因素 X_1，X_2，…，X_n 的概率分布组合模型即为"并联响应模型"，该模型并联概率曲线的叠加称为"概率乘法"。

概率乘法，实际是由一系列的两概率分布连乘组成的，即先将两个风险因素的概率曲线相乘，然后与第三者相乘，如此下去，确定活动全过程的概率曲线，如图 4-22 所示。

第一步，将风险因素 X_1 与 X_2 并联叠加，其组合影响概率公式为

$$P(X_{12} = d_a) = \sum_{i=1}^{n} P(X_1 = d_a, X_2 \leq d_a) + \sum_{i=1}^{n} P(X_1 < d_a, X_2 \leq d_a)$$

第二步，将 X_{12} 与 X_3 进行概率叠加，并以此类推，直至将 n 个风险因素叠加完毕，即可得到项目 S 的风险概率分布。

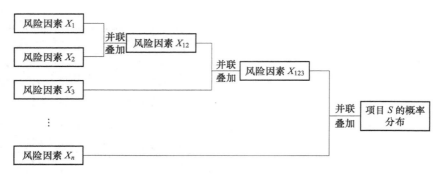

图 4-22　风险因素并联叠加图

案例 4-10　某项目的组合概率分布

某项目投资风险因素为 X_1、X_2，两个因素对投资影响的独立概率分布通过专家调查的方法得到，见表 4-17，其组合概率分布见表 4-18。

表 4-17　风险因素对投资影响的独立概率分布

d_a	$P(X_1)$	$P(X_2)$	d_a	$P(X_1)$	$P(X_2)$
−5%	0.067	0	10%	0.133	0.433
0	0.167	0.267	15%	0.233	0.133
5%	0.400	0.167			

表 4-18　两个风险因素对投资影响的组合概率分布

d_a	$P(X_1)$	$P(X_2)$	$P(X_1, X_2)$
−5%	0.067	0	0.067×0 = 0
0	0.167	0.267	0.167×(0+0.267)+0.267×0.067 = 0.062
5%	0.400	0.167	0.40×(0+0.267+0.167)+0.167×(0.067+0.167) = 0.213
10%	0.133	0.433	0.133×(0+0.267+0.167+0.433)+0.433×(0.067+0.167+0.400) = 0.390
15%	0.233	0.133	0.233×(0+0.267+0.167+0.433+0.133)+0.133×(0.067+0.167+0.400+0.133) = 0.335

第二，串联响应模型。假设影响项目 S 的风险因素包括 X_1，X_2，…，X_n，只有当其中所有风险都出现时，才会影响项目 S，这种情形如同串联电路。风险因素 X_1，X_2，…，X_n 的概率分布组合模型称为"串联响应模型"。概率曲线的串联叠加也称为"概率加法"。

假设项目 T 的风险因素为 T_1 和 T_2，则项目 T 的风险概率公式如下：

$$P(T=t) = \sum_{i=1}^{k} \sum_{j=1}^{l} P(T_1 = t_{1t}, T_2 = t_{2t}) = \sum_{i=1}^{k} P(T_1 = t_{1t}) \sum_{j=1}^{l} P(T_2 = t_{2t})$$

式中 $t = t_{1t} + t_{2t}$；

        $i = 1, 2, \cdots, k$；

        $j = 1, 2, \cdots, l$；

        k、l——投资 t_1、t_2 的估计区间个数。

当风险因素大于两个时，用前两个风险因素组合后的概率分布叠加得到一个新的概率分布后记下来，再与下一个概率分布叠加，并以此类推。

② 变量相关的 CIM 模型。当变量相关时，假设影响项目 S 的风险因素包括 X_1，X_2，$\cdots$，X_n，设其中一个变量 X_2 独立，可以利用具有条件概率的调查表得到与其相关的变量的条件概率分布，计算风险因素 X_2 的概率分布，公式如下：

$$P(X_2) = \sum_{i=1, i \neq 2}^{n} P(X_i) P(X_2 / X_i)$$

之后，可将 X_1 与 X_2 的概率分布进行叠加，得到项目风险的概率分布。其中，二维相关变量条件概率调查见表 4-19。

表 4-19 二维相关变量条件概率调查

X_2	X_1				
	$-5\% \sim 0$	$0 \sim 5\%$	$5\% \sim 10\%$	$10\% \sim 15\%$	其他
$-5\% \sim 0$					
$0 \sim 5\%$					
$5\% \sim 10\%$					
$10\% \sim 15\%$					
其他					

（2）主观概率分析法

由于不同工程项目面临的时间、条件、环境不同，即便是同类项目，也可能存在根本性差别，因此，历史数据资料可能并不具有可参照性，或者根本没有可供参考的资料。而在工程项目的可行性研究中，进行风险分析也往往并不能针对风险事件做试验。因此，进行客观概率分析一般较为困难。但由于决策的需要，必须对风险事件或因素的发生概率进行估计，在这种情况下，就只能应用主观概率分析法估计风险概率，即由专家根据当时能收集到的有限信息，凭借过去长期积累的经验对风险事件发生的概率分布或概率做出一个合理的估计。

复习思考题

1. 简述建设工程风险识别的内容。

2. 简述建设工程风险识别的原则。

3. 简述建设工程风险识别的流程。

4. 总结风险识别的方法，并掌握这些方法。

5. 简述风险概率分布的类型及其特点。

6. 总结风险衡量的方法，并掌握这些方法。

第 **5** 章

建设工程风险评估

【本章导读】

建设工程风险评估就是对将会出现的各种不确定性因素及其可能造成的各种影响和影响程度进行恰如其分的分析和评估。通过对那些不太明显的不确定性因素的关注，对风险影响的揭示，对潜在风险的分析和对自身能力的评估，采取相应的对策，从而达到降低风险的不利影响或减少其发生的可能性之目的。建设工程风险评估可以使建设项目在成本估计和进度安排方面更现实可靠，使项目管理人员更准确地认识风险对项目的影响及风险之间的相互作用，从而制订出更完备的应急计划，并且有助于提高项目管理人员的决策水平和管理水平。

【主要内容】

本章主要介绍了建设工程风险评估的定义、基础、程序、内容及评估方法。重点阐述了建设工程风险评估的内容，即"人""境""物"，以及建设工程风险评估的方法，并通过案例分析详细介绍了层次分析法、模糊综合评价法、作业条件危险性评价法和贝叶斯网络法四种风险影响评估方法。

5.1 建设工程风险评估概述

5.1.1 建设工程风险评估的定义

在风险识别之后，下一步就是风险评估。通过风险评估，决策者及有关各方可以更深刻地认识那些可能影响组织目标实现的风险以及现有风险控制措施的充分性和有效性，为确定最合适的风险应对方法奠定基础。风险评估是基于风险识别，确定相应的风险评价标准，运用概率论和数理统计，对相关风险因素加以分析、量化，预估风险发生的概率和损失幅度，进而判断是否需要采取进一步的应对措施。风险估计的目的就是加深对项目本身和环境的理解，进一步寻找实现项目目标的可行方案；明确不确定性对项目其他各个方面的影响；使项目所有的不确定性和风险都经过充分、系统的理解；同时，比较项目各种方案或行动路线的风险大小，从中选择出威胁最小、机会最多的方案或行动路线。《风险评估最佳实践指南》（*Risk Assessment Best Practice Guide*）定义风险评估为：由合格人员制订计划，用于确定工作步骤与每个步骤相关的危害，以及减轻或消除所识别危害的控制措施。Christoph Luetge（2014）认为风险评估是对风险发生概率和造成损失的量化。

随着保护环境、以人为本的社会可持续发展观的提出，建设工程项目风险评估与可靠性分析——作为项目管理人员决策的工具——越来越重要。建设工程风险评估是指由专业的风险评估机构对建设工程项目进行全面、系统和专业的调查研究，配合风险评估技术，对建设工程项目风险状况进行定性、定量分析，为项目管理人员提供建设工程项目风险管理信息。由此可见，建设工程风险评估旨在预测并分析建设工程项目潜在的有害因素和危险因素，建设周期内可能出现的事故，进而采取相应的应对措施，以降低各方带来的影响，尽最大努力使风险控制在可接受的水平。

建设工程风险评估是对建设工程项目的风险定性和定量分析的系统过程，为项目风险管理提供科学、可靠的依据，是建设工程全寿命周期风险管理中重要而复杂的一环。建设工程风险评估工作试图回答以下基本问题：

1）项目过程中会发生什么风险以及为什么（通过风险识别）？

2）风险发生会给工程项目带来什么样的后果？

3）这些后果发生的概率是多少？

4）是否存在可以减轻风险后果或者降低风险可能性的因素？

5）风险等级是否可容忍或可接受？是否需要采取进一步应对措施？

由于建设工程项目的风险损失涉及建设工程项目全寿命周期，而且项目所处的外部环境也存在很大的差异，所以对建设工程项目风险评估不能采用一揽子评价的方法，必须根据建设工程项目风险损失的形成机理，选取合理的评价指标，建立科学的评价指标体系，才能实现对建设项目风险损失的正确评价。为保证评价的正确性，应遵循如下原则：

1）评估指标体系考虑的风险因素要全面。建设工程项目的风险不仅来自建设工程项目的建设过程本身，还来自自然、市场和社会等外部环境。在分析的过程中，要采用系统工程的方法，综合、全面考虑，不可只顾局部，造成评价指标的偏颇，不能全面地反映建设工程项目的风险损失。

2）评价指标体系中各指标间要尽量相对独立。每一指标应有明确的定义，规定其内涵，以避免理解上的交叉，使各指标间的相关度减至最小。

3）评价指标具有可比性。风险损失指标的选择应注意在纵向和横向都具有可比性，即在建设工程项目的不同阶段可以进行对比，同时在类似的项目之间的相同阶段也可以进行比较。

4）评价指标体系中的指标要便于量化、数据获取应方便。对建设工程项目风险损失的评估不能停留在定性分析的阶段，而应以定量为主，特别是一些技术性能指标，只能以数据来说明问题。对于一些难以量化的指标，应采用适当的转化手段，使其具有可计量性。

5）评价指标体系的目标层次结构要简单明了。这有利于评价工作在现实中的可操作性，并且便于应用多种评价方法相结合，实现评价结果的准确性和可量化。

6）评价指标体系应动态可调。建设工程项目建设过程的动态性和所处环境的不确定性，要求风险损失的评价体系必须具有弹性，便于在项目建设阶段不同和环境发生变化的情况下进行必要的动态调整，对可能产生的风险损失进行准确预测。

7）评价指标体系应能反映项目实际情况。建设工程项目都是在一定的自然环境和社会环境中进行的。不同的自然环境和社会制度下，建设工程项目各个阶段将会出现的风险有很大差异。为了能准确评价不同情形下建设项目的风险损失，必须在指标体系中体现特定的自然环境和社会环境的因素。

建设工程风险评估能够使得建设项目在成本估计和进度安排方面更加现实、可靠，同时，帮助项目管理人员更好、更准确、更全面地认识工程风险来源、风险对项目可能带来的影响以及风险之间的相互作用，从而协助项目管理人员制定完备的风险应对措施，做到事前控制。对于业主方而言，建设工程风险评估能够帮助其选定最合适的委托或承包模式。总之，建设工程风险评估能够有效提高项目管理人员的风险管理意识，进而提高决策水平和项目管理水平。

5.1.2 建设工程风险评估的基础

1. 风险损失概率和损失幅度

建设工程风险评估旨在明确建设工程风险的损失概率和损失幅度。

（1）损失概率

损失概率是指损失发生的可能性。损失概率是基于损失频率进行估计的。通常认为损失概率的概念包含时间和空间两个维度。

时间维度的损失概率是指在特定的空间，某一建设工程项目在某一时间段内发生风险损失的可能性大小。例如，通过历史统计数据，分析在一个特定地区，一个建设工程项目在一定时间（月）内遭受台风的次数。如果损失概率是1/10，则该建设项目遭受台风损失的概率为每10个月有1次损失。又如，在进行建设工程项目的地震风险评估过程中，项目设计的抗震标准是50年。这个标准是指整个项目建设完成之后的标准，而实际施工过程的实际抗震能力，如在施工初期则可能小于设计标准。也就是说，在施工不同阶段的损失概率是不同的，需要视建设工程进度以及实际情况而论。

空间维度的损失概率是指在一定的时间和空间范围内，n个风险单位中有m个风险单位遭受损失的可能性。例如，每年每1000名建筑工人中发生工伤事故的为3人，则建筑工人工伤事故的概率为3‰。空间维度的损失概率是基于同质风险确定的，而事实上，风险不可能完全同质，需要风险评估人员在实际操作过程中进行必要的修正。

损失概率的重要理论基础是统计理论和大数法则。因此，在进行损失概率分析过程中，从时间维度来看，应当具有一定周期的数据作为依据，这个周期的确定取决于能够实现的数量集合以及统计规律的稳定性。从空间维度来看，这个空间范围应当足够大，通过这种"大空间"能够确保一定的风险单位/样本，即"数"的集合。

（2）损失幅度

损失幅度是指一旦事故发生可能造成的最大损失。损失幅度是衡量损失程度的一个量化指标。

在风险评估技术中估测损失幅度的方法主要有两种：①估测一个风险单位在每次事故中最大的潜在损失；②估测一定时间，如一年范围内由单一风险事故造成的损失额或者由多种风险事故造成众多风险单位损失的总额。

在未考虑风险单位差异的情况下，估测一个风险单位在某次风险事故中最大的潜在损失

的指标有:

1) 最大可能损失（Maximum Possible Loss）。最大可能损失是指一个风险单位在其整个寿命周期内由单一事故引起的可能的最坏情况下的损失。这个损失金额往往等于风险单位的实际价值。

2) 最大估计损失（Maximum Probable Loss）。最大估计损失是指一个风险单位在一定时期内由单一事故所引起的可能遭受的最大损失。这个损失金额小于或者等于最大可能损失。

3) 年度预期损失（Annual Expected Loss）。年度预期损失是指在长期数据积累和分析的基础上、客观条件不变的前提下，确定的一个风险单位的年平均损失。年度预期损失等于年平均事故发生概率（出险率）与每次事故所造成的平均损失之积。这个指标对于保险经营具有十分重要的意义，它是保险定价的基础。

以上风险损失幅度估测指标，将所有风险单位的风险事件反应能力和结果视为相同。但实际上，不同风险单位由于其自身和外部防护能力不同，一次风险事故造成的损失是不同的。如果进一步考虑风险单位的风险防护能力，则可以通过以下指标估测一个风险单位遭受单一风险事故所致的实质性损失:

1) 正常损失预期值（Normal Loss Expectancy）。正常损失预期值是指风险单位在最佳防护系统下，一次风险事故导致的最大损失。最佳防护系统是指风险单位自身和外部防护系统均能够正常发挥预期的功能的系统。

2) 可能最大损失（Probable Maximum Loss）。可能最大损失是指由于各种原因导致风险单位或外部防护系统不能完全发挥其功能的情况下，可能导致的最大损失。

3) 最大可预期损失（Maximum Foreseeable Loss）。最大可预期损失是指风险单位本身的防护系统完全丧失功能的情况下，可能出现的最大损失。

4) 最大可能潜在损失（Maximum Possible Potential Loss）。最大可能潜在损失是指风险单位自身和外部防护系统均完全丧失功能的情况下，可能出现的最大损失。

损失概率和损失幅度是风险量化分析的两个重要、关键的指标。然而在工程风险分析过程中，无论是损失概率还是损失幅度的确定均存在一定的难度。

从损失概率的角度看，损失概率分析的基础是具有一定量风险单位的集合，这种量既可以是时间维度的，也可以是空间维度的，但工程风险单位，即兴建的大型水电站、核电站、高速公路、特大桥、机场、地铁等，在一定时期、一定范围内的数量是有限的，而发生事故的工程风险单位则更少，这样为数不多的样本难以满足统计分析的基本需要。

从损失幅度的角度看，工程保险的损失分布除了具有一般非寿险损失分布共同的特征（如右偏性）之外，还呈现两个特点:①厚尾性，即小额赔案和高额赔案的出现概率高于一般基于正态分布假设而估计出的概率，导致分布的波动性更大，案均赔款对分布特征的描述准确性受到制约;②多波峰，除了金额相对较小的赔案形成分布主波峰之外，在较高损失区段的大额赔案也可能聚集成为次波峰，从而使得损失分布的形态偏离常用的对数正态、伽马等分布。

基于以上特点，非寿险精算中通常采用的计算损失频率与案均赔款的方法对于工程险的损失分析可能过于粗放，不能很好地描述该险种的风险特征。在工程险风险分析时可以考虑的方法是:针对不同的损失区段采用不同的损失分布模拟。特别是对于金额很高的损失区段，其案件数虽然少，但对工程险的整体风险水平影响显著，因此通常采用极限值理论

（Extreme Value Theory）等统计、计量工具对大额损失分布的后部形态进行专门的模拟分析，在分布选择上通常考虑韦布尔（Weibull）、帕累托（Pareto）等厚尾特性显著的分布，专门模拟大额损失区段的分布形态。通过这些分析手段，可以更为精确地判断建设工程风险损失的整体分布特性，特别是大额赔案对风险水平的影响，从而改善采用常规方法分析时产生的结果波动性过大等问题。

通过以上分析，对建设工程风险进行定量分析的特点应当有一个清晰的认识。首先，在对工程风险进行定量分析的过程中，应当充分认识：由于建设工程风险的特征难以满足统计和分析的基本要求，在建设工程风险领域应用量化分析技术、非寿险精算技术、统计理论和规律具有相当大的局限性。所以切忌在建设工程风险评估过程盲目地应用量化分析技术。其次，为了解决存在的问题，应当尽可能地在较大的空间范围和较长的时间范围来观察建设工程风险。项目相关的历史数据往往是十分有限的，就建设工程风险而言，不足以对风险进行较为全面、可靠的量化分析。解决问题的办法是利用公共数据，如国家安全生产部门、建设行业管理部门、保险行业协会的数据。最后，直接承保公司应当利用再保险公司的数据，因为再保险公司的经营特点决定了它能够在更大范围内积累数据。利用再保险公司数据的基本方法就是与再保险公司合作，邀请再保险公司进行报价并尊重其报价。

2. PML 分析技术

（1）PML 的基本概念

在建设工程风险定量分析的指标体系中，PML（Probable Maximum Loss）是最关键和常用的指标。同时，PML 是一个专业性和技术性较强、容易出现混淆的概念，在研究和应用 PML 时，首先应当明确和界定 PML 的内涵，即 PML 的定义。各个不同的组织和机构对于 PML 有着不同的解释，较为权威的定义出于国际工程保险人协会和慕尼黑再保险公司。

国际工程保险人协会对 PML 的解释是：

PML 是对承保人认为在概率范围内的任何一次事故所能承受的最大损失的估计。

慕尼黑再保险公司对 PML 的解释是：对任一损失事件可能发生的最大损失的估计。

从以上定义看，PML 的基本点是：项目、期间风险、一次事故、最大损失。这种 PML 的内涵和定义曾经在工程保险领域受到广泛的认同和应用，但是，"9·11"事件在震惊了世界的同时，也对保险行业的传统技术提出了严峻的挑战。人们开始反思风险评估技术，特别是 PML 技术。"9·11"事件说明了传统的 PML 的评估方式并不可靠。因此，一些保险人对这种定义进行了深入思考，认为这种 PML 技术忽略了多种风险同时发生的可能性或灾难事故的可能性，尽管其发生的可能性非常小，但作为保险人不应当忽视这种可能，否则一旦发生类似"9·11"事件的风险，保险业将陷入危机。因此，国际工程保险人协会对 PML 做出新的解释：PML 是在一次事故中可预计的最大损失；同时，应当充分考虑各种最不利情况的同时发生。

但是，在建设工程风险评估过程中无论采用何种技术，需要考虑的因素首先是谨慎原则，同时也应当兼顾效率。在决定采用何种技术时，最关键的是应当对所采用的技术有充分的了解，即不管采用哪种 PML 术语，在进行 PML 的评估和计算之前，必须对所采用的术语进行定义，详细说明其基本原理和假设。

（2）确定 PML 的基本步骤

国际工程保险人协会推荐的 PML 确定方法可以分为以下五个步骤：

1）明确建设工程的建设对象和施工工艺。从风险类别的角度了解建设工程项目的基本情况，同时了解项目建设所采用的施工工艺。

2）明确建设工程项目的造价及结构。一方面需要了解整个建设工程项目的总造价及其组成；另一方面需要了解分部分项工程的造价及其组成。

3）明确风险源。系统地分析建设工程项目在全寿命周期可能存在的风险源。

4）明确可能的最大损失。认真分析在最坏情况下可能出现的最大损失情况。

5）明确可能的最大损失金额。

（3）PML 的影响因素

影响 PML 的主要因素可以分为两大类：一是项目本身因素，二是自然灾害、火灾、爆炸因素。项目本身因素包括项目设计、工艺、施工、管理等。在确定一个项目的 PML 时，更多的是考虑自然灾害、火灾、爆炸因素，特别是自然灾害中的巨灾风险，这些风险往往会给工程项目带来灭顶之灾。

（4）PML 的评估基础

1）项目的总平面图。该图需要说明项目的位置以及附近财物分布的情况，包括周围的房屋、地貌、环境特征等。这些信息可用于评估自然灾害风险以及由于项目财物的集中引起的风险损失。

2）项目主要结构的平面图和剖面图。这些图可以帮助识别建筑结构的材料、结构布置、建造的顺序以及所需要的临时工程。对于那些需要构建临时工程的项目，基本的设计标准将交给风险工程师以评估临时状态下的风险。例如，临时围堰的设计标准应充分考虑在合理水平下的洪水量。

3）项目各部分的建设成本。这些成本包括项目所有的单项、单位、分部工程的成本，可能的话，还需要详细分解分部分项工程成本。原始的工程成本数据将用于遭受破坏部分的修复费用的估计。另外，修复遭到破坏的部分工程可能还需要增加额外的工作内容，如隧道塌方后需要进行地基处理工作。用于计算 PML 的数据至少应包括下列内容：项目总造价；主要建筑材料的成本；由甲方供应的材料。所有的 PML 都应该按照原合同以及保险单中规定的货币计算，并兑换为承保合同或分保合同中特定的货币。承保人要注意：计算 PML 时，如果一种货币的汇率波动加大，就应采取防止汇率风险的措施。

4）项目的施工组织设计。这类资料可以用来估计项目面临的季节性风险及完工的日期。

5）其他。除以上资料外，还包括关键设备的进场和安装计划、相关的价值、预期利益损失以及替换任何部件的所需时间。

值得注意的是，PML 不是一门精确的科学技术，在用该方法进行建设工程风险评估时，由于尚未有统一的标准，不同人员的评估结果可能存在较大的差异。总之，PML 评估方法是较为主观的，而且不同的公司和技术人员可能采用不同的方式进行 PML 的评估和解释。

3. 建设工程风险评估的计量标度

对风险评估进行计量是为了取得有关数值或排列顺序。计量使用标识、序数、基数和比率四种标度。

（1）标识标度

标识标度即标识对象或事件，用来区分不同的风险，但不涉及数量。不同的颜色和符号都可以作为标识标度。在尚未充分掌握风险的所有方面或其同其他已知风险的关系时，使用标识标度。

（2）序数标度

序数标度事先确定一个基准，然后按照与这个基准的差距大小将风险排出先后顺序，使之彼此区别开来。利用序数标度还能判断一个风险是大于、等于还是小于另一个风险。但是，序数标度无法判断各风险之间的具体差别大小。将风险分为已知风险、可预测风险和不可预测风险用的就是序数标度。

（3）基数标度

使用基数标度不但可以把各个风险彼此区别开来，而且还可以确定它们彼此之间差别的大小。

（4）比率标度

利用比率标度不但可以确定它们彼此之间差别的大小，还可以确定一个计量起点。风险发生的概率就是一种比率标度。

4. 建设工程风险评估标准

（1）风险损失概率的评级

2004 年，国际隧道协会（ITA）正式发布了《隧道工程风险管理指南》（*Guidelines for Tunneling Risk Management*），将风险损失的发生概率划分成了五个等级，见表 5-1。

表 5-1　风险损失概率的评级

风险损失概率的数值	概 率 等 级	含 义
<0.0003	1	很不可能
0.0003～0.003	2	不可能
0.003～0.03	3	偶尔
0.03～0.3	4	可能
0.3～1.0	5	很有可能

（2）风险损失的评级

现有的风险损失等级评判大都采用绝对损失值来衡量风险损失的大小。学者周红波指出，绝对风险损失的评估方法具有局限性，提出了针对建设工程的风险损失率 T 的概念。风险损失率即为任一风险事件发生并导致的损失总和与总投资之比，并被划分成表 5-2 所示的五个区间。

表 5-2　风险损失的评级

风险损失率 T	风险损失评级 c	风险损失等级 C	含 义
<0.0001	<1	1	可以忽略
0.0001～0.001	1～2	2	值得考虑
0.001～0.01	2～3	3	严重
0.01～0.1	3～4	4	极其严重
0.1～1.0	4～5	5	灾难性

注：采用的风险损失评级是基于对数运算的。c 的计算方法如下：$c=5+\lg T$。对于某一风险事件，可能出现 $T>1$ 的情况，规定 $T>1$ 时统一取值为 1。

（3）风险指数的评级

G. T. Clark 和 A. Borst（2002）通过对美国西雅图地下交通线工程风险发生的可能性及风险损失程度分析（表 5-3），将风险发生概率和风险损失程度分别划分成五个等级，通过矩阵相乘得出表 5-4 所示的风险等级划分标准，最终得出如表 5-5 所示的风险指数。

表 5-3　风险指数的分类

发生概率	风险损失				
	灾难性（E）	极其严重（D）	严重（C）	值得考虑（B）	可以忽略（A）
很可能（5）	5E	5D	5C	5B	5A
可能（4）	4E	4D	4C	4B	4A
偶尔（3）	3E	3D	3C	3B	3A
几乎不可能（2）	2E	2D	2C	2B	2A
不可能（1）	1E	1D	1C	1B	1A

表 5-4　风险等级划分标准

类　别	等　级	含　义
5E 5D 5C 4E 4D 3E	Ⅳ	不可接受
5B 5A 4C 4B 4A 3D 3C 2E 2D 1E	Ⅲ	不希望发生
3B 3A 2C 2B 1D 1C	Ⅱ	可以接受
2A 1B 1A	Ⅰ	可以忽略

表 5-5　风险指数的评级

风险指数的数值	含　义	备　注
1~4	可以忽略	风险是可容忍的，不必另设预防措施
5~9	可以接受	风险处于可容忍的边缘，可能需要预防措施
10~15	不希望发生	明确并执行预防措施，以减少风险
16~25	不可接受	为减少风险的预防措施必须不惜代价地实行

注：风险指数为风险损失概率评级和风险损失评级的乘积。

（4）风险后果等级

根据《城市轨道交通地下工程建设风险管理规范》（GB 50652—2011），风险事件发生的后果可分为社会影响、经济损失、人员伤亡、工期延误、环境影响，按其严重程度可分别划分为五个级别，见表 5-6~表 5-10。

表 5-6　社会影响等级标准

后果等级	灾难性的	很严重的	严重的	较大的	轻微的
	5	4	3	2	1
影响程度	恶劣的，或需紧急转移安置 1000 人以上	严重的，或需紧急转移安置 500~1000 人	较严重的，或需紧急转移安置 100~500 人	需考虑的，或需紧急转移安置 50~100 人	可忽略的，或需紧急转移安置少于 50 人

表 5-7 经济损失等级标准

后 果 等 级	灾难性的	很严重的	严重的	较大的	轻微的
	5	4	3	2	1
工程本身经济损失（万元）	>1000	500~1000	100~500	50~100	<50
第三方经济损失（万元）	>200	100~200	50~100	10~50	<10

表 5-8 人员伤亡等级标准

后 果 等 级	灾难性的	很严重的	严重的	较大的	轻微的
	5	4	3	2	1
工程本身人员伤亡数量（人）	$F>9$	$2<F\leq9$ 或 $SI\geq10$	$1\leq F\leq2$ 或 $1<SI<10$	$SI=1$ 或 $1<MI\leq10$	$MI=1$
第三方人员伤亡数量（人）	$F\geq2$	$1<SI<10$	$SI=1$	$1<MI\leq10$	$MI=1$

注：F 表示死亡人数；SI 表示重伤人数；MI 表示轻伤人数。

表 5-9 工期延误等级标准

后 果 等 级	灾难性的	很严重的	严重的	较大的	轻微的
	5	4	3	2	1
长期工程[①]延误时间/月	>9	6~9	3~6	1~3	<1
短期工程[②]延误时间/天	>90	60~90	30~60	10~30	<10

① 建设期两年以上。
② 建设期两年以内。

表 5-10 环境影响等级标准

后 果 等 级	灾难性的	很严重的	严重的	较大的	轻微的
	5	4	3	2	1
环境影响程度	永久的且严重的	永久的但轻微的	长期的	临时的但严重的	临时的且轻微的

建设工程风险和可靠性分析实则为需要多学科知识的工程领域，除了对概率、风险分析和决策分析有透彻的理解，还需要拥有扎实的土木工程学科专业知识基础。

5.1.3 建设工程风险评估的程序

建设工程风险评估程序可分为风险估计和风险评价两部分，如图 5-1 所示。

1. 建设工程风险估计

风险估计又称风险测定、估值和估算等，是对工程项目各个阶段的风险事件发生可能性的大小、可能出现的后果、可能发生的时间和影响范围的大小的估计，这是工程项目风险管理中最为重要的一项工作，也是最困难的一项工作，它的准确性直接影响到风险决策的质量。风险估计可分为数据收集、模型构建以及概率和损失估计三个主要步骤。

（1）数据收集

工程项目风险估计的第一步是收集与风险相关的数据和资料，这些数据和资料可以从过去类似工程项目的经验总结或记录中取得，可以从气象、水文、建材市场、社会经济发展的历史资料中取得，也可以从一些勘测和试验研究中取得。所收集的数据和资料要求客观、真实，最好具有可统计性。由于建设工程项目具有单件性和固定性等特点，在某些情况下，可供使用的历史数据并不一定完备和通用。因此，可采用专家调查询问等方法获得具有经验性的主观估计资料。

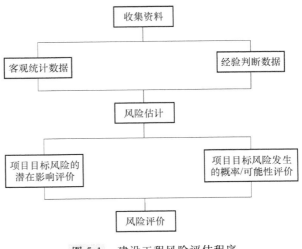

图 5-1　建设工程风险评估程序

（2）模型构建

以取得的有关风险事件的数据资料为基础，对风险事件发生的可能性和可能的结果给出明确的量化描述，即风险模型。该模型又分为风险概率模型和损失模型，分别描述不确定性因素与风险事件发生概率的关系，以及不确定性因素与可能损失的关系。

（3）概率和损失估计

建设工程项目风险模型建立后，就可以用适当的方法去估计每一个风险事件发生的概率和可能造成的后果，通常用概率表示风险事件发生的可能性，可能的后果则用标的损失、进度损失或者费用损失来表示。从建设工程项目的标的角度看，标的损失主要包括进度拖延、费用超标、质量不达标以及安全事故四方面。进度损失估计主要包括风险事件对建设工程项目局部和整体工程进度的影响。费用损失估计主要包括一次性最大损失估计和项目整体损失估计。

2. 建设工程风险评价

建设工程风险评价是指在风险识别、风险估计的基础上，针对建设工程事件的重要性、发生的概率、损失程度，评估风险因子的危害值，并与行业内的安全指标相比较，评价风险对应的等级，做出是否采取措施的决定。

对于风险评价的结果，人们往往认为风险越小越好。事实上，这个想法是有局限性的。降低风险是要付出成本的，无论是减少风险发生的概率还是采取防范措施使危险发生造成的损失降低到最小，都需要投入资金、劳动力和技术。决策过程是一个复杂的过程，而且往往与政治风险交织在一起。风险评价试图解决一些问题，包括：

1）谁将承担什么级别的风险，谁将从风险承担中受益以及谁将受损？

2）风险管理的边界是什么？

3）"理性"风险管理需要哪些信息以及如何分析？

4）哪些行动会对风险结果产生什么影响？

5）不同风险之间应该做出什么样的权衡？

上述问题不容易解决，也不仅仅是解决风险评价的问题，而是与风险接受标准有关：什么风险是可以接受的？风险接受标准的制定和实施包括：

1）风险认知：确保系统风险水平可接受（或可容忍）。

2）正式决策分析：平衡或比较风险与利益（例如风险-成本-收益分析、寿命周期成本分析）。

3）风险管理目标：制定切实可行的风险接受标准。

通常的做法是将风险限定在一个合理的、可接受的水平上，根据影响风险的因素，经过风险与利益平衡分析，寻求最佳的投资方案。最低合理可行（As Low As Reasonably Practicable，ALARP）准则最早是由英国健康、安全和环境部门提出的风险决策和管理准则，该准则对安全生产风险、环境风险、人员意外伤亡风险等各种风险评价具有较好的适用性。如今作为一种项目风险判据准则被国内外普遍接受。ALARP准则的含义为：风险总是随着生产经营活动的开始而出现，并伴随整个生产经营活动的全过程，而且风险是不可避免或被彻底消除的，因此必须在收益和风险水平之间做出权衡；假设系统风险较低时，如果要进一步降低或消除风险，则付出的成本往往较高，而且采取的措施也难以实施，这种安全改进措施的边际效益递减。因此，必须在成本和风险水平之间进行权衡。

ALARP准则图（图5-2）中可接受风险下限和可接受风险上限两条分界线将风险区域划分为风险可接受区、ALARP区（合理可行区）、风险不可接受区三个部分。每个部分具体解释如下：

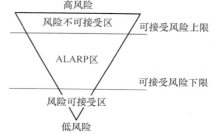

图 5-2　ALARP 准则图

资料来源：ALARP准则，百度文库，https://wenku.baidu.com/view/416886ea55270722182ef76e.html，获取日期：2021-01-07。

1）风险不可接受区。在风险水平状态落入此区域时，必须不顾任何代价，马上采取必要的规避或降低风险的措施。若风险水平值非常差，甚至要果断采取停止建设或营运的手段，在进行整改之后，其风险水平值恢复到ALARP区或风险可接受区后才允许其恢复正常营运。

2）ALARP区（合理可行区）。当风险水平状态落入此区域时，则风险处理策略的原则是对此区域的安全风险因素严加监控，且随时掌握其风险水平值的变化情形。如果它太接近风险不可接受区时，在成本和效益允许的条件下，设法降低该区域的实际风险，使其朝着风险可接受区方向接近。如果风险状态在可接受风险上限与可接受风险下限中间，即合理可行区，此时的风险水平符合最低合理可行原则，是合理可行的，即可以允许该风险的存在，以节省一定的成本。而且，风险管理人员在心理上愿意承受该风险，并具有控制该风险的信心。但是风险水平合理可行并不等同于忽略不管，工作人员必须认真全面地研究合理可行的风险，通过风险评估发现其作用规律，做到心中有数。如果风险状态在可接受风险下限附近，此时系统风险值较低，只需要严密监控系统风险状态即可。

3）风险可接受区。当实际风险水平状态落入此区域时，只要风险管理者能确保该项风险因素的风险水平值能维持在此区域内即可，而不需要刻意采取降低风险或规避风险的措施，即该项风险因素目前的风险状况是处于可接受的状态。

依据风险评价结果和风险接受准则，建设工程项目管理人员可以制定相应的风险应对方案和措施；进而可对风险进行再评估，提出风险等级。

5.2 建设工程风险评估的内容

5.2.1　建设工程风险评估的对象

建设工程风险评估的主要对象是与建设工程项目相关的"人""境""物"。其中，"人"是指与建设工程风险相关的组织及个人，"境"是指建设工程项目所处的环境，"物"是指建设工程项目可能涉及的各种物质对象。

1. 人

建设工程风险要素中，人是最主要、最关键的要素。人作为三大要素的主导因素，其自身就是风险因素，同时也还是其他因素的风险因素。

设计风险和施工风险包括"人"的风险与"物"的风险。"人"的风险是指在设计和施工过程中，由于设计人员或者施工人员的疏忽或者过失产生的风险。依据各建设工程项目利益相关者的参与程度，可将人分为直接关系人和间接关系人两大类，如图 5-3 所示。在对"人"这一要素进行风险评估时，重点应当对直接关系人，即对业主、承包商和监理进行考察。

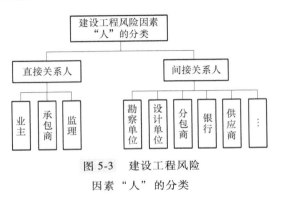

图 5-3　建设工程风险因素"人"的分类

（1）业主

在建设工程项目中，业主属于整个建设工程项目的投资管理主体，为满足建设工程项目全寿命周期中各阶段的既定目标，通过签订合同的方式与其他各利益相关方确立合同关系，使其运用自身专业知识和技能协助建设活动的开展，业主方对整个建设工程项目各阶段均具有管理权，并对项目进行最终竣工验收。

业主尽管不直接参与工程项目的建设，但是业主在整个项目的建设过程中是主要的利益相关者，对于项目的风险管理最具发言权和决定权。在招标投标阶段，业主具有绝对信息优势，承包商根据业主提供的工程基本信息编制投标文件，并由业主最终决定是否中标。在合同签订阶段，业主也具有绝对优势，通过合同形式转移自身风险，将对自身威胁较大的风险因素通过合同条款的形式转移到承包商身上。在项目施工阶段，业主根据承包商的实际施工进度拨付工程进度款。

业主是风险损失的最终承担者，而且风险管理是需要成本的，这种成本的最终承受者也是业主。所以，业主对风险以及风险管理的认识和态度、对承包商和监理的管理能力和经验、对施工现场监督的程度和能力、对建设项目需要资金的及时满足能力等均是评估时应当考虑的重要风险因素。

（2）承包商

在人的因素中，承包商（又称承包人）是最重要的因素。因为承包商是建设工程项目的具体实施者。由于建设工程项目周期较长，施工过程中的不确定因素较多，一方面，由于合同的不完备性，业主很难保证在招标文件中面面俱到；另一方面，业主通常不具备专业知识，对于施工过程中的技术要求和施工规范也并不明晰。因此，对施工过程中的设计更改和新增项目，承包商会利用自身技术优势提高人工、材料和机械设备报价，以获取差价利益。业主通过签订合同的方式转移自身应承担的风险，承包商被迫签约后也会将风险继续转移到施工作业人员或原材料供应商方面，并在转移过程中提出更为苛刻的要求。承包商一旦遭遇业主拖欠建设款项行为，便极易引发资金链断裂，导致自身无力支付劳务人员工资和银行贷款，进而对银行和社会融资机构产生不利影响。

对承包商进行风险评估的关键指标是资质。国家对于承包商的资质管理有一系列的规定，旨在确保承担项目建设的承包商具有必要的能力和经验。目前，我国在工程建设单位的资质管理方面还存在一些问题，有的企业甚至采用"借用"资质证书的方式承揽建设项目。为此，在对承包商进行风险评估过程中，还应当注意了解其实际的人员、技术、设备、经验和管理等情况，判断其是否与拥有的资质标准规定相符，可以通过现场调查或与有关人员的交谈了解实际情况。在对承包商的评估过程中，同类项目的建设经验是一个重要因素，尤其是在对一些特殊项目的风险评估过程中，要加强对大型和特殊工艺的桥梁、大坝和隧道等工程建设项目的风险评估。

（3）监理

业主由于专业知识受限无法有效监管承包商的施工作业行为，因此通过监理合同形式聘请具有专业资质和专业人员的第三方监理机构代为监管，监理单位只对业主负责，代表业主在施工现场对承包商进行监督。监理单位依靠其自身的专业技能和知识服务于业主，通过委托代理关系获取服务费用，并相应地对建设工程项目施工阶段出现的监管风险承担一定的责任。

随着我国工程建设管理制度的规范和完善，工程监理的地位和作用呈现不可忽略的趋势，风险评估人员在对项目进行"人"的风险要素评估中，应注意和加强对监理单位的风险评估。世界银行在全球范围内的投资项目成功率较高的秘诀之一就是成功的监理制度。世界银行推行了一套完善和严格的工程监理制度，对于每一个贷款项目，世界银行均派出训练有素、独立的现场监理工程师，从而确保建设工程项目的质量和工期。

对监理单位风险评估的关键是技术、管理和信用。技术是指监理单位是否拥有足够的技术人员。监理人员的技术水平不仅仅是指其理论水平，更重要的是指实践经验，因为在施工现场，没有足够的经验难以发现施工过程中存在的问题，也不可能有针对性地提出改进意见，从而不可能做好监理工作。管理是指监理单位的内部管理，包括各个方面的管理，主要是其内部的制度建设和内控能力。信用是指监理单位的诚实信用程度。监理在工程建设过程中是业主和公共利益的代表，监理能否忠于职守是项目成功的关键。监理单位的信用包括两层含义：一是监理单位本身的信用；二是监理单位工作人员的信用。对监理单位进行风险评估的方法之一是了解其以往的客户（甲方）对他的评价。监理实质上是提供一种服务，在对服务工作的评价中，客户是最有发言权的，所以要了解监理单位的技术、管理和信用情况，最好的办法就是走访其以往的客户，听取他们对该监理单位工作的评价。

2. 境

建设工程风险评估中"境"的要素包括气候环境、地质环境、社会环境和法律环境。建设工程项目通常处于相对开放的场所，涉及较大的地理范围。其所处的环境本身具有许多不确定的因素，建设工程项目始终处于动态，所以建设工程项目与各种环境之间存在相互作用的关系。

（1）气候环境

气候环境因素对建设工程项目的影响最为突出。气候环境因素对工程建设项目的影响程度主要是由建设项目所处的地区和建设项目本身的特点决定的。例如，在对沿海地区建设项目风险评估中，台风就是一个重要的气候环境风险因素；而对水电站建设项目的风险评估中，雨季、洪水期则是要特别注意评价的因素。

（2）地质环境

地质环境因素对于建设工程项目的影响较大，因为大部分建设项目均会涉及基础工程，在进行基础工程的作业中，无论是开挖还是打桩，均要面临地质环境这个风险因素。特别是一些涉及大量开挖工作的建设项目，如水电站、隧道、道路和地铁等，地质环境因素的影响更大。在许多工程项目的建设过程中，对地质风险没有充分的认识，常常会导致项目建设投资超出预算、工期延长，更有甚者，造成工程出现严重的质量问题。在有些特殊的项目中，如隧道和地铁等，地下水的问题也是一个应当引起特别注意的地质环境风险因素。

（3）社会环境

社会环境因素是指建设项目所处的地区的社会环境。这种社会环境因素是一个综合因素，包括人文因素、治安因素等。建设项目是在当地的社会环境下进行的，所以，社会环境因素将对建设项目产生直接影响。如果当地的治安情况不良，就可能增加设备和物资的盗窃风险。同时，社会环境因素将对责任风险产生较大的影响。

（4）法律环境

法律环境因素是指建设项目所处的地区的法制水平，这种法律环境因素包括法律体系的完善、司法制度的公正和法律监督机制的健全。在考虑法律环境时的一个重要因素是当地居民的法制观念和意识。对于法律环境因素的评估主要从可能产生的第三者责任风险的角度出发，包括可能产生的一般侵权责任和特殊侵权责任，如环境责任。

环境风险评估的内容很广，包含整个工程项目实施过程中涉及的所有环境对象，按照"分阶段、分对象、分等级"的原则，针对设计过程、施工过程、施工完成之后等过程进行风险等级的评定，详细的建设工程环境风险评估流程如图5-4所示。

3. 物

在建设工程风险要素中，"物"主要是指项目建设过程中的劳动对象和劳动工具，包括机械设备和建筑材料。因此，在建设工程风险评估过程中，"物"不是一个物理意义上的有形的物，而是与建设项目有关的有形物和相关因素。

（1）建筑材料

在"物"的因素中，最主要的是建筑材料。评估建筑材料风险，包括建筑材料的外

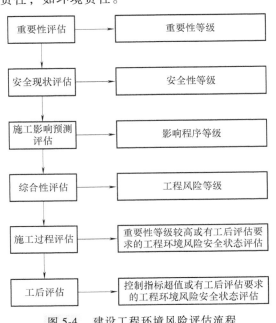

图5-4　建设工程环境风险评估流程

在风险和内在风险。外在风险是指建筑材料的运输、搬运、储存过程中的各种风险,这种风险产生的原因主要是由外部因素构成的,如盗窃风险等。内在风险是指建筑材料的自身特征形成的风险,如玻璃的易碎性和油漆的易燃性、材料价格变动等。

考虑建筑材料风险时,造价人员会着重关注材料价格对建设工程造价产生的影响。这种影响一般来自五个方面:

1) 材料自身价格对工程造价的影响。在所有的建筑安装工程中,材料费用在其中所占的比重都是非常大的。总造价费用中材料费用占比大约60%甚至70%。在安装和装饰工程中,材料费用占比甚至更高,可以达到75%。可见,材料本身费用对于工程造价的控制是极为重要的。

2) 材料价格变化对工程造价的影响。建筑材料价格上涨带来的风险是连环的。首先,材料价格上涨直接带来的影响是建设工程造价提高。其次,价格上涨后,施工单位为节约成本,一般会选择延后采购计划,等到价格降到自己所能接受的范围后,再考虑进行采购,以求得可以最大限度地降低自己的损失。在这种情况下,往往会因为没有能够及时地提供工程材料,而导致工程进度受到或多或少的影响,最终的结果可能就是,工期延误。最后,建筑材料价格上涨,增加了承包商的运营风险。在固定单价合同和固定总价合同中,承包商需要来承担价格上涨所造成的超支费用。如此,带来的后果就是:一方面使得承包商的利润空间被压缩,甚至造成亏损,从而进一步加大承包商运营风险。如果这个价格上涨到一定的幅度,可能会直接扯断承包商的资金链,从而造成拖欠工资以及破产,而建设单位会停止工程的施工,进而影响工期,间接地使工程造价被提高。另一方面,材料价格的上涨势必会带来工程造价的上涨,而工程造价上涨又势必会造成工程的总造价合同比所订的合同价格高出很多,从而会引发经济纠纷,由此而产生的各种费用,也相应地影响了工程总造价。

3) 人的因素影响建筑材料价格进而影响工程造价。缺乏集中化的材料采购模式、健全的材料管理制度都是潜在的影响建设工程造价的风险因素。采购人员对自己所需要采购的材料的质量要求以及价格了解不足,采购部门缺少专业的采购人员,临时录用的采购人员完全不能够满足工程需要,都会使得工程造价增高。

4) 不同材料的选用对工程造价的影响。选择合适的建筑材料的难度在于,需要在诸多建筑材料中,选择最优的建筑材料。所谓最优,并不是说越贵越好或是省钱就行。最优的建筑材料既需要满足工程本身的使用要求,即所建成的建筑是合格的,又能够降低工程的成本以求得最大的经济利益,同时还应该能够符合使用环境的条件。

5) 新型材料的出现对工程造价的影响。新型材料的大量出现,让建筑行业多样化发展,使得工程造价更加适用于现有的多元化建筑事业。材料费在费用主体中占比较大,使用新型材料,则会极大地影响工程造价。

总的来说,由于建筑材料在工程造价中的占比较大,因此在风险评估过程中对于建筑材料的风险应当予以足够的重视。首先,应当对建筑材料的总体情况有一个全面的了解,包括总量、结构、进场进度等。其次,对建筑材料的采购方式、采购合同条件、运输方式和条件、存放地点、仓库管理情况等进行全面的了解和掌握,特别是存放地点和条件,通常建筑材料的存放仓库属于简易建筑,一旦遇到洪水、暴雨、大风,容易导致大面积受损。最后,应当将建筑材料按照风险等级进行分类管理,将重点放在高风险的建筑材料上。应当特别关注两类建筑材料:①价值较高、通用性较强的建筑材料,这类建筑材料的主要风险是盗窃；②内在风险较高的建筑材料，如炸药、油漆等。

（2）机械设备

另一个"物"的因素是机械设备。机械设备因素包括两部分：①用于建设项目本身的机械设备，如电梯、空调、配电设备等；②在建设施工过程中使用的施工机具和设备，如切割机、卷扬机、塔式起重机等。建设项目本身的机械设备属于工程项目的组成部分，这部分"物"的风险与建筑材料的风险类似，包括外在风险和内在风险。同时，又具有一定的特殊性，主要是这些机械设备的装卸、安装和调试风险，因为这些机械设备在装卸、安装和调试过程中均受到了场地和条件的限制，属于非标准条件作业，大大增加了风险程度。

因此，在进行"物"的风险评估过程中，应当高度关注这方面的风险。评估机械设备风险的关键是作业的环境和条件，当然还包括施工人员的技术和经验。工作技术人员的整体素质对于机械设备的使用能够产生重大的影响。在一个项目施工的过程中，人是最不稳定的影响因素，如果施工现场的操作人员的专业素质参差不齐，很多人都没有经过正规培训，甚至他们自身并没有专业的技术水平，直接上岗不能按照正常的制度和规范来对机械设备进行操作，则极具风险。除此之外，很多人总是存在着侥幸心理，认为这些设备只出了一点点小问题不影响施工过程的进展，就不进行维修。这种侥幸心理造成机械设备不能够得到及时维修和更换，如果产生人员伤亡事故，会影响整个工程。

在评估机械设备风险过程中，还有一个需要特别注意的方面是机械设备采购合同。通常在采购合同中，按照不同的价格条件，对于设备的安装工作以及风险承担的规定是不同的，如：有的合同价格是"单纯设备"，即设备供应商不负责设备的安装，也不承担相关的风险；有的合同价格是"设备+技术指导"，即设备供应商虽然不负责设备的安装，但负责对设备安装的技术指导，并对其提供的指导工作承担相应的责任；还有的合同价格是"设备+安装调试"，即设备供应商不仅负责设备的安装，而且还负责设备的调试，这种合同类似"交钥匙"合同条件。在评估机械设备采购合同过程中，还需要对设备供应商提供的技术参数、安装指南、质量保证、索赔等合同条款进行认真分析和掌握，特别是在"单纯设备"的价格条件下，因为有些事故往往是由设备自身原因造成的。

5.2.2 建设工程风险评估的任务

1. 风险事件发生可能性的评估

建设工程风险评估的首要任务是评估风险事件发生的概率，并统计分析风险事件的概率分布，这是建设工程风险评估中最为重要的一项工作，通常也是最艰难的一项工作。其主要原因在于：一方面与风险事件相关的数据资料的收集工作难度比较大；另一方面是由于建设工程存在单件性或一次性，就项目本身和最终成果而言，没有与这项任务完全相同的另一项任务，且不同建设工程项目之间的差异性较大，用类似工程项目的数据推断当前工程风险事件发生的概率，其误差明显较大。一般来讲，风险事件的概率分布应当根据历史资料来确定。如果当前管理人员缺乏足够的资料来确定风险事件的概率分布，则可以利用理论概率分布来进行风险估计。

2. 风险事件后果严重程度的评估

建设工程风险评估的第二项任务是分析和估计建设工程风险事件的发生对工程目标的影响程度，即建设工程风险事件可能带来损失的大小，这些损失将对工程目标的实现造成不利影响。这些影响包括工期的延误、费用的超支、质量安全事故等。其中，进度（工期）损失的估计包括风险事件对局部工程进度影响的估计、风险事件对总体工程工期影响的估计，费用损失的估计包括一次性最大损失估算、对工程整体造成损失的估算、赶工费以及处理质量事故而增加费用的估算等。

3. 风险事件影响范围的评估

建设工程风险评估的第三项任务是对风险事件影响范围的估计，它既包括分析风险事件对当前工作和其他相关工作的影响，也包括风险事件对工程利益相关的各单位的影响。由于工程项目各作业活动既有相对的独立性，又有相互联系、相互制约的整体性，风险事件一旦发生，不仅仅会影响当前的分项工程，还可能影响到其他分项工程。此外，建设工程风险事件不仅会对业主、承包商造成影响，还会对其他利益相关者造成影响，如对监理单位的影响、社会影响等。因此，要结合风险事件的发生概率和影响程度，对所有可能受到影响的建设工程利益相关者进行全面的评估。

4. 风险事件发生时间的评估

从风险事件控制角度来说，应根据风险发生的先后顺序对其进行控制。一般来说，较早发生的风险优先控制，而较迟发生的风险应对其进行跟踪、观察，并适时进行干预，达到降低风险发生概率或减少风险损失的目的。而在建设工程的实施过程中，也可以通过合理安排或者调整工作内容的实施时间，来降低风险发生概率从而减少其带来的后果。因此对风险事件发生时间的评估，即风险事件在项目的哪个阶段、哪个环节、何时发生，也是建设工程风险评估的重要任务。

5.3 建设工程风险评估方法

在建设工程风险评估过程中科学的风险评估方法是最有效的手段，只有科学合理的评估方法才能准确评估工程项目的事故风险问题，指出关键点，做出正确的决策、避免事故发生，减少经济损失。

建设工程风险评估的方法包括风险概率评估方法和风险影响评估方法两类。

5.3.1 建设工程风险概率评估方法

（1）客观概率评估法

基于客观概率对风险进行评估就是客观概率评估。客观概率是实际发生的概率，是在大量试验和统计观察中某一随机事件在一定条件下相对出现的频率。客观概率的获得方法主要有以下两种：①将一个事件分解为若干子事件，通过计算子事件的概率来获得主要事件的概率；②通过大量的试验，统计出事件的概率。

当工程项目某些风险事件或其影响因素积累有较多的数据资料时，就可以通过对这些数据资料的整理分析，从中找出某种规律性，进而大致确定风险因素或风险事件的概率分布类型。数据资料的整理和分析就是制作频率直方图或累计频率分布图。频率直方图和累计频率分布图反映样本数据的分布规律性。如图 5-5 所示，在直角坐标系下以小矩形表示所获样本数据分组构成的区间及其对应的频率，每个小矩形上边的中点用光滑曲线相连，得到的曲线即为估计的风险密度函数曲线，根据该曲线，可找到与其形状接近的常用函数分布曲线，比如正态分布。当数据量较大时，估计的密度曲线能以很大的概率接近实际的密度曲线，即用样本的分布代替总体的分布，根据估计的密度曲线形状确定实际的分布。必要时可利用已有的实际数据对假设的分布类型进行检验。

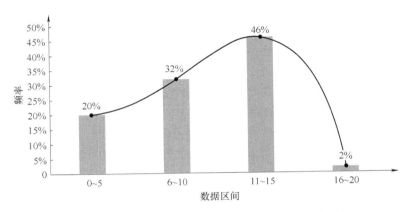

图 5-5　工程项目风险频率直方图和风险密度函数曲线

概率分布有连续型和离散型两大类。工程项目风险管理常用的连续型概率分布包括均匀分布、正态分布、指数分布、三角形分布、梯形分布、极值分布等；离散型概率分布包括二项分布、泊松分布等（如第 4 章所述）。可以根据实际情况进行概率分布类型的选择。概率分布中可得到诸如期望值、标准差、差异系数等信息，对风险估计非常有用。

在工程实践中，有些风险因素或风险事件的发生是较为普遍的现象，前人已做过了许多探索和研究，并得到了这些风险因素或风险事件的随机变化的规律，即分布的概率。对这种情况，就可利用已知的理论概率分布，根据工程的具体情况去求风险因素或风险事件发生的概率。例如，正态分布在建设工程项目风险管理的各种分布的应用中居于首位。在正常生产条件下，工程项目施工工序质量的计量值服从正态分布；土工试验得到的一些参数，如剪切强度被认为近似服从正态分布；工程项目施工工期一般也被认为是近似服从正态分布的。因此，在分析工程质量风险、地质地基风险、工期风险时，就可直接利用正态分布进行分析。

客观概率只能用于完全可重复事件，因而并不适用于大部分现实事件。客观概率评估法最大的缺点是需要足够多的信息，但通常难以获得。

（2）主观概率评估法

基于主观概率对风险进行评估就是主观概率评估。由决策者或专家对事件的概率做出一个主观估计，就是主观概率。主观概率是用较少信息量做出估计的一种方法。常用的定义是：根据对某件事是否发生的个人观点，用一个 0~1 的数来描述此事件发生的可能性，此数即称为主观概率。这种主观概率评估法并不是不切实际的胡乱猜测，而是根据合理的判断、搜集到的信息及过去长期的经验进行的估计，将过去的经验与目前的信息相结合，得出合理的估计值。通常情况下，当有效的统计数据不足或是不可能进行试验时，主观概率是唯一选择。

主观概率专家估计的具体步骤如下：

1）根据需要调查问题的性质组成专家组。专家组由熟悉该风险因素现状和发展趋势的专家、有经验的工作人员组成。

2）统计某一变量可能出现的状态数或状态范围和各种状态出现的概率或变量发生在状态范围内的概率，由每个专家独立使用书面形式反映出来。

3）整理专家组成员意见，计算专家意见的期望值和意见分歧情况，反馈给专家组。

4）专家组讨论并分析意见分歧的原因。重新独立填写变量可能出现的状态数或状态范围和各种状态出现的概率或变量发生在状态范围内的概率，如此重复进行，直至专家意见分歧程度满足要求值为止。这个过程至少经历三个循环，否则不利于获得专家的真实意见。

（3）合成概率评估法

部分采用客观概率、部分采用主观概率所进行的风险评估则为合成概率评估。通常，影响风险事件的因素较多，且具有不确定性；加之自然状态无法重复试验或试验代价过大，故关于事件发生概率的客观估计与主观估计实际上是两种极端情况，更为大量的是中间情况。这些中间情况的概率不是直接由大量试验或分析得来的，但也不是完全由某个人主观确定的，而是两者的合成。处于中间状态的概率称为合成概率。

以抛硬币为例，针对"下次抛硬币出现正面的概率是1/2"这一命题，"主观概率评估"认为：下次出现正反是等可能的。"客观概率评估"认为：这种说法不对，不重复试验就谈不上概率。"合成概率评估"认为：下次抛硬币出现正面还是反面不能确定，但可以肯定的是，要么是正面，要么是反面。

5.3.2 建设工程风险影响评估方法

根据风险评估的目的、可获得的可靠数据以及组织的决策需要，建设工程风险影响评估可以是定性评估、定量评估或综合评估。

风险的定性评估就是要确认风险的来源、确认风险的性质、估计风险的影响程度，为项目风险的定量评估提供条件。定性评估通过"高、中、低"这样的表述来界定风险事件的后果、可能性及风险等级，从宏观上对项目是否可行有一个初步的概况与了解，可以解决一些定量评估方法所不能处理的问题，以确保项目目标的实现。如将后果和可能性两者结合起来，并与定性的风险准则相比较，即可评估最终的风险等级。定性评估的操作方法可以多种多样，包括德尔菲法、核对表法、问卷调查（Questionnaire）法、访谈（Interview）法等。定性评估操作起来相对容易，但也可能因为操作者经验和直觉的偏差而使结果失准。

定量评估则可估计出风险后果及其可能性的实际数值，结合具体情境，计算产生风险等级的数值。风险量化是在风险识别的基础上，把风险损失概率、损失幅度以及其他因素综合起来考虑，分析风险可能对项目造成的影响，寻求风险对策。风险定量评估是对风险存在和发生的时间分析、风险的影响和损失分析、风险发生的可能性分析、风险的级别、风险的起因和可控性分析。风险定量评估是通过数学模型，量化风险事件发生的概率大小以及风险事件对项目的影响程度，并求出项目目标在总体风险事件作用下的概率分布。风险事件对项目的影响，一般用损失金额或拖延工期来衡量，但最终都体现在投资的增加上，即用货币衡量风险的损失值，从而使得各个风险事件的严重程度可以互相比较。

由于相关信息不够全面、缺乏数据、人为因素影响等，或是因为定量评估工作无法确保有用或没有必要，全面的定量评估未必都是可行的或值得的。在此情况下，由经验丰富的专家对风险进行半定量或者定性的分析可能已经足够有效。定性评估没有定量评估繁多的计算负担，但却要求分析者具备一定的经验和能力。常见的方法有模糊综合评价法、蒙特卡罗模拟法、贝叶斯网络法等。

综合评估是采用定性分析和定量分析相结合的评估方法，主要有事件树法、模糊综合评价法等。

下面详细介绍几种常用的建设工程风险影响评估方法。

1. 层次分析法

层次分析法（Analytic Hierarchy Process，AHP）在 20 世纪 70 年代中期由美国运筹学家塞蒂（T. L. Saaty）正式提出。它是一种定性和定量相结合的、系统化、层次化的分析方法，在经济学、管理学领域得到了广泛的应用。在建设工程风险分析中，AHP 提供了一种灵活的、易于理解的建设工程风险评估方法。AHP 可以将无法量化的风险按照大小排出顺序，把它们彼此区别开来。其本质是一种决策思维方法，将复杂的问题分解成各个组成因素，并按支配关系分组以形成有序的递阶层次结构，通过两两比较判断的方法确定每一层次中因素的相对重要性，然后在递阶层次结构中合成，得到决策因素相对于目标的重要性的总排序。

应用 AHP 进行建设工程风险影响评估的程序如图 5-6所示。

（1）建立递阶层次结构模型

在明确风险决策目标后，建立递阶层次结构模型是 AHP 中的关键一步。层次结构能够直观地反映出指标层、准则层各个因素的因果及并列关系。一般情况下把复杂的建设工程问题分解为准则层的各组成部分（如安全可行、环境影响、经济合理等）。把事件因素等按属性不同分组，形成层次结构，同一层次的元素作为准则，对子准则层的对应元素（如基坑坍塌、围护结构渗漏、支撑失稳等）起支配作用，同时受分析目标的支

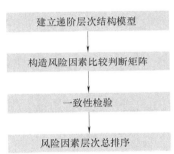

图 5-6　应用 AHP 进行建设工程风险影响评估的程序

配，从而从上至下形成了一个多级对应层次。构成经典的层次结构如图 5-7 所示。注意层次之间元素的相互关系可能随建设工程情况的变化而发生相应改变，可根据工程实际情况进行具体分析。

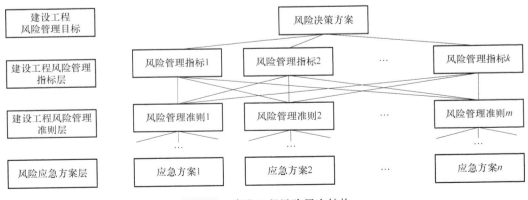

图 5-7　建设工程风险层次结构

建设工程风险层次结构能够清晰地表达建设工程风险事件的框架；所以构建层次结构时，需清晰地认识到各部分对应或并列关系。然而由于实际工程的特殊性和复杂性，简单的层次结构往往不足以解决问题，需要在经典层次结构的基础上设计复杂的结构，如循环层次结构、反馈层次结构等。

（2）构造风险因素比较判断矩阵

比较第 i 个风险因素与第 j 个风险因素相对上一层某个因素的重要性时，使用数量化的相对权重 a_{ij} 来描述。假设共有 n 个风险因素参与比较，则 $A = (a_{ij})_{n \times n}$ 称为风险因素比较判断矩阵。风险因素比较判断矩阵中 a_{ij} 的取值可参考 Satty 的提议，按表 5-11 中的标度进行赋值。a_{ij} 在 1~9 及其倒数中取值。

表 5-11　权重 a_{ij} 数值含义表

标　度	含　义
1	风险因素 i 和风险因素 j 相比，同等重要
3	风险因素 i 和风险因素 j 相比，风险因素 i 稍微重要
5	风险因素 i 和风险因素 j 相比，风险因素 i 明显重要
7	风险因素 i 和风险因素 j 相比，风险因素 i 重要
9	风险因素 i 和风险因素 j 相比，风险因素 i 极其重要
$2n$，$n = 1, 2, 3, 4$	风险因素 i 和风险因素 j 相比，风险因素 i 重要性介于 $2n-1$ 到 $2n+1$
倒数	风险因素 j 和风险因素 i 相比的重要性

（3）一致性检验

从理论上分析得到：如果 A 是完全一致的比较判断矩阵，应该有 $a_{ij} a_{jk} = a_{ik}$，$1 \leq i$，j，$k \leq n$。但实际上在构造比较判断矩阵时要求满足上述众多等式是不可能的。因此退而要求比较判断矩阵有一定的一致性，即可以允许比较判断矩阵存在一定程度的不一致性。由分析可知，对完全一致的比较判断矩阵，其绝对值最大的特征值等于该矩阵的维数。对比较判断矩阵 A 的一致性要求转化为要求：A 的绝对值最大的特征值和该矩阵的维数相差不大。

检验风险因素比较判断矩阵 A 一致性的步骤如下：

1）计算 A 的最大特征值 λ_{max}。

2）计算一致性指标 CI。

$$CI = \frac{\lambda_{max} - n}{n - 1} \tag{5-1}$$

理论上可证明，对具有比较判断矩阵的特点的风险矩阵，其最大特征值必大于风险矩阵阶数 n，故 CI 必为非负数；CI 越大，A 的不一致性越严重。

3）查表求得平均随机一致性标准指标 RI（表 5-12）。

表 5-12　比较判断矩阵平均随机一致性指标

阶数	1	2	3	4	5	6	7	8	9	10
RI	0	0	0.52	0.89	1.12	1.26	1.36	1.41	1.46	1.49

4）计算一致性比率 CR。

$$CR = \frac{CI}{RI} \qquad\qquad (5\text{-}2)$$

当 $CR < 0.1$ 时，判定比较判断矩阵 A 具有满意的一致性，或其不一致程度是可以接受的；否则就调整 A，直到达到满意的一致性为止。

（4）风险因素层次总排序

计算所有风险因素相对于建设工程风险管理目标的相对权重，即得出单个风险因素的权重后，由上而下将上一层次的权重作为权数，进行单个风险因素的加权求和，然后进行各风险因素权重总排序。在决策时，要先计算各建设工程风险管理方案的总得分，按总得分决定取舍。计算总得分的方法与通常的打分评比的方法类似，计算下一层风险因素在各风险管理准则项上的得分，再按各风险管理准则项在总风险管理目标中的权重求总。

下面以建设工程项目造价风险评估为例，详细说明层次分析法在建设工程风险评估中的应用。

案例 5-1　建设工程项目造价风险评估

本建设项目地下 4 层，塔楼地上 23 层（局部 21 层），裙房地上 5 层，工程建设总用地面积 $6599m^2$，总建筑面积 $41026.6m^2$（含地上 $26385.56m^2$、地下 $14641m^2$），其中：办公 $23045.14m^2$、实验用房 $3340.42m^2$、地下车库 $1441.04m^2$。停车位 256 个（含地下 241 个），容积率 4.0、建筑密度 26.24%、绿地率 25.51%。工程概算总投资为 25006.44 万元。

首先利用头脑风暴法对本项目进行风险识别：

1）首先对工程部、计划财务部、安全质量部、造价部、风控部等部门负责人进行调查，根据以往项目的经验，分别罗列出项目可能会产生的风险。

2）将罗列出来的造价风险进行整理，编写调查问卷，进行专家调研。

3）对调查问卷的结果进行归纳整理，尤其是将专家给出的建议中所提到的风险提炼出来，删掉几乎没可能以及不太可能出现的风险，将非常可能以及可能出现的风险和专家归纳的风险整合在一起，得到初步的风险清单。

4）根据初步得到的风险清单，对专家学者进行第二次调研，以保证各位专家对识别出来的风险因素达到一致认同，得到最终的风险清单。

5）第二次调研采用打分法的方式，分别对各个风险因素发生的概率进行打分。

通过第二次调研，最终判定得出了 17 个风险因素，并根据各自发生的阶段进行归纳，最终得到如表 5-13 所示的风险清单。

表 5-13　建设工程项目造价风险清单

目　　标	阶　　段	风 险 因 素
造价风险评估	M1 决策阶段	M11 项目区位的设计技术风险
		M12 建设标准的选择
		M13 项目规模
		M14 资金筹措

133

（续）

目　标	阶　段	风 险 因 素
造价风险评估	M2 设计阶段	M21 设计技术风险 M22 勘察数据不全面及错误 M23 设计概算、施工图预算编制
	M3 施工阶段	M31 施工现场条件 M32 施工质量 M33 施工管理方面 M34 违背建设程序 M35 人机价格上涨 M36 工期延误 M37 自然灾害 M38 设计变更
	M4 竣工阶段	M41 竣工决算 M42 竣工结算

在造价风险清单的基础上，构建递阶层次结构模型。通过专家打分法确定风险因素比较判断矩阵，见表 5-14。

表 5-14　风险因素比较判断矩阵

M	M1	M2	M3	M4
M1	1	1/5	1/5	1/3
M2	5	1	1	3
M3	5	1	1	3
M4	3	1/3	1/3	1

归一化处理后，得风险因素比较判断矩阵：

$$A = \begin{pmatrix} 0.0714 & 0.0789 & 0.0789 & 0.0455 \\ 0.3571 & 0.3947 & 0.3947 & 0.4091 \\ 0.3571 & 0.3947 & 0.3947 & 0.4091 \\ 0.2143 & 0.1316 & 0.1316 & 0.1364 \end{pmatrix} \tag{5-3}$$

对 A 中各行元素求平均数，得到最大特征根的归一化向量：

$$W = \begin{pmatrix} 0.0687 & 0.3889 & 0.3889 & 0.1535 \end{pmatrix}^T \tag{5-4}$$

进而求得最大特征值 $\lambda_{max} = 4.0439$。分别计算 $CI = 0.0146$，$CR = 0.0162 < 0.1$，具有可靠性。

接下来，对项目各阶段造价风险进行评估。

（1）决策阶段造价风险评估

根据专家打分结果，构建决策阶段风险因素比较判断矩阵，见表5-15。

表5-15　决策阶段风险因素比较判断矩阵

M1	M11	M12	M13	M14
M11	1	3	3	4
M12	1/3	1	3	3
M13	1/3	1/3	1	3
M14	1/4	1/3	1/3	1

同理，归一化处理后得比较判断矩阵：

$$A_1 = \begin{pmatrix} 0.5217 & 0.6429 & 0.4091 & 0.3636 \\ 0.1739 & 0.2143 & 0.4091 & 0.2727 \\ 0.1739 & 0.0714 & 0.1364 & 0.2727 \\ 0.1304 & 0.0714 & 0.0455 & 0.0909 \end{pmatrix} \tag{5-5}$$

对A_1中各行元素求平均数，得到最大特征根的归一化向量：

$$W_1 = \begin{pmatrix} 0.4843 & 0.2675 & 0.1636 & 0.0846 \end{pmatrix}^T \tag{5-6}$$

进而求得最大特征值$\lambda_{max} = 4.2423$。分别计算$CI = 0.0807$，$CR = 0.0897 < 0.1$，具有可靠性。

（2）设计阶段造价风险评估

根据专家打分结果，构建设计阶段风险因素比较判断矩阵，见表5-16。

表5-16　设计阶段风险因素比较判断矩阵

M2	M21	M22	M23
M21	1	1/2	3
M22	2	1	7
M23	1/3	1/7	1

同理，归一化处理后得比较判断矩阵：

$$A_2 = \begin{pmatrix} 0.3000 & 0.3043 & 0.2727 \\ 0.6000 & 0.6087 & 0.6364 \\ 0.1000 & 0.0870 & 0.0909 \end{pmatrix} \tag{5-7}$$

对A_2中各行元素求平均数，得到最大特征根的归一化向量：

$$W_2 = \begin{pmatrix} 0.2924 & 0.6150 & 0.0926 \end{pmatrix}^T \tag{5-8}$$

进而求得最大特征值$\lambda_{max} = 3.0026$。分别计算$CI = 0.0013$，$CR = 0.0022 < 0.1$，具有可靠性。

（3）施工阶段造价风险评估

根据专家打分结果，构建施工阶段风险因素比较判断矩阵，见表5-17。

表 5-17　施工阶段风险因素比较判断矩阵

M3	M31	M32	M33	M34	M35	M36	M37	M38
M31	1	1	1/5	1/5	1/5	1/5	1/3	1/7
M32	1	1	1/5	1/5	1/5	1/5	1/3	1/7
M33	5	5	1	1	1	1	3	1/3
M34	5	5	1	1	1	1	3	1/5
M35	5	5	1	1	1	1	3	1/3
M36	5	5	1	1	1	1	3	1/5
M37	3	3	1/3	1/3	1/5	1/3	1	1/7
M38	7	7	3	5	3	5	7	1

同理，归一化处理后得比较判断矩阵：

$$A_3 = \begin{pmatrix} 0.0313 & 0.0357 & 0.0259 & 0.0205 & 0.0263 & 0.0205 & 0.0147 & 0.0573 \\ 0.0313 & 0.0357 & 0.0259 & 0.0205 & 0.0263 & 0.0205 & 0.0147 & 0.0573 \\ 0.1563 & 0.1786 & 0.1293 & 0.1027 & 0.1316 & 0.1027 & 0.1324 & 0.1336 \\ 0.1563 & 0.1786 & 0.1293 & 0.1027 & 0.1316 & 0.1027 & 0.1324 & 0.0802 \\ 0.1563 & 0.0357 & 0.1293 & 0.1027 & 0.1316 & 0.1027 & 0.2206 & 0.1336 \\ 0.1563 & 0.1786 & 0.1293 & 0.1027 & 0.1316 & 0.1027 & 0.1324 & 0.0802 \\ 0.0938 & 0.1071 & 0.0431 & 0.0342 & 0.0263 & 0.0342 & 0.0441 & 0.0573 \\ 0.2188 & 0.2500 & 0.3879 & 0.5137 & 0.3947 & 0.5137 & 0.3088 & 0.4008 \end{pmatrix} \quad (5-9)$$

对 A_3 中各行元素求平均数，得到最大特征根的归一化向量：

$$W_3 = (0.0290 \quad 0.0290 \quad 0.1334 \quad 0.1267 \quad 0.1267 \quad 0.1267 \quad 0.0550 \quad 0.3736)^{T} \quad (5-10)$$

进而求得最大特征值 $\lambda_{max} = 8.2259$。分别计算 $CI = 0.03$，$CR = 0.0213 < 0.1$，具有可靠性。

（4）竣工阶段造价风险评估

根据专家打分结果，构建竣工阶段风险因素比较判断矩阵，见表 5-18。

表 5-18　竣工阶段风险因素比较判断矩阵

M4	M41	M42
M41	1	3
M42	1/3	1

同理可求得一致性指标 < 0.1，具有可靠性。

资料来源：杜佩芸 . S 建设项目工程造价风险管理研究［D］. 重庆理工大学，2018.（经编辑加工）。

层次分析法提供了一种分析问题的基本思路方法，运用层次分析法能够解决比较简单的工程问题，对于更复杂的决策问题，需要根据实际情况加以改善。

随着工程项目的不断升级，工程项目结构以及采用的新技术、新方法越来越复杂，简单的层次分析法已不能满足实际工程需要。面对此种情况，部分学者对层次分析法进行了改进，提出通过使用排序和秩、标度构造法等方法改善比较判断矩阵。

改进的层次分析法关键在于解决较为烦琐的一致性检验，找到一种既合理又准确的比较方法。九标度法用于层次单排序，孤立地进行两两比较不具有传递性，且在构建判断矩阵过程中会出现最大特征根可以是任一列的特征向量，造成多余计算以及进行重要程度赋值前后不一致的现象，由此需要进行一致性检验，再进行相关调整。而改进的层次分析法会从判断矩阵方面入手，部分学者采用过最优传递矩阵法或三标度法代替九标度法，使得指标因素两两比较时具有更好的传递性，以及避免了九标度法权重赋值不合理或差距过大造成的判断矩阵不一致。

2. 模糊综合评价法

模糊综合评价法是模糊数学在实际工作中的一种应用方式。模糊数学是美国控制论专家扎德（Lotfi A. Zadeh）教授于 1965 年提出的，用"隶属函数"来描述现象差异的中间过渡，从而突破了经典集合论中属于或不属于的绝对关系。现如今，模糊数学已被广泛用于自然科学、社会科学和管理科学各个领域。事实上，在建设工程风险评估实践中，许多事件的风险程度是难以精确描述的，如风险水平高、技术先进、资源充分等，"高""先进""充分"等均属于边界不清晰的概念，即模糊概念。模糊数学的基本思想就是：用精确的数学手段对现实世界中大量存在的模糊概念和模糊现象进行描述、建模，以达到对其进行恰当处理的目的。

模糊综合评价就是按照制定的评价准则，综合诸多因素，对评价对象的优劣进行评比、判断。该评价方法根据模糊数学的隶属度理论，把定性评价转化为定量评价，即用模糊数学对受到多种因素制约的事物或对象做出一个总体的评价。采用模糊综合评价法进行风险评价的基本思路是：综合考虑所有风险因素的影响程度，并设置权重区别各因素的重要性，通过构造数学模型，推算出风险的各种可能性程度，其中可能性程度值高者为风险水平的最终确定值。

模糊综合评价，视评价对象的复杂程度，可以分为一级模糊综合评价和多级模糊综合评价。下面介绍一级模糊综合评价，一般步骤如下：

1）确定评价因素集（U）。根据评价对象的特点，设计出影响评价目标的因素集。为便于权重分配和评议，可以按评价因素的属性将评价因素分成若干类，把每一类都视为单一评价因素，并称之为第一级评价因素。第一级评价因素可以设置下属的第二级评价因素（例如，第一级评价因素"商务"可以有下属的第二级评价因素：交货期、付款条件和付款方式等）。如此类推。

2）确定评价集（V）。评价等级是对评价事物所划分的评语等级，可以用"好""一般""差"或者"优秀""合格""不及格"等定性语言表达。

3）建立权重集（W）。确定各个因素的权重系数，各个评价因素对评价目标的影响大小用系数大小可以直观体现。所有权重系数共同构成权重集，满足归一性和非负性。权重W_i也可以看作各个影响因素对"重要性"的隶属程度。

4）单因素模糊评判。先用一个因素进行评价，以确定评价对象对各种评价结果即评价集元素的隶属程度。例如，对评价因素集中第 i 个因素U_i进行评价，评价结果对评价集中第 j 个元素V_j的隶属度为r_{ij}，则单因素评判集$R_i = \{r_{i1}, r_{i2}, \cdots, r_{in}\}$。全部因素评判集为行组成单因素评判矩阵：

$$R = \begin{pmatrix} r_{11} & r_{12} & \cdots & r_{1n} \\ r_{21} & r_{22} & \cdots & r_{2n} \\ \cdots & \cdots & & \cdots \\ r_{m1} & r_{m2} & \cdots & r_{mn} \end{pmatrix} \tag{5-11}$$

称单因素评判矩阵 R 为从 U 到 V 的模糊关系矩阵。

5）多因素综合评价。所谓模糊综合评价，就是要综合考虑所有因素的影响，从而得到正确的评价结果。在单因素评判矩阵 R 中，不难看出 R 的第 i 行表示第 i 个因素影响评价对象所取的各个评价集元素的隶属程度，而 R 的第 j 列表示所有因素影响评价对象取第 j 个评价集元素的隶属程度。所以，R 中每列元素的和 $R_j = \sum_{i=1}^{m} r_{ij}$（$j = 1, 2, \cdots, n$）就是表示所有因素的综合影响。通过对不同因素赋予不同的权重 W_i，便合理地反映了所有因素的综合影响。

从因素集 U 到评价集 V 的模糊变换

$$B = WR \tag{5-12}$$

就表示对评价对象的模糊综合评价结果。

6）确定评价结果。

下面以一个公路 BOT 项目风险评估为例，进行详细说明。

案例 5-2　某公路 BOT 项目风险评价

某城市为加强基础设施建设，政府部门准备将 A—B 段之间的公路采用 BOT 的模式筹建。目前政府部门已经初步同意与 M 公司合作建造 A—B 段之间的公路。M 是一家隶属加拿大的公司。协议有关内容大致包括以下几条内容：①M 公司负责在 2008 年 12 月 31 日之前建成 A—B 段之间的公路。②从 2009 年 1 月 1 日起到 2029 年的 20 年间的 A—B 段公路的运营权由 M 公司负责，M 公司可以在此期间收回成本，偿还贷款，并获得盈利。③2030 年 1 月 1 日起，M 公司无偿将 A—B 段之间的公路交由政府管理。

由于采用 BOT 模式筹建项目不仅投资回收周期长，涉及的利益方众多，而且风险大，M 公司在签订正式的 BOT 协议前，准备先对该 BOT 项目的风险进行评价，以此来决定是否签订协议。首先通过风险识别，构造该公路 BOT 项目的风险评价体系，如图 5-8 所示。

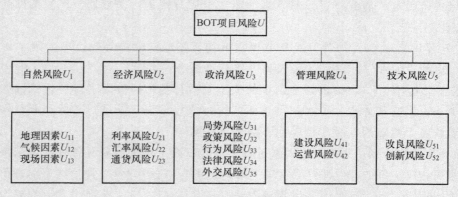

图 5-8　BOT 项目风险评价

按照模糊综合评价的步骤对该 BOT 项目的风险进行评估。将该项目的总目标确定为 BOT 项目风险 U，构成 U 的一级子因素为自然风险、政治风险、经济风险、管理风险、技术风险五个，即 $U = \{U_1, U_2, U_3, U_4, U_5\}$。以此类推确定一级风险因素的子风险因素，即 $U_1 = \{U_{11}, U_{12}, U_{13}\}$，$U_2 = \{U_{21}, U_{22}, U_{23}\}$，…，评价集 $V = \{1, 2, 3, 4, 5\}$，其中 1、2、3、4、5 分别表示：风险非常小、风险比较小、风险中等、风险比较大、风险非常大。

构造关于各个一级子因素的评判矩阵。针对该 BOT 项目的风险，经专家对影响该项目的各个要素进行风险评价，得到如表 5-19 所示的风险评价结果。其中，P_i（$i=1$，2，3，4，5）表示对某一元素做出某一级评价的专家。

表 5-19 BOT 项目风险评价结果

专家	自然风险 U_1			经济风险 U_2			政治风险 U_3					管理风险 U_4		技术风险 U_5	
	U_{11}	U_{12}	U_{13}	U_{21}	U_{22}	U_{23}	U_{31}	U_{32}	U_{33}	U_{34}	U_{35}	U_{41}	U_{42}	U_{51}	U_{52}
P_1	2	1	1	1	2	3	3	1	1	2	1	2	2	2	5
P_2	1	3	3	1	3	5	1	3	3	3	4	1	3	3	2
P_3	1	2	2	3	1	4	2	2	3	3	4	1	1	3	4
P_4	2	1	1	1	1	3	4	4	2	2	1	3	1	3	5
P_5	1	2	1	1	2	3	2	3	4	1	2	2	3	2	3

对评价对象建立模糊判断矩阵 $\boldsymbol{R}$

$$\boldsymbol{R} = \begin{pmatrix} r_{11} & r_{12} & \cdots & r_{1m} \\ r_{21} & r_{22} & \cdots & r_{2m} \\ \vdots & \vdots & & \vdots \\ r_{n1} & r_{n2} & \cdots & r_{nm} \end{pmatrix} \tag{5-13}$$

其中，r_{ij}（$i=1$，2，…，n，$j=1$，2，…，m）表示评价对象在第 i 个指标上，对它做出第 j 等级评价的人数占全部测评人数的百分比。例如：自然风险的模糊评判矩阵 $\boldsymbol{R}_{自然}$ 中的第一个数字 0.6 表示对地理因素 U_{11} 做出风险非常小（即打分为 1）的评价的专家数量占比。因此，由表 5-19 可得如下关于各个因素的模糊评判矩阵。

$$\boldsymbol{R}_{自然} = \begin{pmatrix} 0.6 & 0.4 & 0 & 0 & 0 \\ 0.4 & 0.4 & 0.2 & 0 & 0 \\ 0.6 & 0.2 & 0.2 & 0 & 0 \end{pmatrix} \tag{5-14}$$

$$\boldsymbol{R}_{经济} = \begin{pmatrix} 0.8 & 0 & 0.2 & 0 & 0 \\ 0.4 & 0.4 & 0.2 & 0 & 0 \\ 0 & 0 & 0.4 & 0.4 & 0.2 \end{pmatrix} \tag{5-15}$$

$$\boldsymbol{R}_{政治} = \begin{pmatrix} 0.2 & 0.4 & 0.2 & 0.2 & 0 \\ 0.2 & 0.2 & 0.4 & 0.2 & 0 \\ 0.2 & 0.4 & 0.2 & 0.2 & 0 \\ 0.4 & 0 & 0.6 & 0 & 0 \\ 0 & 0.6 & 0 & 0.4 & 0 \end{pmatrix} \tag{5-16}$$

$$R_{管理} = \begin{pmatrix} 0.4 & 0.4 & 0.2 & 0 & 0 \\ 0.4 & 0.2 & 0.4 & 0 & 0 \end{pmatrix} \qquad (5-17)$$

$$R_{技术} = \begin{pmatrix} 0 & 0.4 & 0.6 & 0 & 0 \\ 0 & 0.2 & 0.4 & 0.2 & 0.2 \end{pmatrix} \qquad (5-18)$$

基于该 BOT 项目风险的影响因素错综复杂，并且对评价对象的影响很难量化，故采用层次分析法对各风险因素的权重加以确定。首先构造一级影响因素的比较判断矩阵，并按照前述层次分析法的求解思路求得各项一级影响因素的权重，见表 5-20。

表 5-20　一级影响因素比较判断矩阵

	U_1	U_2	U_3	U_4	U_5	权　重
U_1	1	1/3	1	5	1/3	0.15
U_2	3	1	5	5	2	0.42
U_3	1/5	1/5	1	5	1/2	0.14
U_4	1/5	1/5	1/5	1	1/3	0.05
U_5	3	1/2	2	3	1	0.24

按照上述层次分析法求解过程，最终求得最大特征值 $\lambda_{max} = 5.2$。分别计算 CI = 0.05，CR = 0.0046<0.1，具有可靠性。故可将该特征值作为权重向量。

同理，可得二级风险因素层的各个风险的风险因素比较判断矩阵，见表 5-21、表 5-22、表 5-23、表 5-24 和表 5-25。经检验，各风险因素均符合一致性要求。

表 5-21　自然风险影响因素比较判断矩阵

U_1	U_{11}	U_{12}	U_{13}	权　重
U_{11}	1	1/5	1/3	0.12
U_{12}	5	1	1/2	0.38
U_{13}	3	2	1	0.50

表 5-22　经济风险影响因素比较判断矩阵

U_2	U_{21}	U_{22}	U_{23}	权　重
U_{21}	1	2	2	0.49
U_{22}	1/2	1	2	0.31
U_{23}	1/2	1/2	1	0.19

表 5-23　政治风险影响因素比较判断矩阵

U_3	U_{31}	U_{32}	U_{33}	U_{34}	U_{35}	权　重
U_{31}	1	4	3	5	3	0.44
U_{32}	1/4	1	3	3	3	0.24
U_{33}	1/3	1/3	1	2	2	0.14
U_{34}	1/5	1/3	1/2	1	1	0.08
U_{35}	1/3	1/3	1/2	1	1	0.09

表 5-24 管理风险影响因素比较判断矩阵

U_4	U_{41}	U_{42}	权 重
U_{41}	1	4	0.8
U_{42}	1/4	1	0.2

表 5-25 技术风险影响因素比较判断矩阵

U_5	U_{51}	U_{52}	权 重
U_{51}	1	3	0.75
U_{52}	1/3	1	0.25

根据上述计算结果进行模糊综合评价。首先进行一级风险因素的单因素评价：

$$\boldsymbol{R}_{自然} = (0.12 \quad 0.38 \quad 0.50) \begin{pmatrix} 0.6 & 0.4 & 0 & 0 & 0 \\ 0.4 & 0.4 & 0.2 & 0 & 0 \\ 0.6 & 0.2 & 0.2 & 0 & 0 \end{pmatrix}$$

$$= (0.52 \quad 0.3 \quad 0.18 \quad 0 \quad 0) \tag{5-19}$$

$$\boldsymbol{R}_{经济} = (0.49 \quad 0.31 \quad 0.19) \begin{pmatrix} 0.8 & 0 & 0.2 & 0 & 0 \\ 0.4 & 0.4 & 0.2 & 0 & 0 \\ 0 & 0 & 0.4 & 0.4 & 0.2 \end{pmatrix}$$

$$= (0.52 \quad 0.12 \quad 0.24 \quad 0.08 \quad 0.04) \tag{5-20}$$

$$\boldsymbol{R}_{政治} = (0.44 \quad 0.24 \quad 0.14 \quad 0.08 \quad 0.09) \begin{pmatrix} 0.2 & 0.4 & 0.2 & 0.2 & 0 \\ 0.2 & 0.2 & 0.4 & 0.2 & 0 \\ 0.2 & 0.4 & 0.2 & 0.2 & 0 \\ 0.4 & 0 & 0.6 & 0 & 0 \\ 0 & 0.6 & 0 & 0.4 & 0 \end{pmatrix}$$

$$= (0.2 \quad 0.33 \quad 0.26 \quad 0.2 \quad 0) \tag{5-21}$$

$$\boldsymbol{R}_{管理} = (0.80 \quad 0.20) \begin{pmatrix} 0.4 & 0.4 & 0.2 & 0 & 0 \\ 0.4 & 0.2 & 0.4 & 0 & 0 \end{pmatrix}$$

$$= (0.4 \quad 0.36 \quad 0.24 \quad 0 \quad 0) \tag{5-22}$$

$$\boldsymbol{R}_{技术} = (0.75 \quad 0.25) \begin{pmatrix} 0 & 0.4 & 0.6 & 0 & 0 \\ 0 & 0.2 & 0.4 & 0.2 & 0.2 \end{pmatrix}$$

$$= (0 \quad 0.36 \quad 0.56 \quad 0.04 \quad 0.04) \tag{5-23}$$

再进行二级模糊综合评价：

$$\boldsymbol{R} = (0.15 \quad 0.42 \quad 0.14 \quad 0.05 \quad 0.24) \begin{pmatrix} 0.52 & 0.3 & 0.18 & 0 & 0 \\ 0.52 & 0.12 & 0.24 & 0.08 & 0.04 \\ 0.2 & 0.33 & 0.26 & 0.2 & 0 \\ 0.4 & 0.36 & 0.24 & 0 & 0 \\ 0 & 0.36 & 0.56 & 0.04 & 0.04 \end{pmatrix}$$

$$= (0.34 \quad 0.25 \quad 0.31 \quad 0.07 \quad 0.03) \tag{5-24}$$

由计算结果可知项目风险对于评语集 $V = \{1, 2, 3, 4, 5\}$ 的隶属度分别为 0.34、0.25、

0.31、0.07、0.03，所以该 BOT 项目的风险为 $B = 0.34 \times 1 + 0.25 \times 2 + 0.31 \times 3 + 0.07 \times 4 + 0.03 \times 5 = 2.2$，经分析知风险介于风险比较小和风险中等之间，并且靠近风险比较小，所以该 BOT 项目的风险比较小。

资料来源：王军，王晓艳．BOT 项目风险管理探究：基于模糊综合评判模型 [J]．价值工程，2013，32（3）：121-123.（经编辑加工）。

3. 作业条件危险性评价法

作业条件危险性评价法，又称 LEC 法，由美国的格雷厄姆（K.J. Graham）和金尼（G.F. Kinnly）提出，是对可能存在不安全状态的环境中的危险源进行半定量安全评价的方法。它是一种简单易行的评价作业人员在可能存在不安全状态环境中作业时的危害性和危险性的方法。该评价方法用与系统风险有关的三种因素指标值之积来评估作业人员伤亡风险的大小，三种因素分别是：L——事故发生的可能性；E——作业人员暴露于危险环境中的频繁程度；C——事故发生可能造成的后果。通常的做法是，给 L、E、C 确定不同的值，以三者相乘结果值 D 来评价作业条件各个危险源的危险性大小，即 $D = LEC$。结果越大说明危险性越大，需要采取一定的措施来降低风险。

作业条件危险性评价法的一般步骤如下：

1）以类比作业条件比较为基础，由熟悉作业条件的人员组成评价小组。

2）由评价小组成员按照规定标准给 L、E、C 分别打分赋值，取三组分值集的平均值作为 L、E、C 的计算分值，用计算的危险性分值 D 来评估作业条件的危险性等级，即风险等级。

LEC 法的核心在于 L、E、C 三方面的赋值标准。

（1）事故发生的可能性的赋值标准

事故或危险事件发生的可能性与其实际发生的概率相关。若用概率来表示，则绝对不可能发生的概率为 0；而必然发生的事件，其概率为 1。但在考察一个系统的危险性时，绝对不可能发生事故是不确切的，即概率为 0 的情况不确切。所以，将实际上不可能发生的情况作为打分的参考点，赋值为 0.1。此外，在实际生产条件中，事故或危险事件发生的可能性范围非常广泛，因而人为地将完全意料之外、极少可能发生的情况规定为 1；能预料将来某个时候会发生事故的赋值 10；在这两者之间再根据可能性的大小相应地确定几个中间值，如将"可能，但不经常"的赋值为 3；"相当可能"的赋值为 6。同样，在 0.1 与 1 之间也插入了与某种可能性对应的分值。于是，将事故或危险事件发生可能性的赋值从实际上不可能的事件为 0.1，经过完全意外有极少可能的赋值 1，到完全会被预料到的赋值 10 为止，见表 5-26。

表 5-26　事故发生可能性的赋值标准

赋　值	事故发生的可能性（L）
10	完全会被预料到
6	相当可能
3	可能，但不经常
1	完全意外，极少可能
0.5	可以设想，很不可能
0.2	极不可能
0.1	实际上不可能

（2）作业人员暴露于危险环境中的频繁程度的赋值标准

众所周知，作业人员暴露于危险作业条件的次数越多、时间越长，则受到伤害的可能性也就越大。为此，格雷厄姆和金尼规定了连续出现在潜在危险环境的暴露频率赋值为10，一年仅出现几次非常稀少的暴露频率的赋值为1。以10和1为参考点，再在其区间根据在潜在危险作业条件中暴露情况进行划分，并对应地确定其分值。例如，每月暴露一次的分值为2，每周一次或偶然暴露的分值为3。当然，根本不暴露的分值应为0，但这种情况实际上是不存在的，是没有意义的，因此无须列出。关于暴露于危险环境中的频繁程度的赋值标准见表5-27。

表 5-27　暴露于危险环境中的频繁程度的赋值标准

赋　值	暴露于危险环境中的频繁程度（E）
10	连续暴露
6	每天工作时间内暴露
3	每周一次或偶然暴露
2	每月暴露一次
1	每年几次暴露
0.5	非常罕见地暴露

（3）事故发生可能造成的后果的赋值标准

造成事故或危险事故的人身伤害或物质损失可在很大范围内变化，以工伤事故而言，可以从轻微伤害到许多人死亡，其范围非常宽广。因此，格雷厄姆和金尼需将要救护的轻微伤害的可能结果赋值为1，以此为一个基准点；而将造成10人以上死亡的可能结果赋值为100，作为另一个参考点。在两个参考点1~100之间，插入相应的中间值，列出表5-28所示的赋值标准。

表 5-28　事故发生可能造成的后果的赋值标准

赋　值	事故发生可能造成的后果（C）
100	10人以上死亡
40	数人死亡
15	1人死亡
7	严重伤残
3	有伤残
1	轻微伤害，需救护

（4）危险性等级赋值标准

由经验可知，危险性分值在20以下的环境属低危险性，一般可以被人们接受，这样的危险性比骑自行车通过拥挤的马路去上班之类的日常生活活动的危险性还要低。当危险性分值在20~70时，则需要加以注意。危险性分值为70~160的情况时，则有显著的危险，需要采取措施进行整改；同样，危险性分值在160~320的作业条件属高度危险的作业条件，必须立即采取措施进行整改。危险性分值在320以上时，则表示该作业条件极其危险，应该立即停止作业直到作业条件得到改善为止，详见表5-29。

表 5-29　危险性等级赋值标准

赋　　值	危险等级
≥320	极度危险，不能继续作业
160~320	高度危险，需要立即整改
70~160	显著危险，需要整改
20~70	一般危险，需要注意
<20	稍有危险，可以接受

下面以高处焊接作业风险评估和台州湾特大桥施工风险评估为例进行详细说明。

案例 5-3　高处焊接作业风险评估

根据表5-30，可得未穿工作服、未戴绝缘手套、未戴口罩为一般危险；未系安全带、未戴安全帽、无工作平台、电焊火花为显著危险。

表 5-30　高处焊接作业风险评估表

序号	作业场所	作业活动	风险因素	可能导致的事故	风险评价（LEC法）			
					L	E	C	D
1	某施工场地	高处焊接作业	未穿工作服	其他伤害（灼烫）	6	3	3	54
2			未戴绝缘手套	触电	6	3	3	54
3			未系安全带	高处坠落	6	3	7	126
4			未戴安全帽	碰伤	6	3	7	126
5			无工作平台	高处坠落	6	3	7	126
6			未戴口罩	尘肺病、锰中毒	3	3	3	27
7			电焊火花	火灾、烫伤	6	3	7	126

资料来源：作业条件危险性评价（LEC法）及举例，百度文库，https：//wenku.baidu.com/view/efa15d4569d97f192279168884868762cbaebb57.html，获取日期：2021-02-12.（经编辑加工）。

案例 5-4　台州湾特大桥施工风险评估

台州湾特大桥为台州湾大桥及接线工程的控制性工程，本案例主要研究通航孔桥和非通航孔桥节段拼装段。通航孔桥采用主跨488m双塔双索面叠合梁斜拉桥方案，H形塔，长948m，桥跨布置85m+145m+488m+145m+85m。非通航孔桥采用60m跨径预应力混凝土连续箱梁（节段拼装），北侧非通航孔桥全长1200m，南侧非通航孔桥全长1500m。相关情况如图5-9和图5-10所示。

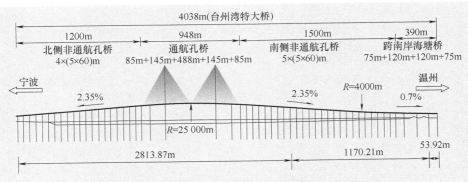

图 5-9　台州湾特大桥桥跨布置图

图 5-10　台州湾特大桥示意图

本工程计划总工期 42 个月。根据项目管理的需要，共布置三处施工用地，即南岸、北岸项目部和预制场项目部。预制场项目部设置在三门县，叠合梁和节段梁过外海运输到桥位作业处，全程约 43km。主要施工工艺简介见表 5-31。

表 5-31　台州湾特大桥施工工艺简介

施工部位	施工工艺
临时工程——栈桥及水中平台	台州湾特大桥采用全栈桥方式进行海上工程施工，施工期间预留一个主通航孔双向通航
桥梁桩基础	本标段桥梁跨越椒江入海口海域范围，因此需要搭设栈桥和水上施工平台。桩基上部均设计有一定长度的钢护筒，护筒穿越软土层并参与桩基受力 桩基施工主要工序如下：下钢护筒——钻孔作业——钢筋笼制作及吊放——混凝土灌注——摩擦桩桩端后注浆
承台	台州湾特大桥承台施工采用三种方式：钢套箱施工、钢板桩围堰施工和常规基坑开挖施工
墩身及盖梁	墩身（$h<8m$）采用落地脚手架一次性立模施工法，高墩墩身（$h>8m$）采用落地脚手架翻模施工法。钢筋混凝土盖梁采用支架或托架法立模浇筑施工 墩身主要施工工序如下：搭设脚手架施工平台——钢筋加工及安装——模板加工及安装（大块定型钢模）——混凝土浇筑施工

（续）

施工部位		施工工艺
索塔		索塔为 H 形混凝土塔身，由下、中、上塔柱以及索塔上、下横梁等构件组成，索塔塔柱总高 169.5m。塔座及下塔柱施工时安装塔式起重机、电梯，塔座及起步阶段采用搭设支架立模浇筑施工，其余采用液压爬模分段施工，横梁采用支架分层浇筑 塔座主要施工工序为：钢筋加工及安装——模板加工及安装——混凝土浇筑 中、下塔柱主要施工工序为：液压爬模安装——钢筋加工及安装——混凝土浇筑 上、下横梁主要施工工序为：支架安装及预压——钢筋加工及安装——模板加工及安装——混凝土浇筑——预应力加工及张拉 上塔柱主要施工工序为：液压爬模安装——钢筋加工及安装——钢锚梁制作及安装——混凝土浇筑——预应力加工及安装
上部结构	叠合梁、斜拉索	通航孔桥主梁采用 PK 式流线形叠合梁断面，钢梁与混凝土桥面板采用工厂内按设计分段组装后再分段运输安装的方式。桥面板纵向为全预应力混凝土构件，横向为普通钢筋混凝土结构。标准节段长度为 10.5m，边跨尾索区节段为 8.4m，近索塔处、边跨处梁段采用浮吊安装，起吊最大重量 592t，剩余梁段使用桥面吊机安装，标准梁段起吊最大重量为 453t。斜拉索采用扇形索面布置，斜拉索在梁上基本索距为 10.5m，边跨尾索区索距调整为 8.4m；全桥 176 根斜拉索。斜拉索采用工厂生产的挤包双层 PE 护层的扭绞型成品高强平行钢丝拉索，斜拉索梁端锚固形式采用钢锚箱，塔端锚固形式采用钢锚梁，斜拉索张拉方式为塔端张拉 主要施工工序为：叠合梁制作——叠合梁及斜拉索安装
	节段预制悬臂拼装等截面预应力混凝土连续箱梁	非通航孔桥共 45 跨 60m 节段箱梁，标准联长 5 跨一联。箱梁采用等高度单箱单室斜腹板预应力混凝土预制结构，边跨合龙在跨中和过渡墩附近，设置两道湿接缝，中跨合龙段在跨中。节段梁接合面设置密齿形剪力键，相互咬合，接缝涂刷环氧树脂 主要施工工序为：节段箱梁预制——节段箱梁架桥机架设

通过 LEC 法对本项目施工风险进行评估，得到表 5-32 所示的风险评估结果。

表 5-32　台州湾特大桥施工风险评估结果

序号	作业场所	作业活动	风险因素	风险评价（LEC 法）				备 注
				L	E	C	D	
1	下部构造	桩基施工	坍塌	1	6	15	90	
2			起重伤害	1	6	15	90	
3			物体打击	1	6	7	42	
4			高处坠落	1	6	7	42	
5			机械伤害	1	6	7	42	
6			触电	0.5	6	15	45	
7			淹溺	1	6	15	90	

（续）

序号	作业场所	作业活动	风险因素	风险评价（LEC 法）				备　注
				L	E	C	D	
8			坍塌	1	6	40	240	钢套箱施工，水上施工平台受台风天气、船舶碰撞影响较大
9			物体打击	1	6	15	90	
10			起重伤害	1	6	40	240	钢套箱吊装施工
11		承台施工	高处坠落	1	6	7	42	
12			机械伤害	1	6	7	42	
13			触电	0.5	6	15	45	
14			淹溺	1	6	40	240	水上平台施工
15			容器爆炸	0.5	6	40	120	
16			坍塌	1	6	40	240	支架受台风、强降雨影响较大
17			起重伤害	1	6	15	90	
18	下部构造		物体打击	1	6	15	90	
19		立柱和盖梁施工	高处坠落	3	6	15	270	柱最高 41m，高空作业风险较大
20			机械伤害	1	6	7	42	
21			触电	0.5	6	15	45	
22			淹溺	1	6	15	90	
23			坍塌	1	6	40	240	爬模施工，主塔高169.5m，受台风天气影响，高空作业、吊装作业风险大
24			起重伤害	1	6	40	240	
25		索塔施工	物体打击	1	6	15	90	
26			高处坠落	3	6	15	270	
27			机械伤害	1	6	7	42	
28			触电	0.5	6	15	45	

（续）

序号	作业场所	作业活动	风险因素	风险评价（LEC法）				备 注
				L	E	C	D	
29	下部构造	索塔施工	淹溺	1	6	15	90	
30			火灾	1	6	40	240	塔柱内部空间较小
31			容器爆炸	0.5	6	40	120	
32	上部结构	叠合梁、斜拉索施工	坍塌	1	6	40	240	支架、水上施工平台受天气影响较大
33			起重伤害	1	6	40	240	浮吊施工
34			物体打击	0.5	6	40	120	
35			高处坠落	3	6	15	270	高空作业风险较大
36			机械伤害	1	6	7	42	
37			触电	0.5	6	15	45	
38			淹溺	1	6	15	90	
39			容器爆炸	0.5	6	40	120	
40		等截面箱梁施工	坍塌	1	6	15	90	
41			起重伤害	1	6	40	240	架桥机吊装施工
42			物体打击	0.5	6	15	45	
43			高处坠落	3	6	15	270	
44			车辆伤害	1	6	15	90	
45			机械伤害	1	6	7	42	
46			触电	0.5	6	15	45	
47			淹溺	1	6	15	90	
48	桥面系及附属工程施工		起重伤害	1	6	15	90	
49			物体打击	0.5	6	15	45	
50			高处坠落	3	6	7	126	
51			触电	0.5	6	15	45	
52			淹溺	1	6	15	90	
53			容器爆炸	0.5	6	40	120	

（续）

序号	作业场所	作业活动	风险因素	风险评价（LEC 法）				备 注
				L	E	C	D	
54			坍塌	1	10	40	400	钢栈桥、水上平台受台风、社会船舶碰撞影响较大
55			起重伤害	1	6	15	90	
56			物体打击	0.5	6	15	45	
57			高处坠落	3	6	7	126	
58	临时工程		车辆伤害	1	6	15	90	
59			机械伤害	1	6	7	42	
60			触电	0.5	6	15	45	
61			淹溺	1	6	15	90	
62			船撞	3	10	15	450	水上社会船舶碰撞施工平台风险极大
63			容器爆炸	0.5	6	40	120	

根据表 5-32 可以得出一般风险源和重大风险源，详见表 5-33 和表 5-34。

表 5-33　台州湾特大桥施工一般风险源汇总表

分 项 工 程	风 险 因 素	危 险 等 级
桩基施工	物体打击、高处坠落、机械伤害、触电	一般危险
承台施工	高处坠落、机械伤害、触电	一般危险
立柱和盖梁施工	机械伤害、触电	一般危险
索塔施工	机械伤害、触电	一般危险
叠合梁、斜拉索施工	机械伤害、触电	一般危险
等截面箱梁施工	物体打击、机械伤害、触电	一般危险
桥面系及附属工程施工	物体打击、触电	一般危险
临时工程	物体打击、机械伤害、触电	一般危险

注：发生以上事故的危险程度为"一般风险"，按照"一般风险源"的标准进行管理。

表 5-34 台州湾特大桥施工重大风险源汇总表

分 项 工 程	风 险 因 素	危 险 等 级
桩基施工（水上群桩施工）	坍塌、起重伤害、淹溺	显著危险
承台施工（钢套箱、 钢板桩围堰施工）	坍塌、起重伤害、淹溺	高度危险
	物体打击、容器爆炸	显著危险
立柱和盖梁施工	坍塌、高处坠落	高度危险
	起重伤害、物体打击、淹溺	显著危险
索塔施工	坍塌、起重伤害、高处坠落	高度危险
	物体打击、淹溺、容器爆炸	显著危险
叠合梁、斜拉索施工	坍塌、起重伤害、高处坠落	高度危险
	物体打击、淹溺、容器爆炸	显著危险
等截面箱梁施工	起重伤害、高处坠落	高度危险
	坍塌、车辆伤害、淹溺	显著危险
桥面系及附属工程施工 （检修车、索塔升降机施工）	起重伤害、高处坠落、淹溺、容器爆炸	显著危险
临时工程（钢栈桥、 水上平台施工）	坍塌、船撞	极度危险
	起重伤害、高处坠落、车辆伤害、淹溺、容器爆炸	显著危险

注：以上重大风险源应引起高度重视，并进一步进行风险评估。

资料来源：蒋秀智. 台州湾特大桥施工安全风险评估研究 [D]. 浙江大学，2017. （经编辑加工）。

4. 贝叶斯网络法

贝叶斯网络是一种基于贝叶斯推理的风险定量评估的方法。该方法可以用主观方法有效地确定变量之间的关系，同时通过实证数据对网络结构进行参数学习，降低参数的有效性。贝叶斯网络通常由贝叶斯网络结构和贝叶斯网络参数两部分组成。

（1）贝叶斯网络结构

贝叶斯网络结构由代表随机事件的节点和连接节点的有向边构成。节点代表随机事件，主要有三种类型：①目标节点，也称为叶节点。该节点是通过贝叶斯网络推理计算出模型最终结果，为相关决策提供依据。②证据节点，也称父节点。该节点是贝叶斯网络中最基础的节点，节点取值可以直接通过采集的数据获得，也可以由领域专家给出。③中间节点，也称子节点。该节点是连接目标节点和证据节点的节点。

（2）贝叶斯网络参数

贝叶斯网络参数表示网络节点之间的连接强度，包含了所有存在相关联关系节点的所有条件概率。其中，父节点用先验概率表达其概率信息，中间节点和目标节点用条件概率分布表示其与父节点间的关联强度。

基于贝叶斯网络的风险评估，一般步骤如下：

1）风险因素识别与分析。首先，需要把在建设工程项目施工过程中的所有风险因素进行定义、分类，结合历史数据、专家经验、调查分析等措施，列出可能的风险因素清单，然后经过专家讨论确定主要的风险因素。

2）贝叶斯网络构造与分析。首先以步骤1）中分析得到的主要风险因素为基础，通过专家群决策给出风险因素的因果关系，构造贝叶斯网络；通过参数学习来计算贝叶斯网络中的各个参数的取值；通过贝叶斯网络敏感性分析和逆向推理，可以找出影响最大的因素，即关键风险因素。

3）风险推理。通过贝叶斯网络采用因果推理和诊断推理，推断风险发生的概率和主要原因。因果推理是利用贝叶斯网络的正向因果推理技术，在已知一定的风险因素的情况下，计算风险事件发生的条件概率，即进行预测。具体可分为基于先验知识的无证据预测和结合工程施工过程中样本数据的有证据预测。诊断推理是在已知风险结果的情况下，通过贝叶斯网络的诊断推理运算，诊断出致险因素并计算出该因素的后验概率。

4）敏感性分析。对贝叶斯网络中的基本事件进行敏感性分析是安全风险概率分析的基本方法之一。根据敏感性分析的结果，可以确定出对后果事件发生概率贡献较大的基本事件，以便采取有效的措施来减小这些基本事件的发生概率，从而减小后果事件发生的概率。

5）风险控制。根据风险评估的结果，明确建设工程项目的风险现状，结合风险诊断的结果确定导致项目风险的关键风险因素，采取具体措施进行预防控制。

下面以地铁施工为例，详细说明贝叶斯网络法在建设工程风险评估中的应用。

案例 5-5 利用贝叶斯网络法评估地铁施工项目的风险

首先基于文献、事故资料，通过专家访谈，梳理地铁施工相关的 20 个主要风险因素，识别结果见表 5-35。

表 5-35 地铁施工风险因素表

序　号	风险来源	主要风险因素	编　号
1	业主方风险	业主责任不到位	Y_1
2		安全资金投入落实不到位	Y_2
3		工程变更	Y_3
4	设计方风险	勘察不到位	S_1
5		设计方案不合理	S_2
6	施工方风险	施工方安全管理不到位	C_1
7		施工单位违法分包或转包	C_2
8		施工组织设计存在缺陷	C_3
9		工程因赶工期而忽视安全问题	C_4

（续）

序　号	风险来源	主要风险因素	编　号
10	施工方风险	施工中没有设置相应的安全设施	C_5
11		施工管理人员安全管理不到位	C_6
12		施工人员技术水平不足	C_7
13		施工人员违反安全操作规程施工	C_8
14		施工使用的材料、设备质量不合格	C_9
15		施工单位无安全应急管理预案	C_{10}
16		未及时处理存在的施工安全隐患	C_{11}
17	监督单位风险	政府安全管理部门监督不力	J_1
18		监理工程师不到位、执行不力	J_2
19	环境风险	恶劣的天气条件，如暴雨等	H_1
20		遇到未曾料到的不利地质条件	H_2

在确定上述风险因素的同时，还分析确定了风险因素之间的主要因果关系。根据这些主要因果关系，设置贝叶斯网络的基本节点，每个节点都有 Y 和 N 两种状态。借助贝叶斯网络分析软件构建地铁施工风险评估的贝叶斯网络拓扑结构模型，如图 5-11 所示。以某市轨道交通 4 号线重大工程事故为例，施工单位采用冷冻法施工的制冷设备发生故障、险情征兆出现、工程停工，由于施工方安全管理不到位，没有建立完善的安全应急预案，不能够及时采取有效措施对施工中存在的安全隐患进行处理并排除险情，直接导致了这起事故的发生，因此风险路径表示为 $C_1 \rightarrow C_{10} \rightarrow C_{11} \rightarrow T$。

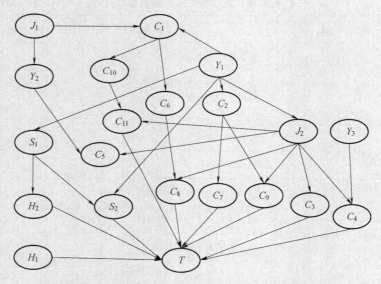

图 5-11　地铁施工风险评估贝叶斯网络拓扑结构模型

图 5-11 中父节点的初始概率、各子节点与其父节点的连接概率均通过专家群决策的方式获得。通过处理和对比分析调查统计结果，经过专家反复修正，最终确定贝叶斯网络中父节点的初始概率（见表 5-36）。连接概率确定后，各节点的条件概率表可根据 Noisy-orGate 模型计算公式得到。如已知子节点 C_1 与父节点 J_1 和 Y_1 的连接概率分别为 32% 和 28%，C_1 的条件概率见表 5-37。

表 5-36 父节点的初始概率

因 素	H_1		J_1		Y_1		Y_3	
	Y	N	Y	N	Y	N	Y	N
初始概率	0.86%	99.14%	2.38%	97.62%	9.81%	90.19%	7.52%	92.48%

表 5-37 子节点 C_1 的条件概率

因 素		父节点状态			
	Y_1	Y		N	
	J_1	Y	N	Y	N
C_1 概率	Y	51.04%	28%	32%	0
	N	48.96%	72%	68%	0

基于上述构建的贝叶斯网络，利用贝叶斯网络的正向推理技术，对地铁施工进行风险评估。在贝叶斯网络中给父节点输入其发生概率；接着再进行概率更新操作，则概率就会沿贝叶斯网络向前传播，从而自动计算得到各中间节点和叶节点的先验概率。其中，使用贝叶斯推理得到叶节点地铁施工风险的先验概率为 $P(T=Y)=2.24\%$，表明地铁施工整体风险水平相对较低。

当有证据输入时，即根据观测事件已经确定了某个节点的状态，则证据会通过贝叶斯网络向前传播，从而快速推算出不同情况下风险事件的发生概率，见表 5-38。如在武汉某地铁隧道施工风险管理过程中已经观测到 H_1（恶劣的天气条件，如暴雨等）发生，则通过在贝叶斯网络中输入证据 $P(H_1=Y)=1$，经过因果推理即可得到此时风险事件的发生概率为 5.16%。

表 5-38 某地铁施工安全事故预测发生概率

知识类型	证 据	发生概率
先验知识	无	2.24%
后验知识	$P(H_1=Y)=1$	5.16%
	$P(Y_3=Y)=1$	2.97%
	$P(H_1=Y)=1$	5.58%
	$P(Y_3=Y)=1$	
	$P(H_1=N)=1$	2.21%

由以上正向推理结果可知，当风险因素H_1不发生时，施工安全整体风险水平下降；当H_1发生时，整体施工安全风险水平上升，特别是当多个风险因素发生时，施工安全风险水平上升幅度大于单个风险因素发生时的上升幅度。这表明，贝叶斯网络中各风险因素与最终施工安全风险事件之间呈正相关。这一结论与事实相符，侧面验证了所构建的模型的科学性和合理性。

基于贝叶斯反向推理，当观察到地铁施工过程中某时刻出现风险，则可以通过贝叶斯网络的诊断功能推理出每个风险因素的后验边缘概率。

此处采用互信息（Mutual Information，MI）指数法来衡量父节点对于叶节点的重要度。MI指数法被广泛用于测量信息来源重要程度，同时也被用来进行全局敏感性分析。MI指数是两个随机变量统计相关性的测度。随机变量X和Y之间的MI指数$H(X, Y)$为

$$H(X,Y) = \sum_{y \in Y} \sum_{x \in X} p(x,y) \log_2 \frac{p(x,y)}{p(x)p(y)} \tag{5-25}$$

式中　$p(x, y)$——X和Y的联合概率分布函数；

$p(x)$与$p(y)$——X和Y的边缘概率分布函数。

MI指数取决于各风险因素的先验概率、后验概率以及各风险因素与风险事件之间的连接概率。风险事件与其父节点所代表的风险因素之间的MI指数见表5-39。

表 5-39　地铁施工风险因素基本信息

编　号	先验概率	后验概率	MI指数（×10^{-6}）	重要程度排序
Y_1	9.81%	12.86%	160	9
Y_2	2.44%	3.82%	114	19
Y_3	1.52%	9.23%	130	16
S_1	0.82%	7.71%	126	17
S_2	1.28%	2.55%	165	8
C_1	2.82%	4.66%	172	6
C_2	9.34%	12.48%	176	4
C_3	1.86%	3.38%	170	7
C_4	18.28%	21.88%	137	14
C_5	1.88%	3.28%	145	12
C_6	3.79%	5.73%	149	11
C_7	1.58%	2.82%	133	15
C_8	9.72%	12.98%	183	2
C_9	0.92%	1.84%	120	18
C_{10}	2.39%	3.92%	140	13
C_{11}	9.93%	13.28%	190	1

（续）

编　号	先验概率	后验概率	MI指数（×10⁻⁶）	重要程度排序
J_1	2.38%	3.71%	108	20
J_2	7.12%	9.75%	157	10
H_1	0.86%	1.98%	179	3
H_2	1.75%	3.25%	174	5

MI指数能够衡量每个风险因素对于风险事件的影响程度。MI指数越大，说明该风险因素对风险事件的影响越大，一旦该因素发生较小变化就会对风险事件造成较大影响。因此，对于根据MI指数大小得到的重要程度排序比较靠前的风险因素，在风险管理过程中应当给予更多的关注。

若在施工过程中观察到地铁施工风险，根据反向诊断得到的后验概率可知，因赶工期而忽视安全问题（$P（C_4=Y \mid T=Y）=21.88\%$）是导致地铁施工处于危险状态的最可能因素。因此，在地铁施工安全风险发生后，应优先对这个问题进行排查。若发现情况属实，即该状态得到确认 $P（C_4=Y）=1$，则应及时采取具体的应对措施，阻止事态进一步恶化。在 C_4 这一风险因素被有效控制的情况下，应重新对项目风险进行再诊断，即在风险事件发生（$P（T=Y）=1$）且存在施工方因赶工期而忽视安全问题（$P（C_4=Y）=1$）的情况下，再次反向推理计算其他节节的后验概率。此时发现 C_{11}（未及时处理存在的施工安全隐患）的概率值最大，为13.28%，则后续的排查工作应主要从 C_{11} 所对应的基本事件入手。接着根据 C_{11} 的排查结果，向贝叶斯网络中输入新证据进行第三次反向推理诊断，依此程序，不断结合出现的新证据进行风险再评估，逐个对风险因素进行诊断排查，直至地铁施工风险得到控制。

同时在排序前七位的风险因素中，除来自施工环境的两个风险因素外，其余风险因素均来自施工方，而且基本涉及的都是施工阶段的风险因素。这说明从整个地铁建设寿命周期来看，施工阶段是安全风险的高发阶段，而施工方作为施工阶段最主要的参与主体，是地铁施工安全的敏感参与方，施工方的施工技术、管理水平对地铁施工安全风险水平的影响相对于其他施工参与主体更大。因此，对地铁施工阶段来自施工方的安全风险进行重点监控，制订完善的施工安全管理计划，是实现地铁项目风险控制的重点。

在目前的风险分析领域，在风险分析过程中，单单采用一种分析方法是不够的，大多数情况是把几种方法结合起来应用，或者是结合一些其他数学方法，进行分析。层次分析法是目前应用比较广泛的一种风险评估方法，因为它的适用范围比较广，可以处理定性和定量相结合的问题，可以将决策者的主观判断与政策经验导入模型，并加以量化处理。在应用中，很多人将遗传学算法、人工神经网络、熵权理论等一些理论或方法与层次分析法结合起来使用，用于建立具体的风险分析模型，大大扩展了该方法的使用空间。

评估方法能够有效、快速、准确地评估建设工程风险，随着科学理论的研究发展，基于专家经验、概率数理统计、线性代数、计算机模拟等基础理论而总结形成的方法，越来越多地应用于工程实践中，并且越来越注重科学性。

复习思考题

1. 简述建设工程风险评估的定义、原则及目标。

2. 简述 PML 分析技术的内涵及基本步骤。

3. ALARP 法则是什么？其本质是什么？

4. 简述建设工程风险评估的内容。

5. 简述层次分析法的操作流程。

6. 什么是权重？

7. 作业条件危险性评价法的核心是什么？

第 6 章

建设工程风险应对

【本章导读】

建设工程风险应对是在对项目进行风险识别、定性定量估计和评价后，对项目风险提出处理意见和办法，是项目风险控制中最为关键的内容。本章主要对风险应对的内容、风险应对计划、风险应对策略、风险分担机制、风险应对技巧等内容进行了阐述。

【主要内容】

本章介绍了风险应对的定义、依据、态度和原则以及过程，阐述了风险应对计划的含义、内容和基本程序，给出了建设工程风险应对的策略和常见措施，探讨了工程项目风险分担机制的设计，提出了风险应对的技巧。

6.1 建设工程风险应对概述

6.1.1 风险应对的定义

关于风险应对的概念，人们已经进行了初步有益的探索。关于风险应对，人们对其的称谓并不一致，除了风险应对，还有风险反应、风险对策、风险策略、风险处理等。例如，COSO⊖风险管理框架称其为风险应对，明确风险应对的概念为：员工识别和评价可能的风险应对策略，包括回避、承担、降低和分担风险。管理者选择一系列措施使风险主体与主体的风险容量相协调。国务院国资委颁布的《中央企业全面风险管理指引》称其为风险管理策略，是指企业根据自身条件和外部环境，围绕企业发展战略，确定风险偏好、风险承受度、风险管理有效性标准，选择风险承担、风险规避、风险转移、风险转换、风险对冲、风险补偿、风险控制等适合的风险管理工具的总体策略，并确定风险管理所需人力和财力资源配置。

⊖ COSO 为 The Committee of Sponsoring Organizations of the Treadway Commission 的简写，是美国反虚假财务报告委员会下属的发起人委员会。

建设工程风险应对就是对工程风险提出处理的意见并制定具体实施措施和技术手段以降低风险负面效应的过程。通过对工程风险识别和评估，把工程风险发生的概率、损失严重程度以及其他因素综合起来考虑，就可得出工程发生各种风险的可能性及其危害程度，再将其与公认的安全指标相比较，就可确定工程的危险等级，从而确定应采取什么样的措施以及控制措施应采取到什么程度。一般而言，针对某一风险通常先制定几个备选的应对策略，然后从中选择一个最优的方案，或者进行组合使用。有时由于条件的变化，也可以先保留多个理论上可行的应对策略，将来根据具体情况进行选择。风险应对过程的结果就是编制和执行风险应对计划。

6.1.2　风险应对的依据

1. 风险管理计划

风险管理计划是规划和设计如何进行建设项目风险管理的文件。该文件详细地说明工程项目寿命周期内风险识别、风险估计、风险评价和风险控制过程中的所有方面以及风险管理方法、岗位规划和职责分工、风险管理费用预算等。

2. 风险清单及其排序

风险清单及其排序是风险识别和风险估计的结果，记录了建设项目大部分风险因素及其成因、风险事件发生的可能性、风险事件发生后对建设项目的影响、风险重要性排序等。要注意的是，想要通过风险识别得到工程的所有风险因素是不可能的。因此，在风险应对时还应该考虑残余风险及其他未识别风险的应对措施。此外，工程的风险应对不可能面面俱到，应该着重考虑重要的风险，而对于不重要的风险可以忽略。

3. 建设项目特性

建设项目各方面特性决定风险应对的内容及其详细程度。如果该项目比较复杂、应用比较新的技术或面临非常严峻的外部环境，则需要制订详细的风险应对计划；如果建设项目不复杂，有相似的建设项目数据可提供借鉴，则风险应对计划可以相对简单一些。

4. 行为主体抗风险能力

行为主体抗风险能力可以概括为两方面：①决策者对风险态度及其承受风险的心理能力；②建设项目参与方承受风险的客观能力，如建设单位的财力、施工单位的管理水平等。一般来说，主体抗风险能力直接影响建设项目风险应对措施的选择，相同的风险环境下，不同的项目主体或不同的决策者有时会选择截然不同的风险应对措施。

5. 可供选择的风险应对措施

对于具体风险，有哪些应对措施可供选择以及如何根据风险特征、建设项目特点及相关外部环境特征选择最有效的风险应对措施，是风险应对中要做的非常重要的工作。

6.1.3　风险应对态度和原则

风险应对是在不确定情况下进行的决策，其客观依据是风险的概率分布，主观依据是决策者和风险管理者对待风险的态度。决策者的认知能力不尽相同，目标不尽相同，风险态度也不尽相同，做出的决策结果也不相同。

根据人们面对风险时态度的不同，一般可将人群分为以下三种：

1）风险爱好者：秉承"高风险、高回报"的理念，不畏风险，甚至爱好风险，敢冒风险行事。

2）风险规避者：宁愿丧失获取高回报的机会，也不愿做有风险的事情，一般选择"低风险、低收益"的经济活动。

3）风险中立者：不盲目挑战风险，也不一味逃避风险，能够客观地分析风险、面对风险，并采取措施规避、防范或降低风险。

工程参与方对于承担风险的态度取决于自身认知风险的情况（包括风险因素、风险概率、可能导致的后果、可以采取的风险应对措施等）、承担风险的代价、管理风险的能力以及承担风险可获得的收益。显然，不同的工程参与者对风险的认知和管理能力是不同的，而这种区别会造成其对同一个风险的估值有所差别。对风险的估值高则会损害业主的利益。

无论决策者属于三类中的哪一类，在风险应对时，我们期望决策者能够做出理性、正确、科学的决策，这也对决策者提升自身认知水平和决策水平提出了很高的要求，需要决策者在工作中认真思考、积累经验，并锻炼自己决策的客观性。一般而言，在工程项目实施前决策者应该根据建设项目的特点，针对主要的、关键的风险因素，研究并采取适当的综合性与专项性风险防范措施，明确风险防范的目标，提出落实措施的责任主体、协助单位、防范责任和具体工作内容，明确风险控制的节点和时间，最大限度化解和降低工程项目风险。

总体而言，风险应对需秉承以下六个原则：

1）风险应对应涵盖项目全寿命周期，并保持目标与项目风险管理总目标以及企业经营管理目标相一致，确保系统性和完整性。在识别风险因素的基础上，针对风险程度，从规范审批流程、方案设计、施工组织等各环节采取预防、化解风险的措施，同时从组织保障措施和预案等角度提出风险防范措施，关注项目实施过程中的风险监测和评估，以及项目实施后的风险后评价。

2）风险应对应将预防、化解风险的措施所付出的代价与该风险可能造成的危害进行权衡，寻求以最少的费用获取最大的风险效益，确保经济性和适用性。

3）风险应对应根据客观现实与项目特点"量身定做"，针对项目主要的或关键的风险因素提出相应的措施，充分考虑相关措施在技术、财力、人力和物力上是否可行，明确承担人和协助人以及可达到的直接效果和最终效果，确保科学性和可行性。

4）风险应对应根据情况变化适时予以调整，确保灵活性和及时性。

5）风险应对的具体实施措施应该体现出众多措施中最符合该风险的方案。

6）风险应对是项目有关各方的共同任务，应明确项目各方责任、权利与义务，涉及风险应对的各方都应该熟悉并认同针对风险所提出的各项措施，确保公平性与公正性。项目发起人和投资者应积极参与和协助进行风险防范措施研究，并真正重视风险防范措施研究的结果，风险预防、化解和处置等管理措施应当明确责任主体、职责分工以及时间进度安排，以利于任务分解落实。

6.1.4 风险应对过程

作为建设工程风险管理的一个有机组成部分，风险应对也是一种系统过程活动。选择和建立有效的风险应对方案要经过三个步骤，如图 6-1 所示。

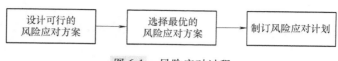

图 6-1　风险应对过程

（1）设计可行的风险应对方案

根据前期工程项目风险的识别和评估，可得出建设工程的风险清单。而后结合相似工程项目的风险应对方案以及风险管理人员的头脑风暴，设计减少每种极端或高风险的可能性或后果的一个或多个风险应对方案，见表6-1。

表 6-1　风险应对方案组合

程　　度	可 能 性 高	可 能 性 低
高	避免/转移	转移/慎重管理
低	转移/接受	接受

（2）选择最优的风险应对方案

在设计各种风险应对方案后，风险管理者需要比较分析各种风险应对解决方案，比较实施各种风险应对解决方案的成本和收益，进行选择和决策，并寻求各种风险应对策略的最佳组合。其中收益代表选择实施风险应对方案、降低风险水平的潜在好处；成本代表实施风险应对方案的成本，包括直接成本、间接成本以及进度拖延的成本。

需要注意的是风险应对解决方案的执行是贯穿整个风险应对活动始终的，它是一个动态、双向的制定过程。也就是说，最佳应对方案制定好以后并不是一成不变的，在整个方案执行过程中建设工程内外部环境变化可能会导致风险的改变。这时，需要对风险应对最佳方案进行调整与改进，以适应风险的变化。

（3）制订风险应对计划

建设工程风险应对计划是项目风险应对措施和项目风险控制工作的计划与安排，是项目风险管理的目标、任务、程序、责任和措施等内容的全面规划。

6.2 | 建设工程风险应对计划

6.2.1　风险应对计划概述

1. 风险应对计划的目的

风险应对计划是决定采取何种风险应对方案以减少风险带来的威胁（特别是进度和成本），同时利用风险所带来的机会的过程。在建设工程风险管理过程中，风险应对计划的制订主要依据以下三个目的：

（1）确定减少、控制或利用风险事件的最适当的方案

在确定应对措施的同时，风险管理者还需要确保为风险事件选择了正确的应对策略。在完成风险应对策略后，进一步制订风险行动计划，以便在风险事件发生时将该策略付诸实施。

（2）确定风险所有者（对风险管理持有权利和责任的个人或组织，又称风险管理者）

风险识别已经确定了风险所有者及其责任，风险所有者将负责监视风险触发因素并跟踪风险，在特定情况发生时执行应对计划，然后在执行应对计划后监控应对计划的有效性。

（3）当风险事件确实发生时尽快解决问题

当风险事件发生时，决策者通常会以能想到的最快、最简单的方式处理事情，把所有事情都控制住。但从长远来看，立即控制并不一定能解决问题。风险应对计划允许风险管理者确定处理风险的最佳方法，从而提高工程项目目标实现的可能性。

此外，一个充分的风险应对计划需要满足以下要求：①进一步提炼项目风险背景；②为预见的风险做好准备；③确定风险管理的成本效益；④制定风险应对的有效策略；⑤系统地管理建设工程风险。

2. 制订风险应对计划应考虑的因素

（1）风险的分配

风险分配的合理与否将直接影响风险应对计划的实施效果，因此应该将其分配给能够对该风险进行有效控制并承担相应后果的一方。如果说风险是不可控的，那么必须明确该风险由谁承担。

（2）残余风险

残余风险是采取了回避、转移和缓和等应对措施后残余的风险。它包括已经被接受的和处置过的次要风险。在制订应对计划时，应考虑残余风险是否在可接受的范围内以及其处置方式。

（3）二次风险

二次风险是指由于实施某一风险的应对措施而导致的新风险。采取风险应对措施后，往往会改变工程原有的环境条件，这就导致了二次风险的产生。在应对风险的过程中，应及时识别和评估二次风险，建立识别和评估清单，并制订相应的应对计划。二次风险给工程带来的影响可能比原有风险还要大，因此在制订应对计划时，应避免或减少二次风险的产生。一旦产生，就应该引起足够的重视。

（4）合约和协议

为了避免或者减轻纠纷，在制定风险管理的一些合同、协议时，应该尽可能地明确双方各自承担的责任，包括一些保险、服务方面的相互责任。合同、协议的条款也应该尽量清晰、具体。

（5）时间、成本及资源的消耗

风险应对计划涉及备用的时间、成本或资源的消耗，因此在制订成本分析、工期安排及资源需求计划时应将这些备用消耗考虑进去，以便于风险应对计划的顺利实施。

3. 风险应对计划重点关注事项

1）规划选线（选址）。强化规划选线（选址）研究，优化规划选线（选址）方案等措施。

2）项目合法合规性。强化规划审批流程等措施，确保合法合规。

3）土地房屋征收征用。强化规划土地房屋征收征用手续，优化相关方案，实行阳光动迁以及加大正面宣传力度等措施。

4）工程方案。强化设计、技术方案研究，优化方案，选用先进的工艺技术和设备等措施。

5）生态环境。强化加大环保投入、落实环保措施等方面的措施。

6）文明施工、质量安全管理。强化地质勘察、技术方案研究、施工管理等方面的措施。

7）交通组织。强化交通影响评价、交通设施研究和建设、优化交通组织等方面的措施。

8）项目组织管理。强化项目设计、施工、运行组织方案的优化，各项组织管理措施的落实，预防、化解风险。

9）建设资金落实。制定项目建设资金保障方案等方面的措施，预防、化解风险。

10）项目与社会的互适性。强化对项目的正面宣传，开展政策解答和科普宣传；强化利益相关者的参与，开展项目与社区共建，搭建居民沟通平台，确保公正合理补偿等方面的措施。

11）历史矛盾。强化综合分析协调，加大化解历史既有矛盾的力度等方面的措施。

12）综合管理。强化发挥项目单位与政府相关职能部门的作用，建立风险管理分工、协作、联动的工作机制及相应的组织，按各自工作职责落实到位等措施。

6.2.2 风险应对计划内容

工程风险应对计划是对工程风险应对的目标、任务、步骤、责任和措施等内容的全面概括。编制工程项目风险应对计划必须充分考虑风险的严重性、应对风险所花费用的有效性、采取措施的适时性以及和工程项目环境的适应性等。其具体内容包括：

1）已识别风险的描述，包括风险名称、风险编号、风险概率、风险等级等。

2）对风险的原因及其可能造成的损失进行描述，使风险管理者进一步了解该风险的情况。

3）进行风险责任分配。明确工程项目风险承担人及其应分担的风险。风险的承担主体一般包括业主、设计方、承包商、监理、保险公司、银行等。

4）风险分析及其信息处理过程的安排。

5）针对每项风险的应对措施的选择和实施行动计划。

6）各单独应对计划的总体综合，以及分析过风险耦合作用可能性之后制订出的其他风险应对计划。

7）残余风险及二次风险的处理方法。实施应对措施的同时，经常伴随着残余风险和二次风险的产生，在风险应对计划中应对其进行分析，并说明处理方法。

8）实施应对措施所需资源的消耗，包括费用预算、时间进度和技术要求等方面。

9）成功的标准，即何时可以认为风险已经规避。

10）跟踪、决策以及反馈的时间，包括不断修改、更新需优先考虑的风险一览表、计划和各自的结果。

11）处置风险的应急计划。应急计划就是预先计划好的、一旦风险事件发生就付诸实施的行动步骤和应急措施。

风险应对计划是整个项目管理计划的一部分，其实施并无特殊之处。按照计划取得所需要的资源，实施时要满足计划中确定的目标，事先把项目不同部门在取得所需资源时可能发生的冲突寻找出来，任何与原计划不同的决策都要记录在案。落实风险应对计划，行动要坚决，如果在执行过程中发现项目风险水平上升或未像预期的那样下降，则须重新制订计划。针对每个具体风险可以制订相应的风险应对计划表，格式见表 6-2。

表 6-2 ××风险应对计划表

文档编号		填表人		填表日期	
项目名称				项目经理	
风险名称				风险编号	
风险提出人		提出日期		风险负责人	
风险概率				风险等级	
风险产生的原因					
风险影响的描述					
为防止风险发生所应采取的措施					
风险发生时的应对措施					
残余风险的处理方法					
二次风险的处理方法					
应对风险的资源安排					

此外，不是所有识别的风险都需要编制风险应对计划的，风险管理者应按商定的风险优先级别，为每一极端或高风险填写风险应对计划。

1）极端和高风险：必须减少一切极端和高风险。需要制订详细的风险应对计划，并以表 6-2 所示的形式提供风险应对计划表，可以将类似的风险进行分组。在一般情况下，风险应对计划所包括的内容已经足够，但是如果需要可以包括更多的细节，例如风险应对的成本效益分析。

2）中等风险：应评估所有的中等风险，在有资源的情况下，实施适当的成本效益降低行动，并填写风险应对计划表。目标是减少所有中等风险，除非根据成本与收益评估决定接受风险。

3）低风险：风险管理者应考虑到确定的风险，并确保现有的控制、计划和程序足以覆盖这些风险。

6.2.3 制订风险应对计划的基本程序

风险应对计划是指通过制定一系列的风险应对措施，为保证项目总目标如期进行而采取的一系列管理活动。制订风险应对计划一般遵循以下程序，如图 6-2 所示。

1）明确风险应对目标。风险管理者首先应该明确工程建设的总体目标，并在此基础上确定风险应对的目标。例如，设置风险应对措施后，应明确风险应该控制在什么范围内。

2）输入风险应对依据。这些依据包括风险管理计划、工程的特征、工程风险的识别清单、工程风险的评估清单、工程主体的抗风险能力以及可供选择的工程主体应对措施等。

3）制订初步的风险应对计划。

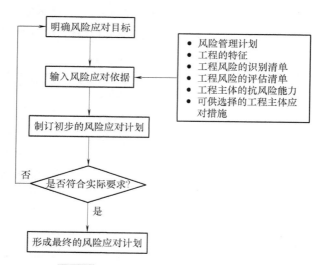

图 6-2　制订风险应对计划的基本程序

4）判断风险应对计划是否符合工程的实际要求。如果是，则形成最终的风险应对计划。否则，对原来的应对计划进行修订完善，或者制订新的计划。

6.3 建设工程风险应对策略

关于风险应对策略，人们的认识不完全一致，叫法也不一致，风险应对策略也被称为风险控制措施、风险管理工具、风险管理策略等。风险应对策略是指指导工程项目风险管理活动的指导方针和行动纲领，是针对建设工程面临的主要风险设计的一整套风险处理方案。

当我们完成对工程项目的风险识别、估计和评价，明确各种风险发生的可能性及危害程度并确定项目的风险级别之后，就需要确定针对各种风险应采取的应对措施。其中，TS[一]方法是一种评估各种风险应对策略的典型方法。依据风险发生的可能性和风险影响的程度，人们常常把风险管理措施分为转移风险、终止风险、承受风险和处理风险四类，见表 6-3 和图 6-3。

表 6-3　风险管理措施的 4TS

承受 （接受、保持）	风险敞口可能处于建设工程的承受范围之内，无须采用进一步的控制措施，即使目前的风险敞口水平不在工程的承受范围之内，但如果采取其他行动所需的成本与可能获得的潜在利益不协调，仍然可以选择接受风险，不采用进一步的控制措施
处理 （控制、降低）	迄今为止，以本方式加以处理的风险的数量最庞杂。实施风险处理的目标在于能够在确保引发该风险的活动正常开展的同时，采取高效的控制措施，将风险水平控制在可以接受的范围之内
转移 （保险、合同）	对于某些风险而言，最有效的风险应对手段则在于将它们如数转移。风险决策者可以借由传统意义上的保险或者将相关活动交由第三方完成，从而实现风险的转移
终止 （避免、消除）	某些风险只有通过终止带来风险的活动，才能将它们控制在可接受水平内

㊀　TS 为 Term Sheet 的简写，直译为条款清单。

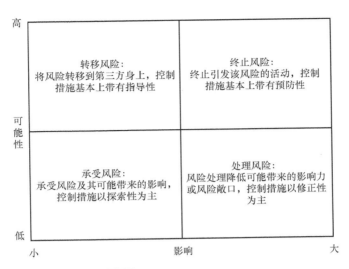

图 6-3　风险管理措施的种类

建设工程常用的风险应对策略有风险回避、风险转移、风险缓解、风险自留和风险利用，以及这些策略的组合。对某一工程项目风险，可能有多种工程项目主体，各主体采用的风险应对策略或应对措施可能是不一样的。因此，从理论上来说，需要根据工程项目风险的具体情况、风险管理者的心理承受能力，以及抗风险的能力去确定工程项目风险应对策略或应对措施。

6.3.1　建设工程风险回避

1. 风险回避的内涵

风险回避，也称为风险规避，是指风险潜在威胁发生的可能性较大且造成的损失很严重，又没有其他策略可用时，通过主动放弃工程或变更项目计划，直接断绝风险的来源或消除产生风险的条件，遏制风险事件的发生，保证工程建设目标的实现。在可行性研究中表现为做出推迟项目、彻底更改原方案或否决建设项目等决策。

从风险管理的角度看，风险回避是一种最彻底消除潜在风险影响的方法。须注意的是，工程建设中的风险不可能全部被消除，但对某些特定风险而言，借助风险回避的方法仍可以避免某些特定风险的发生。

2. 风险回避的适用范围

风险回避并不是在任何条件下都可以使用的，当工程项目遇到以下两种情形时，可考虑采用风险回避策略：

1）风险事件发生的概率很大且潜在损失很严重的项目。例如，当地分包商技术、资金、信誉不够，构成较大的分包风险，则应放弃分包计划或选择其他分包商；如果拟采用的最新施工方法还不成熟，则需要选择成熟的施工方法。

2）风险事件发生的概率不大但造成的损失是灾难性的项目。例如，化工项目一般不适宜建在地震、洪水等自然灾害高发区，虽说这些风险事件发生的概率不大，可一旦发生，化工厂释放的有毒有害物质将对周边群众产生巨大的危害。因此，为了回避此类风险可能带来的危害，化工项目一般建设在地质环境稳定且远离城镇居民的地区。

3. 风险回避的方法

在工程建设中，风险回避策略可以通过以下两个途径展开：

1）避免风险事件的发生。主要是放弃某种行为，从而避免该行为带来的风险。例如，项目融资通常可采取长期贷款和短期贷款的方式。对于资金紧缺的工程项目而言，应该尽量采用长期贷款，这在一定程度上可避免由于短期贷款而造成资金链断裂的风险。又如，选择施工技术时也应尽可能选择工艺成熟的方法，这样可以从源头上避免新方法应用失败带来的潜在风险。

2）避免风险发生后可能造成的损失。在工程建设过程中，还应采取一些预防措施以避免某种特定风险事件发生后所带来的损失和危害。例如，要求进入施工现场的人员必须佩戴安全帽，以防止高空坠物造成的伤害。

具体来说，风险回避可采取终止法、工程法、程序法和教育法四种方法。

（1）终止法

这是风险回避的基本方法，是指通过放弃、中止或转让项目以避免潜在的风险发生。

1）放弃项目。在工程项目实施前，通过科学分析发现该工程存在较大的潜在风险，因而放弃该项目的实施。

案例 6-1　放弃清淤工程以回避风险

某国政府招标进行该城市主干河道的清淤工程，增加河流抵御洪水的能力。然而，该河流上游为湖泊，是许多动物栖息的自然保护区，河道拓宽将使湖泊水位降低，改变动物的生存环境。因此动物保护组织也向政府提出抗议，政府最终放弃实施清淤工程。虽然政府的这一行为将面临承包商的巨额索赔，但却保护了动物，并赢得了当地居民的信任，避免了一次政治危机。

资料来源：项目实施中的风险管理，道客巴巴，http：//www.doc88.com/p-7169531122137.html，获取日期：2021-02-15.（经编辑加工）。

2）中止项目。在工程项目实施过程中，如果存在预期无法承担的风险事件或该类事件已经发生，此时应立即停止该项目的执行，从而避免遭受到更大的损失。

案例 6-2　中止电站项目以回避风险

孟加拉国电力发展局（BPBD）对某一电站项目进行公开招标，评标委员会通过对技术、商务和融资计划书的评标，将本项目唯一授予当地IPP项目业主。业主将与BPBD签署22年的购电协议（PPA），项目资金30%来源于业主自有资金，另外70%由业主负责融资。

此IPP项目业主聘请印度一公司为其技术咨询，聘请当地某专业公司为其商务咨询。此业主在投标时，在其整体投资模型测算中，所采用的EPC总承包合同价格过于草率，并没有适当考虑其聘请的咨询机构编写的EPC招标文件的技术卷要求采用最新版本的国际标准，导致各EPC投标方的价格都远远超出其EPC预期合同价格，对以融资为主的项目偿债现金流产生重大影响。因此，业主决定拒绝与BPBD签订合同，将项目让予第二中标候选人。这种行为虽然会遭受到被 BPBD 没收投标保证金的惩罚，但其损失也远远小于执行项目后造成的严重损失。因而这种做法是合理的。

资料来源：高平，刘春梅，孙平. 海外 IPP 电站 EPC 总承包项目开发阶段风险管理 [J]. 项目管理技术，2016（8）：66-70.（经编辑加工）。

3）转让项目。有时候工程项目前期投入较大，业主经过分析发现，放弃或停止项目的损失巨大，那么将项目转让出去也是一个不错的选择。因不同的企业有各自不同的优势，其风险承受能力也是不同的，因此相信会有其他企业接受该项目并获得盈利。

（2）工程法

工程法是指在工程建设过程中，结合具体的工程特性采取一定的工程技术手法，避免潜在风险事件发生。主要通过以下两种途径展开：

1）通过技术手段避免风险事件的发生。例如，在基坑开挖的施工现场周围设置栅栏，洞口临边设防护栏或盖板，警告行人或者车辆不要从此处通过，以防止发生安全事故。

2）通过技术手段消除已经存在的风险因素。例如，移走动火作业附近的易燃物品，并安放灭火器，避免潜在的安全隐患发生。

需注意的是，采用工程法回避风险时需要消耗一定的资源和费用。同时，任何工程措施均是由各行为主体设计和实施的，因此在使用工程法的过程中要充分发挥各行为主体的主导作用。此外，应将工程技术手段和其他措施结合起来使用，以达到最佳的风险回避效果。

（3）程序法

程序法是一种无形的风险回避方法，是指通过具体的规章制度制定标准化的工程程序，对项目活动进行规范化管理，以尽可能避免风险的发生和造成的损失。例如，在以色列特拉维夫红线轻轨项目中，为有序、高效管理好合同，减少经济风险，由五家公司组成的项目公司成立了专门的法律和合同管理部，积极规避项目组织管理风险和合同风险。

在宏观层面，我国已经形成一套较为完整的工程建设基本程序。对于所有工程而言，工程建设的每个阶段完成后，都需要进行严格的检查和验收，以防给工程主体留下质量和安全隐患。在微观层面，工程项目的施工过程是由一系列作业组成的，有些作业之间存在着严格的逻辑关系，因此在工程施工过程中要求严格按照规定的工序施工，不能随意安排，以避免工程风险的发生。

（4）教育法

教育法是指通过对项目人员广泛开展教育，提高参与者的风险意识，使其认识到工作中可能面临的风险，了解并掌握处置风险的方法和技术，从而避免未来潜在工程风险的发生。例如，在某个分项工程开工前安排施工人员接受专业技能培训及安全意识教育。

4. 风险回避方法的局限性

对于工程项目而言，风险回避可以从源头上避免风险，从而避免遭受损失。因为风险因素的复杂性和关联性，一个工程或工程方案可能面临多个风险因素且不可能完全被消除，只能是根据风险事件的特性和发生的规律有选择性地回避。而且，某些情况下的风险回避是一种消极的风险处理方式，它的局限性体现在以下四个方面：

1）回避风险的同时也可能会失去从中获益的可能性。俗话说，风险与收益成正比。特别是对于投机风险来说，如果中断与风险源的联系，往往也意味着失去了获得风险背后的收益。处处回避，事事回避，其结果只能是停止发展。例如，在涉外工程中，由于缺乏有关外汇市场的知识和信息，为避免承担由此而带来的经济风险，决策者决定选择本国货币作为结算货币，从而也失去了从汇率变化中获利的可能性。因此，如果企业想生存、图发展，又想回避其预测的某种风险，最好的办法是采用其他策略。

2）中途停止工程建设或某项方案的实施，往往需要付出很大的代价。例如，2005年巴基斯坦发生部族骚乱，我国在当地的一个水电工程受到严重影响，70多名工程师回国，整个工程项目被迫中止，损失严重。

3）回避一种风险可能产生另一种新的风险。例如，为了避免新技术应用失败带来的风险而采取成熟的技术，但即使是相当成熟的技术也存在一定的不确定性，可能蕴含着新的风险。

4）阻碍新技术的应用和创新思维的发展。任何新生事物都有逐渐完善并且日臻成熟的过程。例如，在新的建筑技术推广应用的初期，或多或少会有不确定性因素的存在，可能给工程项目带来难以预测的风险。但是决策者不应该因为风险的存在就完全放弃对新技术的采用，而应对其潜在风险进行深入全面的研究，并提出合理的应对措施。

6.3.2 建设工程风险转移

1. 风险转移的内涵

风险转移，又称为合伙风险分担，是指在不降低风险水平的情况下，将风险转移至参与该项目的其他人或其他组织。风险转移是建设项目管理中广泛应用的风险应对方法，其目的不是降低风险发生的概率和减轻不利后果，而是通过合同或协议，在风险事故发生时将损失的一部分转移到有能力承受或控制项目风险的个人或组织。

因此，选择适当、合理的风险转移策略，是一种高水平管理的体现。在工程建设过程中，可选择的风险转移方法多种多样，如选择合同转移、进行工程分包、购买工程保险等。

2. 风险转移的原则

（1）必须让承担风险者得到相应水平的收益

风险转移并不意味着接受方肯定会遭受风险损失，在某些环境下，风险转移者和接受者可能会双赢。例如，承包商承包的项目的某部分子项目并不是其擅长的，在技术和施工设备等方面存在问题，若由该承包商自身完成，则会出现质量和施工成本方面的巨大风险。因此，在业主同意的条件下，承包商对该部分工程进行了分包，选择了一家经验丰富的专业承包商承担了该部分工程的施工。这样，对该承包商来说，避免了承担该部分子项目的质量风险和成本风险；同时对于专业承包商而言，可充分利用其技术和经验的优势，从承担的子项目中获得收益。又如，基于该原则的工程保险，建设单位通过交纳保险费将风险转移给保险公司，一方面，不仅可以获得保险公司提供的专业化风险管理服务，而且一旦风险事件发生，还可以向其进行索赔。另一方面，保险公司可以在收取保险费后进行资金运作，在进行正常理赔业务的同时，使这笔资金增值，以赚取利润。

（2）将风险转移给最有能力承担的一方或多方

根据该原则，风险接受方应有相应的技术、财力管理能力等来管理分担到的风险。因为只有通过这样的安排，建设项目风险管理才能取得最好的效果。例如，承包方分担施工过程的风险，设计单位承担设计风险，投资方承担融资风险等。

（3）风险转移的措施正当合法

风险转移措施应当遵守当前国家的法律法规。例如，在我国工程建设领域，非法转包或支解分包的现象时有发生，这种行为不仅破坏了合同关系的稳定性和严肃性，还会导致建设工程管理秩序混乱，甚至造成重大的质量安全事故。

3. 风险转移的方法

风险转移通常有两种方法：①保险转移，即借助第三方——保险公司来转移风险。该方法需要支付一定的费用将风险转移给保险公司，当风险发生时即获得保险公司的补偿。同其他风险应对策略相比，工程保险转移风险的效率是最高的。有关工程保险的知识将在后面的章节中详细讲述。②非保险转移，是通过转移方和被转移方签订协议进行转移的。建设项目风险常见的非保险转移包括出售、合同条款、担保和工程分包等方法。

（1）出售

该方法是指通过买卖契约将风险转移给其他单位，因此，卖方在出售项目所有权的同时也就把与之有关的风险转移给了买方。例如，项目可以通过发行股票或债券筹集资金，股票或债券的认购者在取得项目的一部分所有权时，也同时承担了一部分项目风险；PPP 模式也是国家将工程项目所有权和经营权转让给有实力的公司来共担风险利益。

案例 6-3　发行债券以实现风险转移

江苏中南建设集团股份有限公司在 2017 年面向合格投资者公开发行总额不超过人民币 48 亿元的公司债券，来筹措房地产开发所需要的资金。其债券募集书指出：投资者购买债券将面临利率风险、流动性风险、偿付风险、资信风险、评级风险等各类风险。也就是说，债券公开发行后，未来债券本金及债息的偿还与否，可以根据风险的发生情况而定。投资方支付债券本金作为债券发行的承购，江苏中南建设集团股份有限公司则按约定按期支付高额的债息，并根据未来风险的发生与否，作为后续付息与否及期末债券清偿与否的根据，从而实现风险的转移。

资料来源：中南建设：2017 年面向合格投资者公开发行公司债券（第二期）受托管理事务报告（2018 年度），http：//doc. rongdasoft. com/doc/disclosureDetail？p＝a：1206407508，获取日期：2021-02-15.（经编辑加工）。

案例

（2）合同条款

合同条款是建设项目风险管理实践中采用较多的风险转移方式之一。这种转移风险的实质是利用合同条件来分担风险责任，在合同中列明合同双方的责任条款，要求对方在风险事故发生时承担责任。

例如，在 PPP 项目中有关配套设施的风险，一般要求政府方在项目前期应对配套设施现状做充分调研，后期的配套设施建设更要做出充分的分析论证。对于项目所需的配套设施，应在项目合同中全面规定政府的义务，条款应涵盖建设时间、规模、标准等方面。为了避免配套设施建设延误造成项目损失，可在合同中将配套设施的齐备作为项目合同相关权利义务失效的前提条件。这些规定的实质是将有关配套设施的风险完全转移给政府。

（3）担保

担保是指为他人的债务、违约或失误负间接责任的一种承诺，在建设项目管理上是指银行、保险公司或其他非银行金融机构为项目风险负间接责任一种承诺。当然，为了取得这种承诺，承包商要付出一定代价，但这种代价最终要由项目业主承担。在得到这种承诺后，当项目出现风险时，承包商或业主就可以要求提供担保的银行、保险公司或其他非金融机构代为履约或赔偿。

目前，我国工程建设领域实施的担保内容主要包括：承包商需要提供的投标担保、预付款担保和保修担保，业主需要提供的支付担保以及承包商和业主都应进一步向担保人提供的反担保。有关工程担保的详细内容将在后面的章节介绍。

（4）工程分包

建设工程分包是社会化大生产条件下专业化分工的必然结果。在工程建设过程中，对一些特殊的施工项目，施工总承包单位可能由于自身施工技术经验不足，而在工程建设过程中面临较大的施工风险。在这种情况下，总承包单位可将其转移给专业化施工单位进行建设。这样一来，不仅可以更好地实现工程建设管理的目标，而且可转移潜伏在本项工程中的风险，因而对于总承包单位而言是一个很好的选择。

案例 6-4　三峡工程的分包

以三峡工程（图 6-4）为例，该工程投资规模巨大，包括了土建工程、建筑安装工程、大型机电设备工程、大坝安全监测工程等专业工程。作为总承包单位，其专业技术水平毕竟是有限的，因此有必要选择一些分包单位进行工程分包。例如，仅三峡水利枢纽一期工程就包含了 374 个分包项目，由 12 个主要施工企业中标分包，总金额高达 47.4 亿元人民币。通过工程分包的方式，不仅可以充分发挥分包商的专业技术优势，而且还使总承包单位将施工过程中的一些风险转移给分包单位。可以说，三峡工程的项目分包形式既是业主和总承包单位的要求，也是工程特点的要求。

图 6-4　三峡工程实景图

资料来源：麦斯特方案中心，http：//www.mstjg.cn/Projects/sdzsxsdz.html，

获取日期：2020-12-28。

资料来源：国内项目分包管理透视，百度文库，https：//wenku.baidu.com/view/f37d96860a4e767f5acfa1c7aa00b52acfc79c90.html，获取日期：2021-02-15.（经编辑加工）。

由此看来，采用工程分包进行风险转移，主要有以下两方面的意义。第一，在建筑市场分工逐渐细化的背景下，将工程分包给专业施工单位可以充分发挥其技术优势，提高整个施工生产的效率。另一方面，承包单位将工程分包的同时，也将工程潜在风险转移出去。而这种对原承包人具有风险的施工内容，对分包人不一定存在风险，甚至还可能存在机会。

（5）期货

利用期货进行风险转移，主要有两种方式：套期保值和对冲。

期货具有套期保值功能，可以根据约定的价格锁定远期商品交割价格。例如，房地产商开发的项目预计半年后动工，但是方案评价是现在做的，材料价格也是按照现行期货价格计算的，如果半年内材料价格上涨，房地产商将面临材料价格风险。但是如果在期货市场上现价买入半年之后交割的建材期货，相当于把价格上涨风险转移给了材料供应商或者期货市场投机者。

期货同样具有对冲功能。对冲是指利用两份反向交易的合约，使价格涨落损益相互抵消，从而实现风险的转移。

4. 工程非保险风险转移方法的局限性

工程非保险风险转移是一种较为灵活的风险转移方式，几乎不需要任何直接成本，但在某些方面也存在一些局限性。

1）工程非保险风险转移受到国家法律和标准化合同文本的限制。工程转包是一种十分典型的工程非保险风险转移的方式，但我国法律明确规定不允许工程转包；对于工程分包，我们国家法律法规也明确规定主体工程不能分包。

2）工程非保险风险转移存在一定的盲目性。一方面，风险转移策略是建立在风险分析的基础上的，若分析所用的信息不准，盲目地转移风险，则可能会失去盈利机会。另一方面，若风险转移对象本身就没有足够的抗风险能力，最终可能会招致更大的风险。例如，选择分包商前未进行充分了解，结果发现其施工经验、能力和信誉较差。这就可能潜伏着比原来更大的风险。

3）从理论上讲，工程非保险风险转移是十分经济的，但在某些风险转移中，可能会支付较高的费用。例如，由于法律或合同条款不明确，风险发生后导致相关单位发生争执且无法解决，最终需依靠法律程序处理，这势必要支付一笔可观的费用。

总之，工程非保险转移有其优点，也有其局限性。在具体应用这一策略时，应与其他应对风险的策略相结合，以取得最佳效果。

6.3.3 建设工程风险缓解

1. 风险缓解的内涵

风险缓解，又称风险减轻或风险缓和，是指将建设项目风险的发生概率或后果降低到某一可接受的程度。风险缓解的前提是承认风险事件的客观存在，然后考虑适当的措施去降低风险出现的概率或者削减风险所造成的损失。风险缓解的具体方法和有效性在很大程度上依赖于风险是已知风险、可预测风险还是不可预测风险。

对于已知风险，风险管理者可以采取相应措施加以控制，可以动用项目现有资源降低风险的严重后果和风险发生的频率。例如，由于暴雨的影响，工期可能被拖后。但是通过及时关注天气预报、合理安排施工工序，可以避开暴雨的影响；通过暴雨后及时调整施工时间，可以弥补工期的拖延。

可预测风险和不可预测风险是项目管理者很少或根本不能控制的风险。对于这类风险因素应当加强研究，并提前适当考虑各个风险因素可能的程度，有必要采取迂回策略，包括将可预测的和不可预测的风险变成已知风险，把将来的风险"移"到现在。例如，将地震区待建的高层建筑模型放到震动台上进行强震模拟试验，就可在人为创造的高风险环境下制定建筑抗震措施，以提高抗震措施对现实中地震的应对效果；为减少引进设备在运营时的风险，可以通过详细的考察论证、选派人员参加培训、精心安装、科学调试等来降低不确定性。

在实施风险减轻策略时，最好将建设项目每一个具体"风险"都减轻到可接受水平。各具体风险水平降低了，建设项目整体风险水平在一定程度上也就降低了，项目成功的概率就会增加。

2. 风险缓解的内容

在工程风险管理中，当相关单位有能力消除风险时，一般希望采取措施消除它，当某风险不能消除时，则可考虑采用缓解的措施。风险缓解策略通常包括以下几方面内容。

1）降低风险事件发生的概率。

2）减少构成风险的因素。

3）防止现存风险的进一步扩散。

4）降低风险扩散的速度，限制风险的影响空间。

5）在时间和空间上将风险因素和被保护对象隔离。

6）迅速处理风险造成的损失。

3. 风险缓解的途径

在制定风险缓解措施时必须依据风险特性，尽可能将建设项目风险降低到可接受水平，常见的途径有以下几种：

（1）降低风险发生的可能性

采取各种预防措施以降低风险发生的可能性，是风险缓解的重要途径。例如，生产管理人员通过加强安全教育和强化安全措施，以减少事故发生的机会；施工承包商通过提高质量控制标准和加强质量控制，以防止工程质量不合格以及由质量事故引起的工程返工或罚款。

（2）控制风险损失

控制风险损失是指在风险损失不可避免地要发生的情况下，通过各种措施以遏制损失继续扩大或限制其扩展的范围。例如，业主在确信承包商无力继续实施其委托的工程项目时，决定立即撤换该承包商；施工安全事故发生后，立即采取紧急救护措施；在建筑工程中，当出现雨天无法进行室外施工时，尽可能地安排各种人员从事室内作业；工程项目投资人严格控制内部核算，制定种种资金运作方案等。

案例 6-5 高速公路改造工程的风险缓解

以土耳其安卡拉—伊斯坦布尔高铁（图6-5）改造工程为例，我国政府在与土耳其政府签订协议时，由于两国关于贷款信保费政策规定的不一致而使谈判陷入僵局，难以达成一致意见。中国进出口银行向土耳其政府提供7.2亿美元的贷款，需要土耳其政府承担贷款信保费，而土耳其政府自认为其在国际上信贷信誉良好而不愿意接受贷款的其他任何信用附加条件。由于该项目竞争十分激烈，为保证项目中标，我国公司取消了信保费的条件，这也意味着我国公司自行承担信保费。

图 6-5　中企参建安卡拉—伊斯坦布尔高铁二期工程实现通车

资料来源：哈萨克国际通讯社，https：//www. inform. kz/cn/article_a2681590，获取日期：2020-12-28。

此外，由于投标与签约时间相隔两年，国际金融市场也发生了极大的变化。美元贷款利率由投标时的 4% 攀升至超过 6%。同时，欧元及人民币兑美元汇率均大幅上升，钢材等原材料价格成倍上涨，而中方公司的设备和材料主要来源于国内及欧洲，这使项目报价时预留的风险费及利润几乎全部被抵消。同时，信保费及利息差给中方公司造成了极大的资金压力。为了降低损失，负责融资的我国公司向我国政府提出申请，希望通过政府制定政策来降低或免除信保费。同时，与业主协商大幅度减少从国内和欧洲采购材料和设备的比例。

资料来源：国际工程风险管理案例分析（共 7 个案例），百度文库，https：//wenku. baidu. com/view/1988bd05326c1eb91a37f111f18583d048640f13. html，获取日期：2021-02-18.（经编辑加工）。

（3）分散风险

分散风险也是指通过增加风险承担者，减轻每个个体承担的风险压力，达到集体共同分担风险的目的。这种处理可以将风险局限在一定范围内，从而达到减少损失的目的。应用它的理论基础是概率论的大数法则，即增加风险单位的数量。风险单位尤其是同质风险单位数量越多，对未来损失的预测将越接近实际损失。

分散风险通常有以下两种形式。

1）分割风险单位。分割风险单位是将面临损失的风险单位分割，即"化整为零"，而不是将它们全部集中在可能毁于一次损失的同一地点，即"不要把你的鸡蛋放在一只篮子里"。这种分割客观上减少了一次事故的最大预期损失，因为它确实增加了独立的风险单位的数量。例如，大多数 PPP 项目都是由多家实力雄厚的公司组成一个投标联合体，共同参与投标，以发挥各承包商的优势，增加竞争实力。一旦投标失败，其造成的损失不需要单独的投标者承担，而是由联合体的各成员共同承担；如果中标，对于建设过程中的诸多风险，如政治风险、技术风险和经济风险等，多家承包商可以以联合体的形式共同承担，从而减轻各自面临的压力，甚至有将风险转化为发展机会的可能。由此可见，联合投标不但可以提高中标概率，还可以分散投标风险及中标后在工程建设过程中的各种风险。

案例 6-6　轻轨项目的风险分散

某一个轻轨项目位于以色列特拉维夫，是一个比较复杂的国际工程 BOT 项目。其主要工程内容包括：正线全长 21.7km，维修段支线 2.6km，总长 24.3km，包括路基、桥梁、隧道、车站。

2006 年 2 月 24 日，三家以阿尔斯通、庞巴迪、西门子牵头的合包集团分别递交了投标书，2006 年 12 月 31 日业主宣布 MTS 合包集团为优先中标人，阿尔斯通合包集团为候补中标人。2007 年 5 月 28 日，业主和 MTS 合包集团签订特许经营协议。MTS 合包集团是以西门子为首的五家公司以股本金方式成立的项目公司，包括德国西门子公司、非洲-以色列投资公司、以色列 EGGED 巴士公司与荷兰 HTM 公司组成的小联合体、葡萄牙 SDC 公司、中国土木工程公司。

在发达的以色列，国家法律法规、行业规定极其完善，政策执行十分严格，这就决定着投标的联合体需要极高的商业运作、融资、协调、组合管理及合同管理才能，才有可能中标并在项目建设、运营中盈利。为确保项目顺利实施，MTS 合包集团成立了土建联合体、机电联合体等，各联合体公司分别以股份形式成立。机电部分由西门子独家负责实施，土建部分由非洲-以色列投资公司、中国土木工程公司、葡萄牙 SDC 公司以股份形式成立的联合体 CJV 负责实施。针对如此庞大复杂的组织机构，MTS 合包集团聘请了由英国财务公司、当地律师事务所组成的外部咨询公司为合包集团提供金融、工程、法律咨询服务，以形成外部支持。MTS 合包集团组织机构如图 6-6 所示。

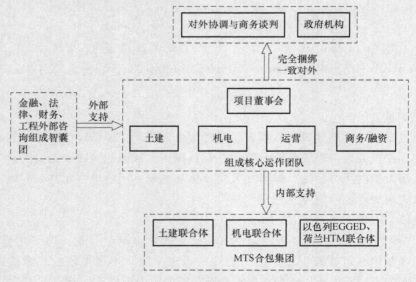

图 6-6　MTS 合包集团组织机构

资料来源：国际工程风险管理案例分析（共 7 个案例），百度文库，https：//wenku. baidu. com/view/1988bd05326c1eb91a37f111f18583d048640f13. html，获取日期：2021-02-18.（经编辑加工）。

2）复制风险单位。这即增加风险单位数量，完全重复备份备用的资产或设备，但只有在使用的资产或设备遭受损失后才会将其投入使用。例如施工企业存储重要的设备、配备后备人员等。

案例 6-7　水利枢纽工程的风险分散

我国某公司在承包伊朗塔里干水利枢纽工程（图 6-7）时，项目部为了保证项目的进度，投入了近 2 亿元人民币的各类大型施工机械设备，其中包括挖掘机 14 台、推土机 12 台、45t 自卸汽车 35 台、25t 自卸汽车 10 台、装卸机 7 台、钻机 5 台和振动碾 6 台等。正常情况下不是所有的这些设备都需要投入使用。此外，现场进驻各类技术干部、工长和熟练工人约 200 人，雇用伊朗当地劳务约 550 人，项目配备的人员也高于标准配置。该项目就是采用了分散风险中的复制风险单位方式，虽然投入成本较大，但是有效保证了项目的进度。

图 6-7　伊朗塔里干水利枢纽工程

资料来源：百度百科，https://baike.baidu.com/item/%E4%BC%8A%E6%9C%97%E5%A1%94%E9%87%8C%E5%B9%B2%E6%B0%B4%E5%88%A9%E6%9E%A2%E7%BA%BD%E5%B7%A5%E7%A8%8B/9279576? fr=aladdin，获取日期：2020-12-28。

资料来源：成功案例　某公司实施伊朗某大坝项目，豆丁，https://www.docin.com/p-112687500.html，获取日期：2021-02-18.（经编辑加工）。

（4）后备应急措施

风险发生后，若事先考虑了后备应急措施，则风险的损失将会受到遏制，对工程项目目标的实现不会造成太大的影响。工程项目风险管理中的后备应急措施包括进度、技术（质量）和费用三个方面。

4. 风险缓解的特点

风险缓解和风险规避及风险转移相比，有下列特点：

1）风险缓解的前提是承认风险事件的客观存在，然后考虑采用适当措施去降低风险出现的概率或者削减风险所造成的损失，而不是设法去消除风险，以实现工程项目的目标。

2）在工程项目风险管理中，当有能力消除风险时，一般总希望采取措施消除之，当某风险不能消除时，则只能采用风险缓解的应对措施。

3）对于项目主体而言，风险缓解不是从根本上消除风险，在这一点上它和风险规避及风险转移的效果是不一样的。因此，一般而言在众多的风险应对措施中，风险缓解仅作为一种辅助措施。

6.3.4 建设工程风险自留

1. 风险自留的内涵

风险自留，又称风险接受，是指项目管理单位权衡了其他风险应对策略之后，出于经济性和可行性的考虑，仍将工程风险保留在主体内部，并采取内部控制等措施来化解风险，或者对这些保留下来的工程风险不采取任何措施，自行承担风险后果的一种风险应对策略。这种策略意味着项目主体不改变原有计划或不能找到其他适当的风险应对策略。采取风险自留应对措施时，一般需要准备一笔费用。风险一旦发生，则将这笔费用用于补偿损失；如果损失不发生，则这笔费用即可节余。

风险自留不同于风险规避，它不是设法避免风险，而是允许风险的发生，并承担风险损失；风险自留不同于风险转移，它不是将风险转移给他人，而是由自己承担；风险自留也不同于风险缓和，它不采取专门的预防措施。

2. 风险自留的分类

对于风险承担单位而言，风险自留可以是主动的、积极的，也可以是被动的、消极的。从风险主体的承受意愿出发，风险自留可分成两类：主动风险自留和被动风险自留。

（1）主动风险自留

主动风险自留又称计划性自留，是指对于某些风险，风险承担单位在识别风险及损失，并权衡了其他风险处置技术后，主动决定自己承担风险损失的全部或部分，并适当安排一定的财力准备。例如，在工程中一般都安排一定的非基金储备，用于应对工程风险一旦发生而增加的额外费用。主动风险自留的应用条件是，决策者充分把握了风险发生的可能性和损失后果，并且自留的风险不能超过工程主体的风险承载能力。

（2）被动风险自留

被动风险自留又称非计划性自留，是指风险承担单位在没有充分识别风险及其损失，且没有考虑其他风险应对对策的条件下，不得不自己承担损失后果的风险应对方式。显然，被动风险自留是消极的应对行为。采取被动风险自留时，风险承担单位往往没有任何心理和财力上的准备，是一种不作为，而这往往会导致风险事件的发生，并使整个工程陷入危机。

3. 风险自留的适用范围

在工程建设的过程中，对于发生频率低、损失强度小的风险，往往采用风险自留更为有利。风险自留主要适用于下列情况：

（1）风险自留预留费用低于向保险公司投保需交纳的保费

风险自留可以节省向保险公司交纳的承保费、理赔管理费，从而减少期望现金流出。

（2）工程风险最大期望损失小

对于损失程度不太严重的风险，如果项目管理单位能够承担起风险损失，那么自留不失为最经济的方法。

（3）短期内项目管理单位有承受最大预期损失的经济行为

项目管理单位的财务能力要足以承担风险可能造成的最坏后果。一旦自留的风险发生且造成损失，项目管理单位应有充分的财务准备，这样才不会使企业的生产活动受到很大的影响。

（4）管理人员素质高，管理能力强

采用风险自留的策略对管理人员的要求也很高，决策者的风险应对态度以及对风险的判断和应对能力都会影响风险自留的实施效果。

（5）无法采取其他有效的风险应对策略

有些风险既不能避免，又不能预防，且没有转移的可能性。在其他处理风险的方法都不可取的情况下，风险自留是最后的方法。

如实际情况与上述条件存在较大的偏差，则应放弃主动自留风险。

4. 风险自留的后备措施

当项目主体决定采取风险自留后，需要对风险事件提前做一些准备，这些准备称为风险后备措施，主要包括费用、进度和技术三种措施。

（1）费用后备措施

科学的风险自留虽然在事前对风险不加以控制，但有必要设置一定的预留费用，以应对风险事件发生后对工程项目产生的影响。具体来讲，项目管理单位可以采取以下措施设置预留费用。

1）从现金净收入中支出。采用这种方式时，在财务上并不对自留风险做特别的安排，而是在损失发生后从现金净收入中支出，或将损失费用计入当期成本。实际上，被动风险自留通常都采用这种方式。因此，这种方式不能体现主动风险自留的"主动性"。

2）建立非基金储备。这种方式是设立一定数量的备用金，但其用途并不是专门针对自留的风险，其他原因引起的额外费用也在其中支出。例如，本属于风险转移策略范围内的风险实际损失费用，甚至一些不属于风险管理范畴的额外费用支出。

3）成立专业自保公司。专业自保公司是企业（母公司）自己设立的保险公司，旨在对本企业和附属企业所负责工程项目的风险进行保险或再保险安排。中国石化总公司实行的"安全生产保证基金"可算我国大型企业第一个专业自保公司的雏形。成立自保公司后，企业不需通过代理人或经纪人开展保险业务，从而节约了大笔的佣金和管理费，此外，专业自保公司更易于了解工程项目所面临的风险类别和特性，可以根据项目主体的特点扩大保险责任范围，提高保险限额，根据自身情况采取更为灵活的经营策略，开发有利于投保人长期利益的保险险种和保险项目。

4）借入资金

借入资金是指风险事件发生后，项目管理单位由于内部资金有限，而采取向银行贷款或从其他渠道进行融资的措施。由于工程风险事件的突发性和损失的不确定性，工程项目管理单位也可以在风险事件发生前，与银行达成应急贷款协议。风险事件一旦发生，项目管理单位可以及时地获得贷款以解决燃眉之急，之后再按协议约定条件还款。

（2）进度后备措施

对于建设项目进度方面的不确定因素，项目各方一般不希望以延长时间的方式来解决。因此，项目管理班子就要设法制订较紧凑的进度计划，争取在项目各方要求完成的日期之前完成项目。从网络计划的观点来看，进度后备措施就是通过压缩关键路线各工序时间，以便设置一段时差或者浮动时间，即后备时差。

压缩关键路线各工序时间有两类方法：减少工序（活动）时间或改变工序间的逻辑关系。一般来说，这两种方法都要增加资源的投入，甚至带来风险，因此，应用时需要仔细斟酌。

案例 6-8　跨海大桥风险自留的进度后备措施

澳门西湾大桥（图 6-8）是连接澳门半岛与氹仔岛的一座跨海大桥，此项目由中铁大桥勘测设计院集团有限公司组建的联合体设计施工总承包。该项目施工难度大，技术含量较高。其中项目采用的全预应力混凝土上、下层箱斜拉桥型在世界上首次使用。此外，由于在海上施工，地质情况复杂；斜拉桥主塔高 85m，造型特别，技术难度极高。正常情况下，此项目合理工期为三年。但是澳门特区政府希望并要求大桥在澳门回归五周年之际通车，即只有 28 个月的合同工期，并在总承包合同中予以明确，延期将罚款，且数额不菲。这样，进度风险成为项目最大的风险。

项目部决定采用边勘探、边设计、边施工方式，加强工期进度管理，加强设计、施工协调组织配合。联合体三家公司领导也高度重视，三家公司的总部均都将该项目列为重点工程，在组织上给予了积极支持，并采取了相关措施：①尽早进行施工方案审核；②科学实施进度计划管理；③做好材料设备报批与供应；④加强信息化管理。

图 6-8　澳门西湾大桥实景图

资料来源：百度百科，https：//baike.baidu.com/item/%E8%A5%BF%E6%B9%BE%E5%A4%A7%E6%A1%A5/7524123，获取日期：2020-12-28。

以上措施为控制进度风险提供了有力保障。同时，在项目实施过程中，针对具体情况，项目部计划进度和协调管理部及时对原计划进行了调整，确保了最终计划的落实。大桥自 2002 年 12 月正式开始动工建设，于 2004 年 6 月完成主体合龙，8 月全桥贯通，在澳门回归五周年之际顺利完工。

资料来源：国际工程风险管理案例分析（共 7 个案例），百度文库，https：//wenku.baidu.com/view/1988bd05326c1eb91a37f111f18583d048640f13.html，获取日期：2021-02-18.（经编辑加工）。

（3）技术后备措施

技术后备措施专门用于应付项目的技术风险，是预先准备好的一段时间或资金。一般来说，技术后备措施用上的可能性很小，只有当小概率风险事件发生，需要采取补救行动时，才动用技术后备措施。技术后备措施分两种情况：技术应急费和技术后备时间。

1）技术应急费。对于项目经理来说，最好在项目预算中打入足够资金以备不时之需。但是，项目执行组织高层领导却不愿意为不大可能用得上的措施投入资金。由于采取补救措施行动的可能性不大，所以技术应急费应当以预计的补救行动费用与它发生的概率之积来计算。这时，项目经理就会遇到下列问题：如果项目始终不需要动用技术应急费，则项目经理手上就会多出这笔资金；但一旦发生技术风险，需要动用技术应急费时，这笔资金还不够。

解决的办法是：技术应急费不列入项目预算而是单独提出来，放到公司管理备用金账上，由项目执行组织高层领导控制。同时公司管理备用金账上还有其他项目提取出的各种风险基金，这就好像是各个项目向公司交纳的保险费。这样的做法的好处：一是公司领导高层可以由此全面了解全公司各项目班子承担了多大的风险；二是一旦真出现了技术风险，公司高层领导很容易批准动用这笔从各项目集中上来的资金；三是可以避免技术应急费被挪作他用。

2）技术备用时间。为了应对技术风险造成的进度拖延，应该事先准备好一段备用时间。不过，确定备用时间要比确定技术应急费复杂。一般的做法是在进度计划中专设一个里程碑，提醒项目管理班子：此处应当留意技术风险。

5. 风险自留方法的局限性

风险自留是最经常使用的一种财务型应对策略，在许多情况下有着积极的作用，但也存在着局限性，具体体现在：

1）风险自留存在盲目性。理论上来说，进行风险自留必须要充分掌握风险事件的信息，然而实际上，任何风险承担单位都无法精确地了解风险事件发生概率及其损失程度，也不能确定项目主体能否承受该风险事件的后果，在这种情况下，很多管理人员会心存侥幸，对一些可能风险较大的事件也不制定积极的应对策略，造成大量被动风险自留，最终严重影响项目目标的实现。因此，充分掌握该风险事件的信息是风险自留的前提。

2）风险自留可能面临更大的风险。将风险自留作为一种风险应对策略应用时，则可能面临着某种程度的风险及损失后果。甚至在极端情况下，风险自留可能使建设项目承担非常大的风险，以至于可能危及建设项目主体的生存和发展。因此，具有一定的财力是风险自留的前提条件。

6.3.5　建设工程风险利用

1. 风险利用的内涵

应对风险不能仅仅只是回避、转移、缓解、自留，更高一个层次的应对措施是风险利用。风险利用是指经过风险识别和评判后，公司利用某些风险产生的机遇，使自己利益最大化的行为。

根据风险定义可知，风险是一种消极的、潜在的不利后果，同时也是一种获利的机会。

也就是说，并不是所有类型的风险都带来损失，其中有些风险只要被正确处置，是可被利用并产生额外收益的，这就是所谓的风险利用。

风险利用仅对投机风险而言，原则上投机风险大部分有被利用的可能，但并不是轻易就能取得成功，因为投机风险具有两面性，有时利大于弊，有时相反。风险利用就是促进风险向有利的方向发展。

当考虑是否利用某风险时，首先，应分析该风险利用的可能性大小和利用的价值；其次，必须对利用该风险所需付出的代价进行分析，在此基础上客观地检查和评估自身承受风险的能力。如果得失相当或得不偿失，则没有承担的意义。或者效益虽然很大，但风险损失超过自己的承受能力，也不宜硬性承担。

2. 风险利用的可能性和必要性

建设项目风险利用的可能性包括以下七个方面：

（1）风险中蕴藏着利润

盈利的机遇并不是显而易见、随时都有的，恰恰相反，它常常给人的印象是风险，令人望而生畏。例如一项投资经营，人们虽然能想到其投资收益，但最先给人的印象是这项投资必然要面临的风险。例如投资失败情况下身败名裂、倾家荡产等。即使在日常生活中也是如此。例如学开汽车，许多人会立即想到开汽车会出车祸，一旦出了车祸就有可能车毁人亡，因此许多人不愿开车。经营活动中存在着各种风险是必然的。但在许多情况下，风险中蕴藏着利润，或者说风险与利润并存，利润潜伏于风险之中，除去风险即可取得利润；或者利润存在于风险的迷雾之中，拨开迷雾，方见真正的景象；或者说风险是获利的引桥，只有踏过风险这座引桥，方可到达利润的宝库。这有如深山探宝，不踏越荆棘丛生的羊肠小道或险象环生的机关陷阱，就无法取得宝藏。

（2）利润与风险并存

风险产生于主观判断与客观实践之间的差异。存在这种差异是必然的。如果没有差异，也就没有风险。差异有顺差和逆差，也就是说存在着对经营者有利和不利的差异。所谓有利的差异，是指实际发生的风险并没有主观推测的那么严重，甚至出现完全相反的局面，从而对经营者有利。工程投标报价时，承包商通常都考虑一定比例（通常占总价5%）的不可预见费。实施工程时，因其预先采取种种风险控制措施，实际发生的风险费很可能大大低于这个比例。这样承包商原来的不可预见费很可能有一部分转化成利润。

经营实践中，利润与风险并存。承担一定的风险是取得利润的前提条件，拒绝承担风险就无法取得利润。例如带资承包，有些国家规定对承包工程不支付预付款，承包商要想实施承包工程，必须自备启动资金。毫无疑问，自备启动资金是有风险的。首先，承包商要考虑融资，要借贷，因而要支付借贷利息；其次，这笔借贷利息只能靠承包工程获取的利润偿还，而承包工程的利润多少，完全靠自己创造。多数情况下，只要承包商在投标报价及履约各阶段不出现重大失误，承包工程是有利可图的。如果承包商要赢取利润，首先必须承担带资承包的风险。如果承包商资金实力雄厚，则可以只提供启动资金，而将工程实施任务依法发包给没有资金实力但有较强的施工和管理能力的另一家公司，则承包商就可通过仅仅承担带资风险而获取远远高于单纯投资或存款的利润。

（3）风险因素可以改变

风险的发生是多种因素变化的结果。这些因素始终处于内外因变化而导致的变化之中。

不同的阶段，风险因素所起的作用不同。例如投标报价阶段，价格因素是中标的关键。而签订合同后，业主的履约意愿和外界客观的条件就成为合同能否顺利实施的关键。然而，所有这些风险因素并非一成不变。比如投标报价，虽然价格因素至关重要，但根据国际惯例，报价虽然是主要标准，但不是唯一标准。承包商可以通过各种手段，在不压总价或尽量少压价的条件下争取项目。在履约期间，许多情况都在不断变化。原来预测会造成损失的子项或工程部分，可能因承包商比较重视或预先已有防范措施而不再成为风险。相反，被认为安全无事的部分却有可能因麻痹大意而造成损失，变成项目的风险隐患。既然风险可以改变，承包商和投资商或业主都可以尽自己最大努力，对风险因素予以因势利导，或者改变风险性质，以为其所用。例如某承包商因报价失误而面临承包工程巨额亏损的风险，承包商本想中途废约，但如果主动要求废约，无疑要承担巨额赔偿。于是承包商利用业主方面履约不力的弱点，向业主提出种种合理却难以满足的要求。最后业主无奈，只好满足承包商的索赔要求。承包商不仅避免了巨额亏损，而且获得了数目可观的索赔收益。

（4）风险可以成为索赔的合法动因

承包工程可能会遇到多种风险，其中有相当一部分可以成为向业主或保险公司进行索赔的合法动因，如政治风险、社会风险和自然风险等。如前所述，这些风险包括由多种因素引起的导致承包商蒙受损失的风险。承包商通过科学的预测和应变策略的灵活运用，可在风险发生前或发生期间采取各种防范或控制措施，尽可能减少自己的实际损失。

案例 6-9　某公司利用风险来索赔

某公司在外国以预期利润为负数的报价获取了一项总价达 2.27 亿美元的大型建筑群工程。合同工期长达四年之久。施工期间，该国发生了大规模的动乱，当局宣布对部分地区实行戒严。工程所在地恰好在戒严地区。戒严期间发生了枪击事件，工地上有个别工人在正常作业时被流弹击伤，已安装好的巨幅玻璃有几块被子弹击穿。该公司遂停工半月，将其外籍雇员遣散回家。半月之后，该国秩序恢复正常，工程全面复工。该公司则利用该政治事件向业主提出巨额索赔。

索赔动因为不可抗力事件。理由是 8000 名施工人员在生命无保障的环境下施工；因枪击威胁只好对几千块巨幅玻璃加强保护措施，由此增加了巨额费用；外籍雇员临时遣散期间工资照发，国际旅费及相关费用导致工程开支加大。

资料来源：工程项目风险规划与监控，百度文库，https：//wenku. baidu. com/view/0173bd77b5daa58da0116c175f0e7cd1842518f8. html，获取日期：2021-02-18. （经编辑加工）。

（5）风险并非永恒不变

建设项目风险的因素是在变化的，风险发生于多种因素的变化之中，随着时间的推移和形势的发展，风险产生的因素可能已经不复存在。在某一时期，一个市场或一项经济活动可能面临重大风险，而在另一时期，这些风险可能不复存在。例如，20 世纪 80 年代末 90 年代初，因西方势力企图孤立制裁，我国的国际援助锐减，外商投资骤停，一些外国企业因目光短浅而纷纷撤离；可是就在这时，另一批企业家却踊跃来华投资，在我国建立基业。时隔不久，我国的形势大大改观，这些来华投资的企业很快就获得可观的效益。因此，如果能清楚地认识风险，就有可能利用风险，化不利后果为发展的机会。

案例 6-10 某工程利用风险获利

某工程所在国因处理国内政治事件招致国际势力制裁。国际金融机构纷纷停止在该国的投资，导致这个国家资金短缺，投资环境恶化，外国投资商纷纷取消或终止原已承诺的投资项目。然而就在这个时候，外国某公司却大胆进入该国，以最优惠价格购买了大面积土地的使用权，并承揽了数额巨大的工程。两年后，该国处境好转，外商纷纷返回。该国的土地使用价格上扬数倍。这时这家公司将其两年前低价购买的地皮以高出买入价格数倍的价格转让，获取了巨额利润。而且，这家公司在两年前承揽的工程因信誉好、有合作诚意而深得业主好评。在索赔谈判中，业主也以高姿态回报，使其不费较大努力即获得巨额补偿。

资料来源：工程项目风险规划与监控，百度文库，https：//wenku.baidu.com/view/0173bd77b5daa58da0116c175f0e7cd1842518f8.html，获取日期：2021-02-18.（经编辑加工）。

（6）风险并非千篇一律

虽然风险无处不有，但不同的地方不大可能发生同样的风险。而同一风险在不同的人身上也会产生不同的效应。根据这一规律，经营者可运用自己的智谋，在不同的风险之间寻求平衡点或探讨可利用之机。从事工程承包自然会碰上各种风险，但这些风险不会全都发生在同一国家或同一项目上。例如有些国家虽然发包工程不支付预付款，但进度付款及时，工程各项支付都有保证，而且工程贷款利息可进入成本，作为利润税扣除。这样，承包商承揽该国工程只需筹措前期启动资金，其余问题均不用担心。承包商可通过银行，尤其是本国银行取得优惠贷款作为启动资金，按工程所在国商业贷款利率计算贷款利息纳入成本。由于通常情况下，商业贷款利率远比优惠贷款高，承包商因而可赚取利率差。

（7）风险的大小因主体而异

风险的大小是相对于单位主体的承受能力而言的，实力较弱的公司能承担的风险较小，实力强劲的公司能够承受更大的风险。同一个风险因素，对某些中小公司而言是不可承受之重大风险，对大型公司而言是可以承受的小风险。因此，当行业景气度下滑，往往出现行业的集中度提高、"大鱼吃小鱼"的现象，小公司抗风险能力弱，大型龙头公司实力强劲，可以承受较大风险，并且充分利用行业整体风险做大做强。

建设项目风险利用不仅是可能的，而且是完全必要的，主要体现在：

1）风险中蕴藏机会，冒一定的风险才能换取高额利润或长期利润。盈利的机会并不是显而易见、随处可得的，是蕴藏在风险之中的，而且盈利越多往往风险越大。

2）风险是社会生产发展的动力。在市场机制下，不论进行何种经营活动，总会面临着竞争，有竞争就会有风险。因此，从这个角度看，风险是社会生产活动的动力，正是这种竞争和风险的存在，才促进社会生产的发展。

3. 风险利用的要点

风险利用对实施主体有相当高的要求，除了要求公司资金实力雄厚，还要求公司风险识别控制能力强，并且及时发现风险伴随的机会。当决定采取风险利用策略后，风险管理人员应考虑以下几个方面：

1）分析风险利用的可能性和利用价值。在风险识别阶段就要识别出投机风险。分析者应进一步分析投机风险利用的可能性和价值，利用可能性不大或利用价值不大的，一般不作为利用对象。该内容主要包括：存在的风险因素及其可能导致的结果；风险事件最后可能导致的结果；由各风险因素的特点，探求改变或利用这些因素的可能性；利用风险可能带来的结果等。

2）分析风险利用代价、评估承载风险的能力。风险利用的代价包括多方面，不仅包括直接影响，还包括隐性影响。例如，为了开拓市场，要承揽风险较大的项目，项目风险带来的影响可能是本项目的损失，隐性的影响是该项目占用了企业大量的资源，减少了其他盈利的机会，项目失败会给企业的信誉和市场占有率带来影响，这都要计算为风险利用的代价。此时还要考虑企业承担风险的能力，如果企业承担的能力小于风险可能带来的损失，则还是不要冒险。

3）注意风险利用的策略。决定利用某一风险后，风险决策人员和风险管理人员应该制定相应的策略或行动方案。一般风险利用要注意以下几点：风险利用的决策要当机立断，风险利用就是要利用机会，而机会往往一闪即逝；要量力而行，每个组织或项目经理承受的风险程度不同，他所能够利用的风险也不同；要灵活处理；风险利用本身具有不确定性，不能希望每个风险都能够利用上。

4）要严密监测风险，及时调整应对措施。既要制定充分利用、扩大战果的方案，又要考虑退却的部署，毕竟投机风险具有两面性。风险因素可能不一定按照预期形势发展，在实施期间，不掉以轻心，应密切监控风险的变化。若出现机遇，要当机立断，扩大战果；若发现形势往预期相反方向发展，应该及时重新评估风险，并采取应对措施。

6.3.6 常见风险应对措施

在应对工程风险时，可根据风险的性质、风险发生的概率和风险损失大小等，提出多种策略。本书重点介绍了风险回避、风险转移、风险缓解、风险自留以及风险利用五种策略。每一种策略都有侧重点，具体采取哪种风险组合应对策略，取决于工程风险评估的结果。因此，项目管理单位应该具备一定的风险分析能力，能够在复杂多变的工程环境下，选择合适的风险应对方法，在风险、收益、成本之间取得平衡。

工程风险贯穿于工程建设的全过程，按照风险产生的原因及性质可分为以下五类：工程设计风险、自然环境风险、社会环境风险、经济风险、工程施工风险。在工程项目风险管理实践中，人们已经针对上述五类风险总结了常用的应对策略。表 6-4 是在工程项目建设中遇到各类风险因素时建议采取的风险应对策略和措施。

表 6-4 常见风险应对策略和措施

风 险 源	风险应对策略	措 施
1. 工程设计风险		
设计深度不够	风险自留	索赔
设计缺陷或忽视	风险自留	索赔
地质条件复杂	风险转移	合同条件中分清责任

（续）

风　险　源	风险应对策略	措　　施
2. 自然环境风险		
对永久结构的损害	风险转移	购买保险
对材料、设备的损害	风险缓解	加强保护措施
造成人员伤亡	风险转移	购买保险
火灾	风险转移	购买保险
洪灾	风险转移	购买保险
地震	风险转移	购买保险
泥石流	风险转移	购买保险
塌方	风险缓解	预防措施
3. 社会环境风险		
法律法规变化	风险自留	索赔
战争和内乱	风险转移	购买保险
没收	风险自留	运用合同条件
禁运	风险缓解	降低损失
节日影响施工	风险自留	预留损失费
社会风气腐败	风险自留	预留损失费
污染及安全规则约束	风险自留	制订保护和安全计划
4. 经济风险		
通货膨胀	风险自留	价格调整公示或预留损失费
汇率浮动	风险转移	投标汇率险，套汇交易
	风险自留	合同中规定固定汇率
	风险利用	市场调汇
分包商或供应商违约	风险转移	履约保函
	风险回避	进行资格预审
业主违约约	风险自留	索赔
	风险转移	严格合同条件
项目资金无保证	风险回避	放弃承包
标价过低	风险缓解	分包
5. 工程施工风险		
劳务争端或内部罢工	风险自留	预防措施
施工现场条件恶劣	风险自留	改善现场条件
	风险转移	投保第三者险
工作失误	风险缓解	严格规章制度
	风险转移	投标工作全险
设备损毁	风险转移	购买保险
工伤事故	风险转移	购买保险

6.4 | 工程项目风险分担机制

　　工程项目各参与方既是项目的合作者，也是项目收益的共享者。工程项目能否顺利完工并取得预期收益，在很大程度上取决于项目参与方对风险的分析和控制能力。工程项目必须建立相应的风险分担机制和责任约束机制，以保障各方收益与所承担的风险相协调，保证项目活动一致有序，最大化项目收益，降低项目风险。

6.4.1　风险分担概述

1. 风险分担的内涵

　　风险分担作为风险应对的一种措施，通常定义于合同条文中。但是在合同制定的过程中，合同制定者总是将更多的风险转移给对方，而合同中不合理的风险分担条款不仅会增加双方在达成一致协议前所需的谈判时间和成本，还可能会增加施工过程中的变更、调价、索赔等事件的发生频率，甚至引起双方的纠纷，影响项目的顺利进行和项目目标的实现。因此与其他风险应对策略相比，风险分担是实现项目目标的重要途径，也是风险管理的研究重点。

　　风险分担被定义为，对可能会导致项目未来损失或收益的责任的界定和划分的过程，在此基础上，结合工程风险的相关概念，将风险分担定义为：建设工程项目合同双方以分别承担或共同承担的形式，形成项目风险划分，使得双方都具有承担相应风险的责任、获取相应风险收益的权利的过程。

2. 风险分担的主体

　　风险分担主体的确定是风险分担的前提。建设工程项目从项目的立项、可行性研究到最后项目的竣工结束一般要经过一个较长的周期，项目全过程涉及项目立项、项目设计、项目融资、项目建造等多个环节。这些环节涉及业主方、设计方、承包商、监理方等多个参与方，而在众多参与方中，业主和承包商对于工程项目的参与度是最高的。

　　对于建设工程项目来说，项目的全部风险首先是在业主和承包商之间进行分配的，然后业主再通过与咨询机构、设计方和监理机构等签订相应的合同，将分配给自己的部分风险通过相关合同条款的约定进行转移，这是业主对于分配给自己的风险所采取的应对措施。同样，对于承包商来说，也可以通过与分包商和供应商签订合同，将自己的部分风险转移出去。所以，本书在进行建筑工程项目风险分担的主体分析中，主要研究风险在业主和承包商之间的分担情况。

　　（1）业主

　　在建设工程项目中，业主是工程项目的发起人，也是项目的投资方、监督人和项目最终的拥有者。业主在发起项目，并确定了承发包模式后，将通过招标的方式选出合适的承包商作为工程项目的承建者。承包商与业主签订合同后，开始按照合同中的规定履行自己的建设任务。业主作为连接项目各参与方的纽带，需要对项目的整个过程进行全面支持，自然也需要在一定程度上承担项目在进行过程中产生的风险。在建设工程项目中，业主对于工程项目的态度、在项目实施过程中履行自己义务、使用自己权利的情况，都会直接到影响项目风险管理的结果。

（2）承包商

承包商作为项目的主要建造者，是项目实施的主体，承包商在建筑工程项目中发挥着十分重要的作用。如果业主将建设工程分为若干个独立的合同，则凡直接与业主签订承包合同的都叫作承包商；如果业主与一家公司签订合同将整个工程发包下去，则该公司被称为总承包商。承包商在与业主签订合同时，会通过一些条款的约定来保障自身的利益，但是承包商在拥有获取相应经济利益权利的同时，也需要承担相应的风险。在不同的承发包模式下，承包商需要履行不同的义务，同时也享有不同的权利。

在分项直接发包模式中，承包商是指与业主签订发包合同的相应专业公司。在该模式下承包商不止一个，此时需要根据所签订的合同内容，将所涉及的风险在业主和相应的承包商之间进行分配。在施工总承包模式中，承包商是指与业主签订施工总承包合同的总承包商。在设计-施工总承包模式中，承包商是指设计-施工总承包商，此时承包商不仅负责项目的施工任务，还同时承担了项目的设计工作。在设计-采购-施工总承包模式中，承包商是指为业主提供全面服务的设计-采购-施工总承包商，该模式下的承包商通常是一家大型的建筑施工企业或者承包商联合体，承包商将承担工程项目的设计、设备承发包、工程施工，直到交付使用的全部工作。在分阶段发包模式中，承包商是指与业主签订合同的 CM⊖ 总承包商。

3. 影响风险分担决策的因素

影响风险分担主体进行风险分担决策的内部原因是风险分担决策影响因素，风险分担主体在进行风险分担决策时，必然会受到很多主观因素的影响，主要包括：

1）收益的大小。收益总是与损失的可能性相对应。收益越大，合作主体愿意承担的风险也就越大。损失的可能性和数额越大，合作主体希望为弥补损失得到的收益也越大。

2）投入的大小。项目参与方在项目中投入越多，则对项目进展和前景越关心，对项目管理和决策活动越积极。通常，项目投资中占比越大，决策权越大，对项目建设和运营的影响力越大，对承担的风险也越敏感。一般工程项目风险分担秉承"谁投资、谁决策、谁受益、谁承担风险"的原则。

3）项目活动主体的地位和拥有的资源

项目活动主体在社会经济中的地位越高，拥有的资源越多，其风险承受能力就越大。政府掌握全国的公共资源、公共信息和审核审批等公权力，在与企业合作中处于相对强势和主动的地位；而企业常常是真正承担建设、运营和管理项目的一方，掌握工程项目的第一手情况和信息，它在工程、商业、管理等方面的专业性是政府无法比拟的。政企地位的不平衡、双方信息的不对称，可能会引起权责分配和风险分担的不平衡，削弱决策能力和执行力，导致相对弱势一方的利益受损。

4. 风险分担的意义

合理分担风险始终是工程项目管理实务界追求的目标，对完成项目绩效目标与维系工程项目中良好的合作关系具有导向性的决定作用。

（1）对各责任主体行为产生约束力，使各责任主体利益有保障

风险分担在建设工程管理中产生的效用主要体现在经济上和结果上。当风险分担的格局形成，某一责任主体由于不愿承担相应的责任，必然影响其他责任主体的利益，其他责任主

⊖ 其全称是 Fast-track Construction Management，直译为快速施工管理，是由业主委托一家 CM 单位承担项目管理工作。

体也可能会不愿意承担相应责任，从而各方的利益均会受到损失。这一现象将会对各责任方的行为产生一定的约束力，迫使责任主体主动承担责任，最终使各责任主体利益都有保障。

从发包人的角度审视，合理的风险分担通过承包人认同的权责利分配方式，可以降低承包人机会主义行为发生的概率，减少包括监管成本、纠纷解决成本在内的机会主义成本，有助于激励承包人按照发包人的预期目标完成项目任务。从承包人的角度审视，合理的风险分担可以降低承包人因承担能力范围外的风险而造成的损失，减少承包人为获得合理利润而在不平衡报价方案、恶意索赔方案设计上的时间浪费，使其更加关注通过向发包人提供合理化建议等积极手段赢得利润增加额。在发包人与承包人利益同向上升的同时，二者间的关系也将进一步改善，信任水平将得到提升。共同的目标将推进二者将主要精力锁定至改善项目管理绩效之上，形成二者互利共赢的局面。

（2）能真实反映出合同的管理效果

风险分担在建设工程合同管理中产生的效用可从多方面体现，其中产生的效用也能从侧面反映出合同管理的效果。风险分担在建设工程合同管理中能顺利实施且最终能达到预期的效果，说明各单位管理的效果比较良好；反之，则管理的效果较差。

6.4.2　项目风险分担机制的设计

1. 风险分担的依据

确定的风险因素中有些是客观存在的，无法避免的，例如施工环境风险等，对于此类风险而言，风险分担各方主体应共同分担；同时有些是由于人为因素造成的，例如行为风险等，对于这类风险应依据不同的相关条款进行合理分担。然而不同的施工合同存在的风险不同，分担的依据也不同，根据我国工程的现实情况，确定的风险分担的主要依据有 FIDIC 合同条件、《建设工程施工合同（示范文本）》（GF—2017—0201）、《建设工程工程量清单计价规范》（GB 50500—2013）和相关法律法规。

2017 年版的 FIDIC 合同条件中包含两种条款：①明示条款，这类条款明确规定了合同各方的权责利，以及出现变更和价款纠纷时的解决措施；②默示条款，这类条款虽然没有直接确定合同各方的责任，但是从合同条款的内容可以推断出相关的风险分担的主体方，因此 FIDIC 合同条件应作为风险分担的重要依据之一。

《建设工程施工合同（示范范本）》中，关于施工风险的工程质量、工程进度、工程成本和施工安全风险均按相关通用条款和专用条款进行公平分担，充分调动合同各方的积极性。

《建设工程工程量清单计价规范》将建设工程施工合同条款和工程造价管理相关文件进行结合，实现了"量价"有效分离，规范遵循公正、公平、客观的原则，因此将此规范作为风险分担的依据更能体现出责权利对等的思想。

我国也逐渐形成了以《中华人民共和国招标投标法》《中华人民共和国建筑法》和《中华人民共和国合同法》2021 年 1 月 1 日废止，相关内容并入同日起施行的《中华人民共和国民法典》为法律核心，同时以《建筑工程勘查设计管理条例》《建筑工程质量管理条例》《建设项目环境保护管理条例》及地方性法规、部门规章、规范性文件为辅助的完善的建设工程相关方面的法律体系。风险分担以此作为依据更具有法律特性和权威性。

在现实的施工项目中，有些风险因素客观存在，但是对于由合同方自身的原因造成的风险，如合同各方的资信风险，需要从各方以往积累的经验和相关的数据资料去确定具体的风险分担方案。

2. 风险分担的原则

风险贯穿于工程项目的全寿命周期，只有当所有项目参与方都正视风险并及时做出正确的应对措施，才可能有效地避免和减轻风险损失。实践证明，只有在各参与方之间建立合理的风险分担机制，才能使各方都具有并明晰己方的风险责任，充分发挥各方进行风险管理的积极性和主动性，保障项目的顺利实施。

1）公平原则。"合同公平"是当代合同法的宗旨。虽然合同自由的理念在合同法领域依然占据着不可动摇的基础性地位，但市场信息分布不均、合同主体缔约能力强弱失衡等原因导致合同不能体现公平，从而影响合同的顺利履行。合同自由以公平为前提，以实现合同权利义务从形式到实质、从内容到结果的全面公正。公平原则是合同法的基本原则，贯穿于合同法的全部内容之中，以保证合同内容本身以及因合同而产生的法律后果之全面、公正。例如 PPP 工程的风险分担主要通过合同的方式来进行分配，因此，在风险分担时应体现公平原则。公平原则主要体现在：既强调合同条款本身对于风险的权利义务的均衡，也强调合同所派生的风险权利义务的均衡；既关注合同主体由于风险事件引起的收益，也同时关注合同主体面临的风险损失。

2）风险收益对等原则。该原则涉及的是"责任"对等的思想。所谓风险收益对等原则，是指：如果一方是管理某项风险所获得的经济利益的最大受益者，则该风险应当由该方承担。也就是说，当一个主体在有义务承担风险损失的同时，也应该有权利享有风险变化所带来的收益，并且该主体承担的风险程度与所得回报相匹配。有学者指出，风险分担的策略就是承担风险的主体在承担风险损失的同时，有权利享有风险收益。如果风险接受的成本大于风险收益，则风险转移不可能在自愿的情况下发生，若风险各方从风险分担中都能得到好处，则风险分担才有意义，这需要双方的风险信息也要对称，否则风险分担不能达到优化。在实际中，风险分担很难达到完全对称，因此也有学者主张不必要达到风险分担的完全对称。

3）有效控制原则。有效控制原则是指风险应分摊给处于最有利控制该风险地位并以较小代价控制风险的一方，或者说，风险的分担应与参与各方的控制能力相对称，将风险分配至能够最佳管理风险和减少该风险的一方，这意味着项目各参与方要有能力控制分配给自己的风险。当一方对某一风险能更好地预见并且最有控制力时，意味着他处在最有利的位置，能减少风险发生的概率和风险发生时的损失，从而保证了控制风险的一方用于控制风险所花费的成本是最小的。同时，由于风险在某一方的控制力之内，使其有动力为管理风险而努力。这条原则与 FIDIC 的《施工合同条件》中的"近因控制"原则，即"谁能最有效地防止和谁能最方便地处理风险就由谁来承担该风险"是一致的。但是，该原则在运用时并不容易实现，因为该原则仅限于容易判断出哪一方更有控制力的风险，而工程项目中还存在一些双方都不具有控制力的风险，如不可抗力风险等。对于双方都不具有控制力的风险，则应综合考虑风险发生的可能性、自留风险成本，减少风险发生后所导致的损失和公私部门承担风险的意愿进行合理分担。

4）风险成本最低原则。风险成本最低原则是指风险分担应使参与各方承担风险的总成本最小。风险分担对项目总体成本的影响可以归结为三个效应：生产成本效应、交易成本效应、风险承担成本效应。生产成本效应是指风险分担可以激励承担者有效控制风险，降低风险发生的概率，减少项目的生产成本。交易成本效应是指如果具有明确的风险分担准则和格局，会避免双方在这个问题上的复杂谈判，减少谈判的时间和成本。风险承担成本效应是指承担风险的一方会要求相应的风险补贴，导致项目成本的增加，风险由超级承担者（低成本者）来承担，则可能将风险承担成本降到最低水平。

5）风险上限原则。在实际项目中，某些风险可能会出现双方意料之外的变化或风险带来的损失比之前估计的要大得多。当出现这种情况时，不能让某一方单独承担这些接近于无限大的风险，否则必将影响这些风险的承担者管理项目的积极性，因此，应该遵从承担的风险要有上限的原则。如果让一方承担其无法承担的风险，一旦风险发生，又缺乏控制能力，必然会降低提供公共设施或服务的效率和增加控制风险的总成本。项目参与方所能承担风险的上限与其承担该风险的财务能力、承担项目的技术能力、管理能力等因素有关。

6）直接损失承担原则。直接损失承担原则是指：如果某风险发生后，一方为直接受害者，则该风险应划分给该方承担。这是因为当人们的自身利益可能受到损害时，更能主动地采取措施去避免这种风险。直接受害者防范、控制此类风险的内在动力和积极性，可以提高风险管理的效率。英国上院批准在 1980 年 Photo Production 公司诉 Securicor Transport 公司一案中的判决，由直接承担损失的人员去办理责任保险比另一方办理更经济，意味着赞成此类风险分担原理。

7）风险分担的动态原则。风险分担的动态原则是指风险分配是一个动态的过程，随着项目的发展，当内外部条件发生变化时，需要重新确定风险分担格局，尤其当项目的寿命周期较长时，项目参与各方的目标可能相互冲突，从而导致风险再分配。有学者提出风险分担应该是一个动态的过程，能够随着外部条件和合同各方情况的变化而变化，各方要主动制定应对风险的措施，协同解决风险，达到项目双赢的目的，并且动态风险管理只有在项目利益相关者认为风险得到合理分担的情况下才能实现。也有学者认为风险分担的动态性主要是来自合同关系的动态变化，对风险分担的研究不能单从某一个项目利益相关者的角度出发，必须从项目整体利益考虑。同时，风险分担还应该从项目的全寿命周期的角度出发通盘考虑。

8）风险偏好原则。风险偏好原则是指风险应由对该风险偏好系数最大的项目参与方承担，达到项目整体满意度最大的目的。如果项目参与方对某种风险的偏好系数大，就意味着该项目参与方最适合承担该风险。但实际中，要准确地确定项目参与方对某一风险的偏好系数是很困难的。

总体而言，风险的分担应遵循责、权、利相均衡（风险分担、收益共享）的原则，获利大的一方应承担较大的风险，接受风险转移的一方应获取相应的利益。同时，风险分配时应将风险分配给最有能力管控风险的承担者，并以可能的最低成本管理风险。若风险可以转移给保险公司，则保费是风险的等效投资额；若无法转移给保险公司，项目业主在对潜在风险承担方进行评估后，通过谈判或协商的方法将风险和收益转移给合适的项目参与方。

3. 项目参与各方应分担的风险

国际现行的风险分担原则是：凡是企业自身能够管控的风险由自己承担；凡是自身不能管控的风险由政府承担；针对界限不清楚的风险，参与方之间可以协商解决；由动乱、暴力等引起的风险，一般可以向国际组织如国际银行申请担保等进行风险的转移。

　　为了有效避免风险的发生、降低风险造成的损失，以及充分调动参与各方的积极性，工程项目的管理者在招标文件或合同中，应事先明确风险分担的方法、原则和参与各方的风险管理责任。

　　借鉴国外现行的风险分配方法，并结合我国建设工程的实际情况，本书定性地分析出项目参与各方的风险分担表，见表 6-5。

表 6-5　项目参与各方的风险分担表

分担方	政府部门	业主	承包商	设计单位	监理单位	供应商	保险公司
自然风险：							
不可抗力							√
气象、水文、地质等不利条件		√					√
政治风险：							
法律变动	√						
强制征收	√						
公共配套设施	√	√					
政府越位或缺位	√						
金融风险：							
通货膨胀	√	√	√			√	
利率或汇率变化	√	√	√			√	
质量风险：							
设计或缺陷错误			√	√			
施工质量缺陷			√		√		
材料供应质量问题			√			√	
新技术或新工艺			√				
资金风险：							
资金供应不足		√					
贷款增加		√					
资金使用超支		√	√				
原材料涨价		√				√	
完工风险：							
设计变更		√	√	√			
工期拖延			√		√		
技术等人员缺乏		√	√				
施工技术水平有限		√	√		√		
审批拖延	√	√			√		

（续）

分担方	政府部门	业主	承包商	设计单位	监理单位	供应商	保险公司
管理风险：							
劳资风险		√	√				
材料供应			√			√	
管理人员调动		√	√		√		
各伙伴沟通管理		√	√		√		
法律风险：							
合同诉讼		√	√		√		

下面具体分析项目参与各方应分担的风险因素。

（1）业主分担的风险

业主是项目的发起方，从投资、进度和成本等方面对整个项目进行管理、协调和控制。业主通常通过合同条款的有利设置来转移风险，把风险转嫁到承包商身上，但过多的风险迫使承包商不得不通过索赔等方式进行转移。为实现和谐与可持续发展，业主应该分担自己应承担的风险，具体包括以下几方面：

1）招标文件以及合同缺陷引起的风险。

2）由于管理和协调等问题给自身或其他项目参与方带来的损失。

3）工程量变化增加的费用和工期等。

4）由洪水、地震、火山喷发等自然灾害造成的损失。

5）由战争、暴乱、冲突等非自然力造成的损失。

6）由于工程所在地的法律法规、汇率税率等政治和经济政策的变化造成的损失。

（2）承包商分担的风险

1）对招标文件和相关资料的理解可能引起错误的风险。

2）合理总报价、综合单价等风险。

3）施工方案和施工组织设计等技术风险。

4）质量和工期风险。

5）自行采购材料、设备等风险。

（3）监理单位分担的风险

监理单位主要分担对工程质量、进度和成本的监理风险。

（4）供货单位分担的风险

供货单位主要分担所提供的工程用材料和设备的供货质量与时间等风险。

4. 风险分担框架的构建

为了帮助项目各参与方对工程项目风险进行合理的分配，本书在上述风险分配原则的基础上，提出了一个总体风险分配框架，并把项目风险划分为三个阶段，如图6-9所示。

（1）风险评估与管理阶段

第一阶段为风险评估与管理阶段，一般在项目的可行性研究阶段，由项目业主主导，结合项目所在地经济情况全面识别出拟实施的项目存在的潜在风险，并进行分析、评估和管

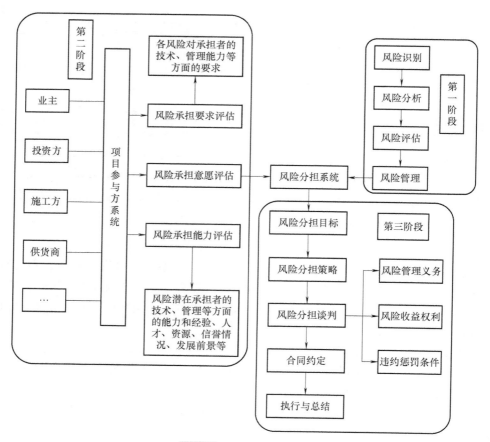

图 6-9　风险分担模型

理。该过程应注意将可靠性放在重要位置来考虑，着重关注严重潜在风险，以免遗漏造成重大损失。由于项目所处环境与内外条件在不断变化，因此，风险分析并不是一劳永逸的一次性事件，而是需要在项目全寿命周期循环往复定期进行的工作。同时，由于客观条件或主观原因所限，识别出的风险可能与实际有所出入，因此，也需要对风险管理进行纠偏或者对其他工作做进一步完善。这也意味着风险分担需要动态调整的机制。

（2）风险承担主体评估阶段

结合第一阶段项目风险评估与管理，通过对风险承担要求、项目参与方的风险承担意愿和自身能力（其拥有的技术、管理、经验、人才、资源、信誉等）进行评估，初步判断哪些风险是在项目参与方控制力之内的，哪些是在风险控制力之外的，项目各参与方对哪些风险最具有控制力等。

（3）风险分配策略制定与实施阶段

对于在项目参与方控制力之内的风险，根据风险分担原则，初步判断其风险承担方。由风险拟承担方权衡风险价值并进行自我能力评估，决定是否愿意承担风险，若不愿意，则进行谈判协商。针对项目参与方协商未达成一致的风险及各方控制力之外的风险，应以项目的总体收益最大化为出发点，考虑各方对待风险的态度和拥有的资源，通过谈判协商进行分配（也可借助数学模型确定出项目参与方风险分担的比例），并提出一定形式的风险补偿，在责、权、利对等的原则下直至达到各方可接受的程度为止。之后，用合同条款约定各自的权利、义务和违约惩罚条件，以及调整机制。调整机制主要是针对具有较长寿命周期的较为复杂的项目而设定的。简言之，在签订合同时应该设置调整条款：①根据项目跟踪监测情况，对实际过程中出现的未识别出的风险和发生意外变化的风险重新谈判进行分配；②由于情况变化而影响了协议各方的权利和义务平衡，允许重新审定协议并调整部分条款，进行风险的再分配。

6.5 建设工程风险应对技巧

建设工程风险的复杂性和变动性，对风险应对提出了更高要求。与描述处理具体风险的方法相比，风险应对更需要创造性和协作。应对风险时，应反复使用这两个基本组成部分。

6.5.1　创造性

建设项目的复杂性、一次性和临时性，要求项目风险应对具有创造性。创造性源于原创想法的发明，即要求建设项目管理人员在实施风险应对计划时要产生具有创意的新想法，因此项目管理人员必须具有创新的思维模式。无论项目管理人员从事何种工作，一般可以用以下几种方式来实现：

（1）视图化

这种方式注重最终结果。通常可以想象一个理想的结果，然后由目标引导实现梦想。最能说明视图化方式的一个例子是约翰·肯尼迪的构想：把人放在月球上，并让他安全地返回地球。

（2）实验

这种方式是利用尝试的方法，按照已知的过程获得可重复的实验结果。实验强调发现事实、收集信息，然后测试想法的新组合。

（3）探索

这种方式是通过类比来产生新的想法。探索可从新的角度处理问题，为建设项目提供较大的突破潜力。

（4）校正

这种方式是利用已知方法和经过事实证明的经验，一次向前迈进一步。校正为项目组保证了稳定性和提供了逐渐的改进。

6.5.2　协作

协作是"两个或更多有互补性技术的个人互相作用达成共识，这一共识是他们以前从未有过或可能想得到的"。协作存在障碍，正如爱德华·霍尔在其著作《超越文化》（*Beyond Culture*）一书中所描述的："当个人才能集中于追求个人名利时，协作是较难实现的。"我们很少孤立地应对风险。人们之间缺乏理解而造成风险是常有的事。降低不确定性、获取知识并增加成功机会的有效方法之一是与其他人沟通。正所谓集思广益，人多力量大，协作可以帮助我们降低风险。内部协作、与项目的其他参与方工作交流，是风险应对的基本要求。成功协作的基础是交流的能力。当与其他人一起工作时，交流方面可能出现以下三个问题：

（1）发送错误信息

当发送者书面交流不明确、口头交流不清楚时，可能发送错误信息。在核对证实信息接收者的理解时，最好采用项目内部交流会的方式传递信息。

（2）收到错误信息

当阅读字里行间的暗示或没有看到肢体语言时，接收者可能会收到错误信息。如果接收者向发送者重复自以为听到的，就可以大大改善组织成员间的交流，虽然可能造成重复劳动，但澄清书面文件和口头问题可谓事半功倍。

（3）交流环节的中断

留下语音邮件信息时，并不能确定接收者能收到。小组交流可以保证一个小组发送的信息另一个小组能收到并理解。

复习思考题

1. 依据人们面对风险时的偏好，风险应对态度可以分为哪三种？

2. 请画出风险应对过程并简述风险应对的步骤。

3. 制订风险应对计划应考虑哪些因素？

4. 风险回避策略适用于哪几种情形？请举例说明。

5. 非保险风险转移主要有哪几种方法？各自的优缺点是什么？

6. 请简述风险缓解策略的特点。

7. 工程上进行风险自留通常采取哪些后备措施？

8. 请简述在建设项目风险分担机制设计时，应遵循什么样的风险分担原则？

第 7 章

建设工程风险监控

【本章导读】

风险因素以及风险管理的过程并不是一成不变的，随着建设工程项目的开展和相关措施的实施，影响项目目标的各种因素都会发生变化，因此必须对建设工程风险管理过程实施动态监控。

建设工程风险监控是一个完整、独立的体系，是一个持续改进的过程，存在于建设工程项目的全寿命周期之内。在进行建设工程风险监控时，要根据环境的变化不断进行调整，这样才能实现风险的有效管理，消除或者控制各类风险事件的发生。

【主要内容】

本章首先对建设工程风险监控进行概述，主要包括建设工程风险监控的含义、必要性、时机、依据和内容；在此基础上，阐述风险监控过程的目标、定义和各项活动；接着，对风险监控的技巧、技术与工具进行了分析；最后，从实际案例出发，介绍建设工程风险预警系统等风险监控方法。

7.1 建设工程风险监控概述

7.1.1 风险监控的含义

1. 风险监控

建设工程风险监控就是通过对风险规划、识别、估计、评价、应对全过程的监视和控制，保证风险管理实现预期的目标，它是建设工程实施过程中的一项重要工作。监控风险实际上是监视建设工程的进展和环境，即建设工程各种情况的变化，其目的是：核对风险管理策略和措施的实际效果是否与预见的相同；寻找机会改善和细化风险规避计划；获取反馈信息，以便将来的决策更符合实际。在风险监控过程中，及时发现那些新出现的以及预先制定的策略或措施不见效或性质随着时间的推移而发生变化的风险，然后及时反馈，并根据风险对建设工程项目的影响程度，重新进行风险规划、识别、估计、评价和应对，同时还应对每一个风险事件制定应对成败的标准和判据。

2. 风险监视

不管预先计划好的策略和措施是否付诸实施，建设工程风险监视都一日不可或缺。如果发现已做出的决策是错误的，就一定要尽早承认，及时采取纠正措施。如果决策正确，但是结果却不好，这时也不必惊慌，不要过早地改变正确的决策。频繁地改变主意，不仅会减少应急用的后备资源，而且还会大大增加建设工程项目阶段风险事件发生的可能性，增加不利后果。

建设工程项目风险监视之所以非常必要，是因为时间因素的影响是很难预计的。一般说来，风险的不确定性随着时间的推移而减小。这是因为风险存在的基本原因，是由于缺少信息和资料，随着建设工程项目的进展和时间的推移，有关风险本身的信息和资料会越来越多，对风险的把握和认识也会变得越来越清晰。

3. 风险控制

建设工程风险控制是为了最大限度地降低风险事故发生的概率和减少损失幅度而采取的风险处置技术，以改变建设工程项目管理组织所承受的风险程度。为了控制建设工程项目的风险，可采取以下措施：根据风险因素的特性，采取一定的措施使其发生的概率降至接近于零，从而预防风险因素的产生；减少已存在的风险因素；防止已存在的风险因素释放能量；改善风险因素的空间分布从而限制其释放能量的速度；在时间和空间上把风险因素与可能遭受损害的人、财、物隔离；借助人为设置的物质障碍将风险因素与人、财、物隔离；改变风险因素的基本性质；加强风险部门的防护能力；做好救护受损人、物的准备。这些措施有的可利用先进的材料和技术达到。此外，应有针对性地对实施建设工程项目的人员进行风险教育以增强其风险意识，还应制定严格的操作规程以控制因疏忽而造成不必要的损失。风险控制是实施任何建设工程项目都应采用的风险处置方法，应认真研究。

7.1.2 风险监控的必要性

风险监控是风险管理至关重要的一个环节，它能确保风险应对计划的实施，并保证风险管理的有效性和持续性，风险监控的必要性具体体现为以下几点：

1）已识别的风险源对建设工程的影响程度，需要通过风险监控做出最新的评价。随着建设工程项目的进展，风险是不断变化的。例如，原来的关键风险现在消除了，而之前较小的风险可能成为关键风险。因此，应对建设工程风险进行持续不断的监控。

2）原来对建设工程风险的判断是否准确，需要通过风险监控做出及时的评价。在建设工程实施初期，风险管理者对于风险的相关信息了解得非常有限。随着建设工程的开展，反映工程建设环境和工程实施方面的信息越来越多，风险管理者对于各种潜在风险的认识也更加深入。因此，通过风险监控可以收集最新数据，更新原来的风险应对计划，以便进一步采取更加具体的应对措施。

3）已经采取的风险应对措施是否恰当，需要通过风险监控做出客观的评价。通过建设工程风险的监控，若发现已经采取的应对措施是合理的，达到了较为理想的风险控制效果，则应该做好后续的监控工作；若发现已经采取的应对措施有误，则应尽早采取纠正行动，以减少可能的损失；若发现应对措施并没有问题，但其效果不理想，此时，不宜过早地改变原有的决策，而是要寻找原因，并适当调整风险应对策略，争取收到理想的监控效果。如果出现了新的可供选择的应对策略，或者风险因素和风险事件发生了变化，则应要求制定新的风险应对策略。

4）是否存在残余风险以及未识别的新风险，需要通过风险监控做出全面的评估。采取风险应对措施后，往往会有残余风险或出现新风险，对这些风险需要在监控阶段进行识别、评价，并考虑其应对措施。

7.1.3　风险监控的时机

什么时候进行监控，以及将付出多大的代价进行监控，这是建设工程项目风险管理中需要把握的。这一般取决于经过识别和评价的风险是否对建设工程项目造成了或将要造成不能接受的威胁。如果是，那是否有可行的办法规避或缓解这些项目风险？对此，在建设工程项目的不同阶段，其处理方法也不尽相同。

在建设工程项目的决策阶段，一般是做两种比较：一是把接受风险得到的直接收益和可能蒙受的直接损失进行比较；二是把接受风险得到的间接收益和可能蒙受的间接损失进行比较。综合两种比较结果，决定项目是否继续。当项目需要继续，而项目风险又比较大时，则需要对其进行监控。

在建设工程项目实施阶段，当发现项目风险对实现项目目标威胁较大，且需要采用回避、转移和缓解等应对策略时，一般也需要对其采取监控。采用多大的力度进行监控，即监控拟付出多大的代价，这取决于项目风险对项目目标的威胁程度。这一般需要做适当的成本分析，然后采取合理的监控技术和措施。

7.1.4　风险监控的依据

（1）风险管理计划

风险管理计划规定了风险监控的内容、工具、时间、工作安排和风险的可接受水平等。一切风险管理活动都是按照这一计划展开的，但在新的风险出现后要立即对其进行更新。

（2）风险应对计划

风险应对计划中包括了各种风险的基本情况、引发因素及其应对策略等内容，在风险监控中应该以这些信息为基础，对各项风险进行监控。

（3）变更申请

建设工程的外部干扰及建设工程本身的一些变动可能会导致工程所处环境发生变化，造成工程不能按照计划进行。初步风险应对计划是基于工程实施初期的工程情况制订的。工程变更的发生，意味着原计划的基础条件发生了变化，之前制定的应对措施可能已不适应新的情况。因此，在风险监控过程中应着重审查工程变更中的内容，如果出现新的风险，应及时调整计划。

（4）风险识别和分析报告

随着建设工程项目的进行，建设环境也在不断发生变化。定期对项目进行风险评估，可以发现之前未曾识别的潜在风险。监测时应对这些风险继续执行风险识别、估计、评价并制订应对计划。

（5）建设工程项目的实际进展情况

在建设工程实施阶段，项目组织成员会定期总结项目计划的执行情况并制定各种阶段报告和文件。这些报告和文件都可以表述建设工程进展和项目风险的实际情况，是进行风险监控的重要依据之一。

7.1.5 风险监控的内容

在进行建设工程风险监控时，监控人员应密切跟踪已识别的风险，不断评估风险等级。在分析风险应对措施是否收到效果的同时，还应关注是否存在残余风险或二次风险。在此基础上，监控人员还应及时搜集工程信息，细化应对措施。具体来说，建设工程风险监控包括以下四个方面的内容：

（1）密切跟踪已识别的风险

通过跟踪、监测，及时了解已识别风险的实际情况，如风险等级等，并监测风险应对计划中的每一项措施是否予以实施并收到预期效果。

在实际工作中通常采用风险跟踪检查表（表7-1）来记录跟踪的结果，然后定期地将跟踪结果制定成风险跟踪报告，使决策者及时掌握风险发展趋势的相关信息，以便及时地做出反应。

表 7-1　建设工程风险跟踪检查表

基 本 信 息			
项目名称		填表日期	
风险名称		风险编号	
风险发生概率		风险等级	
风险的跟踪情况			
跟踪开始时间		跟踪结束时间	
风险应对措施的基本信息			
措施开始时间		措施结束时间	
采取措施所需成本		措施负责人	
具体应对措施的描述：			
风险的影响范围			
对进度的影响：			
对成本的影响：			
对质量的影响：			
对安全的影响：			
对环境的影响：			
填表人		批准人	

（2）监控新风险的发展

在工程项目的建设施工过程中，各种风险会不断发生变化，可能会有二次风险出现，或者其他新风险。建设工程风险监控的重要任务是监视潜在风险的发展情况，识别新出现的风险，进而考虑是否需要改变风险应对计划。

（3）细化风险应对措施

随着建设工程项目的进行，关于建设工程的信息越来越全面。因此，在进行建设工程风险监控时，要尽可能广泛地收集工程的相关信息，以便于调整风险应对计划，使其更加具体、切合实际。

（4）制定风险损失控制措施

在建设工程风险监控阶段，如果发现某项风险事件已经发生并造成损失，则项目管理者应及时制定风险控制措施，最大限度地降低可能造成的损失。

7.2 建设工程风险监控过程

作为建设工程项目风险管理的一个有机组成部分，风险监控也是一种系统过程。可以从内部和外部两种视角来看待风险监控过程：外部视角详细说明过程控制、输入、输出和机制；内部视角详细说明用机制将输入转变为输出的过程活动。

7.2.1　风险监控过程的目标

当建设工程项目风险监控的过程满足下列目标时，就说明它是充分的：

1）监控风险设想的事件和情况。
2）跟踪控制风险指标。
3）使用有效的风险管理技术和工具。
4）定期报告风险状态。
5）保持风险的可视化。

7.2.2　风险监控过程的定义

建设工程项目风险监控过程的定义如图 7-1 所示。

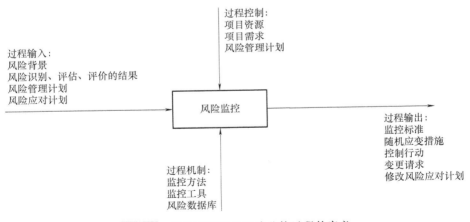

图 7-1　建设工程项目风险监控过程的定义

1. 过程输入

风险背景，风险识别、估计、评价的结果，风险管理计划，风险应对计划等是风险监控过程的主要输入。

2. 过程机制

机制是使过程活动结构化的方法、技巧、工具或其他手段。风险监控方法、风险监控工具和风险数据库都是风险监控过程的机制。建设工程风险监控工具的使用使监控过程自动化、高效化。

3. 过程控制

和控制风险规划过程一样，项目资源、项目需求和风险管理计划同样约束着风险监控过程。

4. 过程输出

风险监控过程的输出主要包括：

（1）风险监控标准数据

这主要是指项目风险的类别、状态、发生的可能性和后果等风险信息。其中，项目风险状态主要是指项目风险管理计划、项目风险应对计划等进展及存在的问题等。

（2）随机应变措施

随机应变措施就是消除风险事件时所采取的未事先计划的应对措施。对这些措施应有效地记录，并将其融入建设工程项目的风险应对计划中。

（3）控制行动

控制行动就是实施已计划了的风险应对措施（包括实施应急计划和附加应对计划）。

（4）变更请求

变更请求是指项目实施应急计划时经常导致的对风险的反应。

（5）修改风险应对计划

当预期风险发生或未发生时，或当实施风险控制消减或未消减风险影响或概率时，必须重新对风险进行评估，对风险事件的概率和价值以及风险管理计划的其他方面做出修改，以保证重要的风险得到恰当的控制。

7.2.3 风险监控过程的活动

风险监控过程的活动包括监视建设工程风险的状况，如风险是已经发生、依然存在还是已经消失；检查风险应对策略是否有效，监控机制是否在正常运行，并不断识别新的风险，及时发出风险预警信号并制定必要的对策措施。主要内容包括：

1）构想与制定风险监控机制。

2）跟踪风险管理计划的实施。

3）跟踪风险应对计划的实施。

4）制定风险监控标准。

5）采用有效的风险监视、控制方法和工具。

6）报告风险状态。

7）发出风险预警信号。

8）提出风险处置新建议。

7.3 建设工程风险监控的技巧、技术与工具

7.3.1 风险监控技巧

建设工程项目的风险监控技巧往往取决于可用于风险监控的工具。简单如电子表格可用

于绘制风险监控数据图表和风险状态变化趋势，复杂如进度管理软件 Project 可用于长时间跟踪项目活动和资源变化。然而，对于建设工程风险监控而言，无论工具的自动化程度有多高，都绝对有必要制定一套技术性能度量。技术性能度量（Technical Performance Measure，TPM）描述了系统实践的定量目标。一种有效的风险监控技巧便是利用静态的技术性能度量来揭示动态的项目风险。其思路是首先定义风险可接受状态的范围，然后跟踪状态，确定趋势。当风险度量低于可接受的值时，立即启动行动计划。用静态技术性能度量来监视风险，主要包括以下三个步骤：

1）将不可接受状态的警告级别定义为阈值。

2）用技术性能度量中的相关度量标准监视风险状态指标。

3）用触发器控制风险行动计划。

7.3.2　风险监控技术

1. 审核检查法

审核检查法是一种传统的控制方法，该方法可用于建设工程项目的全过程，从项目建议书开始，直至项目结束。

（1）审核

项目建议书、项目产品或服务的技术规格要求、项目的招标文件、设计文件、实施计划、必要的试验计划文件等需要审核。审核时要查出错误、疏漏、不准确、前后矛盾、不一致之处。审核还会发现以前或他人未注意的或未考虑到的问题。审核多在项目进展到一定阶段时以会议形式进行。审核会议要有明确的目标、问题要具体，要请多方面的人员参加，参加者不要审核自己负责的那部分工作。审核结束后，要把发现的问题及时交给原来负责的人员，让他们马上采取行动，予以解决，问题解决后要签字验收。

（2）检查

检查是在建设工程项目实施过程中进行的，而不是在项目告一段落后进行的。检查是为了把各方面的反馈意见及时通知有关人员，一般以完成的工作成果为研究对象，包括项目的设计文件、实施计划、试验计划、试验结果、正在施工的工程、运到现场的材料设备等。检查不像审核那样正规，一般在项目的设计和实施阶段进行。参加检查的人员专业技术水平最好差不多，这样便于平等地讨论问题。检查之前最好准备一张表，把要问的问题记在上面。在发现问题方面，检查这一控制方法的效果非常好。检查结束后，要及时向负责该工作的人员报告发现的问题，使其及时采取行动，问题解决后要签字验收。

2. 风险图表示法

风险图表示法就是根据风险评价的结果，从建设工程项目的所有风险中挑选出几个可能会造成严重后果的风险，列入监视范围。然后每个月都对这几个风险进行监测，同时制订风险规避计划，说明用于规避风险的策略和措施是否取得了成功。与此同时，还需要绘制相关图表，列出上述优先考虑的风险。其中每一个风险都需要写上当月的优先序号、上个月的优先序号以及其在这张图表上已经出现的时长。如果发现出现了以前未出现过的新风险，或者有的风险出现的情况变化很小，那么就要考虑重新进行风险分析。值得注意的是，在实践当中，要注意尽早发现问题，不要让其由小变大，进而失去控制。同样重要的是，要及时注意和发现在规避风险方面取得的进展。因此，也要把已成功控制住的风险记在图表中。另外，还要跟踪列入图表中新风险的类别变化，如果该新列入图表的风险以前被划入未知或不可预见的类别，那么，就预示着项目有很大可能存在该风险。这种情况还表明原来做的风险分析不准确，项目实际面临的风险要比当初预估的大。表7-2说明了风险图使用的方法。

表7-2　风险图使用的方法

风　　险	当月优先（序号）	上个月优先（序号）	风险存在时长	风险类别	风险应对
进度拖延	1	3	4	可预见	缓解
要求变更	2	4	5	可预见	缓解
功能未达到要求	3	2	4	已知	缓解
费用超预算	4	1	4	已知	后备措施
⋮	⋮	⋮	⋮	⋮	⋮
人员无经验	10	10	12	已知	转移

项目在日常进展中，一定会显露出一些迹象，风险管理人员应当积极地捕捉，把有关风险的新信息资料收集起来。来自其他部门的一些资料，包括合同、人事、财务、营销等，都能帮助风险管理人员抓住风险迹象。以下列入的一些信息来源，对风险管理人员很有用：①临时请来的专家的小组讨论会；②会议报告；③同项目的有关文献；④项目的财务报告；⑤人事报告；⑥项目阶段性审核；⑦以往项目的经验总结；⑧项目变更记录；⑨保险报告；⑩营销报告；⑪咨询报告。

3. 监视单

监视单是建设工程项目实施过程中需要管理工作给予特别关注的关键区域的清单。这是一种简单明了又很容易编制的文件，内容可浅可深：浅则可只列出已辨识出的风险；深则可列出风险顺序、风险在监视单中已停留的时间、风险处理活动、各项风险处理活动的计划完成日期和实际完成日期、对任何差别的解释等。监视单示例如表7-3所示。

表7-3　项目风险监视单示例

潜在风险区	风险降低活动	活动代码	预计完成日期	完成日期	备　　注

建设工程项目风险监视单的编制应基于风险评估的结果，一般应使监视单中的风险数目尽可能少，并重点列出那些对建设工程项目影响最大的风险。随着建设工程项目的进展和定期的评估，可能要增补某些内容。如果有数目可观的新风险影响重大，十分需要列入监视单，则说明初始风险评估不准，项目风险比最初料想的要大，也可能说明项目正处在失去控制的边缘。如果某项风险因风险处理无进展而长时间停留在监视单之中，则说明可能需要对

该风险或其处理方法进行重新评估。监视单的内容应在各种正式和非正式的项目审查会议期间进行审查和评估。

4. 项目风险报告

项目风险报告向决策者和建设工程项目组织成员传达风险信息，通报风险状况和风险处理活动的效果。风险报告的形式有多种，时间仓促可做非正式口头报告，里程碑审查则需要提出正式摘要报告；报告内容的详略程度按接受报告人的需要确定。

成功的风险管理工作需要及时报告风险监控过程的结果。风险报告的格式和频度一般应作为制订风险管理计划的内容统一考虑并纳入风险管理计划。编制和提交此类报告一般是项目管理的一项日常工作。为了看出技术、进度和费用方面有无影响建设工程项目目标实现和里程碑要求满足的障碍，可将这些报告纳入项目管理审查和技术里程碑审查。表 7-4 是项目风险报告示例，它报告的是顶层风险信息，对项目管理办公室和其他外围单位可能很有用。此类报告可以迅速地评述已辨识问题的整个风险状况，更为详细的风险计划和风险状况可能还需要单独的风险分析。

表 7-4 项目风险报告示例

风险计划时间	风险内容	项目风险管理状况			对策/措施
		高	中	低	
2019-12-09	无库存编目的设备				需指定设备号
2019-12-11	备件和保障不足				做好定期检测
2019-12-14	政府提供的设备缺乏后勤保障分析记录				承包商后勤保障分析计划提交延后，需重新安排进度
2019-12-15	项目设备过时				进行工作分析，确定最近的购买机会

5. 挣值法

挣值法又称赢得值法或偏差分析法，是目前国际上通用的较成熟的项目管理方法之一。挣值法概念起源于美国，首先在海军北极星计划中使用。1967 年，美国国防部制定了费用/进度控制系统的准则，将挣值法作为能有效地进行费用、进度和技术业绩联合管理的工具。目前，许多国家制定的工程项目管理标准都将挣值法作为项目控制的基本方法。

挣值法是一种将"干完再算"变为"边干边算边改进"，及时分析、采取对策与措施，真正实现动态控制的有效方法，实现了成本与进度的集成管理。其基本原理是根据预先设定的成本计划和控制基准，在项目实施过程中定期进行对比分析，测量成本是否超出预算、进度提前或落后，并结合可变因素对工作计划加以纠偏调整。

挣值法有三个基本参数：计划工作量的预算费用、已完工作量的实际费用和已完工作量的预算成本。由这三个基本参数可以计算出成本偏差、进度偏差、成本绩效指数、进度绩效指数、预计完工成本和预计竣工工期，概括起来称为"三费用""两偏差""两指数"和"两预计"，其详细释义见表 7-5。

表 7-5　挣值法参数及释义

	代　号	名　称	计　算　公　式	备　注
三费用	BCWS	计划工作量的预算费用	BCWS = 计划工作量×预算定额	计划完成产值
	ACWP	已完工作量的实际费用	ACWP = 已完工作量×实际定额	实际支出成本
	BCWP	已完工作量的预算成本	BCWP = 已完工作量×预算定额	获得的工程价款
两偏差	CV	成本偏差	CV = BCWP−ACWP	>0，结余 = 0，实际与计划平衡<0，超支
	SV	进度偏差	SV = BCWP−BCWS	>0，进度提前 = 0，实际与计划相符<0，进度延误
两指数	CPI	成本绩效指数	CPI = BCWP/ACWP	>1，结余 = 1，实际与计划平衡<1，超支
	SPI	进度绩效指数	SPI = BCWP/BCWS	>1，进度提前 = 1，实际与计划相符<1，进度延误
两预计	FCAC	预计完工成本	FCAC = TBC/CPI	TBC：总预计成本
	ECD	预计竣工工期	ECD = OPD/SPI	OPD：初期预计工期

　　以图 7-2 为例，横坐标表示时间，纵坐标表示费用。BCWS 曲线为计划工作量的预算费用曲线，呈 S 形，表示项目的预算费用随时间的推移在不断积累，直至项目结束达到它的最大值。ACWP 曲线为已完工作量的实际费用曲线，BCWP 曲线为已完工作量的预算成本曲线，同样都表示预算成本（实际费用）随项目进度的推进而不断增加，也都是呈 S 形的曲线。

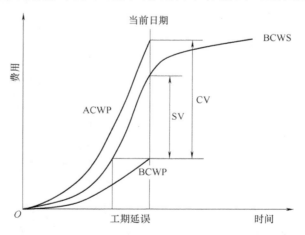

图 7-2　挣得值评价曲线

资料来源：百度百科，https：//baike. baidu. com/item/%E6%8C%A3%E5%BE%97%E5%80
BC%E5%88%86%E6%9E%90%E6%B3%95/1409834？fr=aladdin，获取日期：2021-02-21。

　　通常，BCWS、ACWP 和 BCWP 曲线靠得越紧密，表明实施情况与计划情况越趋于一致，当离散程度非常大时，表示项目可能出现重大问题。在不同的实施情况下，三条曲线的相对位置会不同，偏差分析和纠偏措施也不同，常见组合情况见表 7-6。在实施过程中，大型项目的检测周期可以每月一次，小型项目半个月或每周一次。在成本控制中，需要特别关注 CPI 和 CV 指数。当 CPI<1 且继续变小，而 CV<0 且绝对值越来越大时，说明应及时采取纠偏措施。

表 7-6 挣值法常见组合情况

参数关系	偏差分析	纠偏措施
ACWP>BCWS>BCWP SV<0，CV<0	进度缓慢，预算超支，效率较低，投入超前	更换一批效率较高的人员控制材料投入
BCWS>ACWP>BCWP SV<0，CV<0	进度较慢，预算超支，效率较低，投入超前	增加高效率人员与资金控制材料投入
BCWS>BCWP>ACWP SV<0，CV>0	进度较慢，预算结余，效率较高，投入滞后	增加人员和材料投入
BCWP>BCWS>ACWP SV>0，CV>0	进度较快，预算结余，效率较高，投入滞后	若偏差不是很大，可维持现状
BCWP>ACWP>BCWS SV>0，CV>0	进度较快，预算结余，效率较高，投入超前	加大材料投入，减缓进度
ACWP>BCWP> BCWS SV>0，CV<0	进度较快，预算超支，效率较低，投入超前	控制材料投入，提高作业效率

挣值法的应用过程就是对项目整个过程中的成本和进度信息进行收集和处理的过程，概括起来有以下五步：

（1）工作分解结构（WBS）

在运用挣值法进行成本和进度控制前，首要任务即是对项目进行 WBS 分解。WBS 可以将预先设定好的成本和进度目标层层分解，从项目总目标开始，逐级分解工作，逐级分配资源。其表达方式可以采用树形图，分解方式既可以基于可交付成果，也可以基于工作过程，具体视实际情况而定。

（2）编制工作计划

根据项目的具体情况及 WBS，编制对应的工作计划。该计划包括进度计划、成本控制计划和成本统计计划，可以分解至月、周，甚至是天。其中进度计划可以用横道图表示。成本控制计划应符合目标管理原则、全面控制原则、全过程控制原则、责权利相结合原则以及例外管理原则。成本统计计划需拟定挣值法三个参数的收集方式，如何收集才能保证数据的准确性及有效性是该计划首要考虑的问题，并且要设定好测量时间节点。

（3）成本和进度信息的挖掘与收集

在项目进行的过程中，根据预先设定好的测量时间节点对挣值法的三个基本参数进行有针对性的信息挖掘与收集，比如截至该节点时的已完工程量。

（4）偏差分析

在收集了相应的信息之后，便可画出对应的挣值法评价曲线图。根据 ACWP、BCWP 和 BCWS 之间的相互关系可以计算出 CV、SV、CPI、SPI 等指标。

（5）采取纠偏措施

根据偏差分析的结果，针对其中出现的问题进行深入的研究，制定有针对性的措施进行纠偏，并跟踪检查措施的落实情况和实际效果，从而使项目按照预定的成本和进度轨道实施，使成本和进度始终处于受控状态，最终实现项目管理的工作目标。

[例7-1] 一个土方工程，要求总挖方量为 $4000m^3$。每立方米的预算价格为 45 元。该挖方工程预算总费用为 180000 元。计划每天完成 $400m^3$，10 天内全部完成。

假设业主项目管理人员在开工后第 7 天早晨刚上班时前去测量，取得了两个数据：已完成挖方 $2000m^3$，支付给承包单位的工程进度款累计已达 120000 元。试进行挣得值计算并分析。

解：

$BCWS = 6×45$ 元$/m^3×400m^3 = 108000$ 元

$BCWP = 45$ 元$/m^3×2000m^3 = 90000$ 元

进一步计算得

费用偏差：$CV = BCWP - ACWP = 90000$ 元 $- 120000$ 元 $= -30000$ 元，表明超支。

进度偏差：$SV = BCWP - BCWS = 90000$ 元 $- 108000$ 元 $= -18000$ 元，表明承包单位进度已经拖延，较预算还有相当于价值 18000 元的工作量没有做。

按原定计划，每天应完成 $400m^3$，每立方米的预算价格为 45 元，这样，18000 元的费用相当于 1 天的工作量，所以承包单位工作进度落后了 1 天。

$$\frac{18000 \text{ 元}}{45 \text{ 元}/m^3 ×400m^3} = 1$$

对于这类问题，还可以利用成本绩效指数 CPI 和进度绩效指数 SPI 分别来监视成本和时间进度风险：

成本绩效指数：$CPI = \dfrac{BCWP}{ACWP} = \dfrac{90000 \text{ 元}}{120000 \text{ 元}} = 0.75$

进度绩效指数：$SPI = \dfrac{BCWP}{BCWS} = \dfrac{90000 \text{ 元}}{108000 \text{ 元}} = 0.83$

CPI 和 SPI 都小于 1，因此给该项目亮了黄牌。

资料来源：工程项目成本管理，百度文库，https://wenku.baidu.com/view/acffa63bfe4733687f21aa51.html，获取日期：2021-02-21。（经编辑加工）。

---

6. 基于建筑信息模型的风险监控信息模型

当前，信息技术的飞速发展对建筑行业，尤其是建设工程项目风险管理提出了更高的要求。应用更加先进、合理的技术和方法，对建设工程的风险进行科学的研究，具有很大的现实意义。建筑信息模型（BIM）技术的出现为解决此类问题提供了可能，能够使管理者更加全面地掌握整个项目的风险状况。利用 BIM 技术建立多维信息模型，在项目规划、设计、施工、运行和维护的完整工作流过程中可实现信息共享和无缺失传递，最终达到全寿命周期信息化管理的目的。利用 BIM 可视化、协调性、模拟性、优化性等特性，可以明显减少错误的发生，提高建设工程风险管理水平，给建筑企业带来巨大的经济效益。

基于 BIM 的建设工程风险监控信息模型是一种具有集成化思想的管理模式。模型在现有风险管理体系和方法的基础上，结合 4D 可视化技术、射频识别（RFID）技术等新兴技术，对项目进行实时监控，使现场情况和风险信息以可视化的形式直观呈现在模型中，便于项目相关人员全面准确掌握项目风险状态，制定相应的风险管理措施。基于 BIM 的建设工程风险监控信息模型框架如图 7-3 所示。

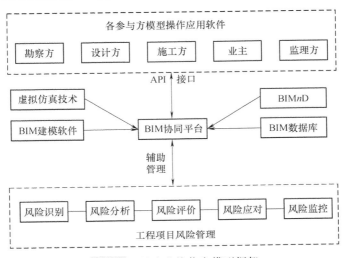

图 7-3　风险监控信息模型框架

在该模型中，一方面，风险监控模块实时跟踪和全程控制风险应对模块中处理过的风险，避免风险因素发生变化造成更严重的后果；另一方面，对于在风险评价模块中分析的可接受而暂时不需要处理的风险事件，为确保这些风险事件在环境条件变化下不会给项目带来一系列难以控制的危害，必须对事件进行监控。于是，随着监控过程中新的风险因素的发现，风险识别模块重新开始工作，新一轮的风险管理过程也随之启动。

7.3.3　风险监控工具

1. 直方图

直方图是发生的频数与相应的数据点关系的一种图形表示，是频数分布的图形表示。直方图有助于形象化地描述建设工程项目风险。直方图的一个主要应用就是确认建设工程项目风险数据的概率分布；同时，利用直方图也可直观地观察和粗略估计出建设工程项目风险状态，为风险监控提供一定的参考。

2. 因果分析图

因果分析图是表示特性与原因关系的图，它把对某项、某类建设工程项目风险特性具有影响的各种主要因素加以归类和分解，并在图上用箭头表示其间关系，因而又称为特性要因图、树枝图、鱼刺图等。因果分析图所指的后果指的是需要改进的特性以及这种后果的影响因素。因果分析图主要用于揭示影响及其原因之间的联系，以便追根溯源，确认建设工程项目风险的根本原因，便于项目风险监控。

因果分析图的结构由特性、要因和枝干三部分组成。特性是期望对其改善或进行控制的某些建设工程项目属性，如进度、费用等；要因是对特性施加影响的主要因素，要因一般是导致特性异常的几个主要来源；枝干是因果分析图中的联系环节：把全部要因同特性联系起来的是主干，把个别要因同主干联系起来的是大枝；把逐层细分的因素（细分到可以采取具体措施的程度为止）同各个要因联系起来的是中枝、小枝和细枝，如图 7-4 所示。

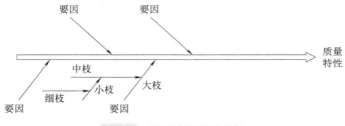

图 7-4　因果分析图的结构

因果分析图的基本原理是，如果一个项目风险发生了，除非及时采取应对措施，否则它将再次发生。通过学习，吸取教训，起到防患于未然的作用。因果分析图一般可由以下三个阶段过程来完成。

1）确定风险原因。

2）确定防范项目风险的对策措施。

3）实施管理行为。

3. 关联图法

在单一维度，即所有的原因都指向同一个结果时，前述因果分析图可以有效地分析各种原因，并提出解决方法。但在具体实践中，影响建设工程项目风险的因素之间存在着大量的因果关系。在这些因果关系中，有的是纵向关系，有的是横向关系。纵向关系可以使用因果分析图加以分析，横向关系则需要使用关联图。关联图是根据事物之间横向因果逻辑关系找出主要问题的最合适的方法。

关联图也称关系图，是用来分析事物之间"目的与手段""原因与结果"等复杂关系的一种图。它能够帮助人们从各种事物之间的逻辑关系中，努力寻找出解决问题的办法。许多风险因素之间存在着大量的因果关系，利用关联图，梳理各因素之间的因果关系并展示出来，从全盘加以考虑，就可以找出化解项目风险的办法。

关联图由圆圈（也可以是方框）和箭头组成，其中圆圈（方框）中可带有文字说明，箭头由原因指向结果，或由手段指向目的。文字说明应力求简短、表达准确、易于理解，重点项目及要解决的问题可以用双线圆圈或双线方框强调。根据最终关注问题的放置位置，可将关联图分为中央集中型和单侧汇集型两种基本类型。

1）中央集中型关联图。如图 7-5 所示，将要分析关注的问题放置于关联图的中央，将与此问题相关联的所有因素都逐层排列，在其周边展开。

2）单侧汇集型关联图。如图 7-6 所示，将要分析关注的问题放置于关联图的左侧或右侧，将与此问题相关联的所有因素都逐层向外排列展开。

对于多因素交织在一起的复杂问题的分析和整理，关联图是一个非常适用的方法。它将众多的影响因素简化为简单的图形关系图，有利于找到核心问题，抓住主要矛盾，也有利于

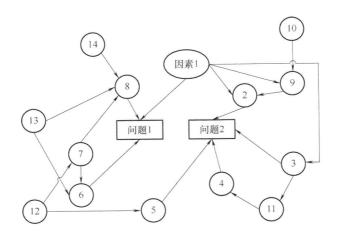

图 7-5　中央集中型关联图

资料来源：新 QC 七大工具——2. 关联图法，搜狐，https：//www. sohu. com/a/281053742_ 226128，获取日期：2021-02-21。

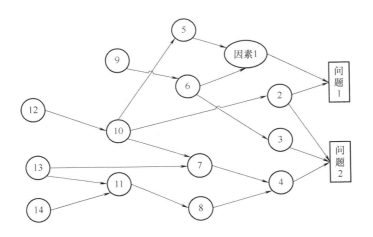

图 7-6　单侧汇集型关联图

资料来源：新 QC 七大工具——2. 关联图法，搜狐，https：//www. sohu. com/a/281053742_ 226128，获取日期：2021-02-21。

集思广益，迅速解决问题。关联图的使用简单明了，先把存在的问题与因素或手段与目的转化为语言描述的形式，再填入圆圈或方框中，然后将有逻辑关系的各个要点用直线连接起来，最后用箭头符号表示其因果关系，使关系可视化。具体的绘制方法如下：

1）确定要分析关注的问题（或目的）。问题或目的放于方框内，问题宜用"主语+谓语"来表达，例如"药品过期"。一个问题设置一个方框，多个问题各自放入多个方框。识别问题的基本规则是"只有进入的箭头，没有指向其他对象的箭头"。

2）充分、广泛、深入地分析所提出的问题，并列举、提出认为与问题有关的所有因素。有效方法之一是头脑风暴法。

3）简明、概要、准确地表达这些因素。将因素分解，找出因素相关联的子因素，直至不可分解。

4）将各个因素之间的因果关系用箭头符号做出逻辑连接，箭头由原因指向结果。如果是目的/手段关联图，则箭头由手段指向目的。

5）对原因再做深入分析，直至找出最末端的原因。最末端原因的特征是可以直接采取对策的原因，在关联图上的图形表示是"只有向外指向的箭头，没有进入的箭头"。

6）边记录，边绘制，反复修改，使得各个原因之间的逻辑关系合理，原因表述无歧义，确认最末端原因无法再分解、溯源。

7）分析整个关联图的全貌，从众多因果关系中找出重点，根据关联图分析，决定下一步行动计划。

4. 帕累托图

帕累托图又称"比例图分析法"，最早是由意大利经济学家帕累托（V. Pareto）提出来的，用以分析社会财富的分布状况，并发现少数人占有大量财富的现象，所谓"关键的少数与次要的多数"这一关系。帕累托图主要用于确定处理问题的顺序，其科学基础是所谓的"80/20"法则，即为80%的问题找出关键的影响因素。在建设工程项目的风险监控中，帕累托图可用于着重解决对建设工程项目有重大影响的风险，如可用于确定进度延误、费用超支、性能降低等问题的关键性因素，从而及时明确解决问题的途径和措施。

帕累托图一般将影响因素分为三类：A类包含大约20%的因素，但它导致了75%~80%的问题，称之为主要因素或关键因素；B类包含了大约20%的因素，但它导致了15%~20%的问题，称之为次要因素；其余的因素为C类，称之为一般因素。这就是所谓的"ABC分析法"。帕累托图显示了风险的相对重要性，同时，帕累托图的可视化特征使得一些项目风险控制变得非常直观和易于理解，有利于确定关键影响因素，有利于抓住主要矛盾，有重点地采取针对性的应对措施。

图7-7是帕累托图示例。帕累托图的结构由两个纵坐标、一个横坐标、几个直方柱和一条折线组成：左纵坐标表示频数（件数、次数等），右纵坐标表示频率（用百分比表示）；横坐标表示影响质量的各种因素，按影响程度的大小从左到右依次排列；折线表示各因素大小的累计百分数，由左向右逐步上升，此线称为帕累托曲线。

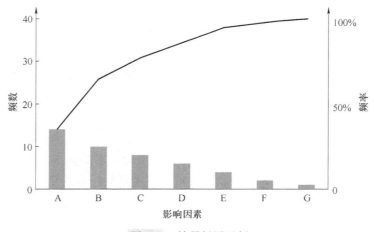

图7-7 帕累托图示例

帕累托图显示了每个建设工程风险类别的发生频率，便于了解出现最为频繁的风险和确定各项目风险的后果，有助于项目管理决策人员根据项目目标和主观判断及时采取有效的对策措施。

5. 风险里程碑图

风险里程碑图也叫风险跟踪图，是由 Audrey J. Dorofee 教授于 1996 年提出来的一种风险监控技术，刚开始主要运用于软件开发项目的风险管理，目前在建设工程项目中也开始逐渐采用。图 7-8 就是一个建设工程项目的质量风险里程碑图，从中可以知道该方法的一般原理。

风险里程碑图以时间为横坐标，风险暴露值作为纵坐标。风险暴露值可以是每个风险的发生概率和影响后果的乘积，也可以用一个风险指标来表示，例如图 7-8 中用风险损失值作为风险暴露值指标。阴影的高度表示风险暴露值的预测值，每一个细竖线表示风险监控的里程碑，即随着项目的进行，项目所能接受的风险水平会发生改变，或者由于原先数据不准确、发生重大变更或进入一个新阶段而需重新对风险进行计划和控制。

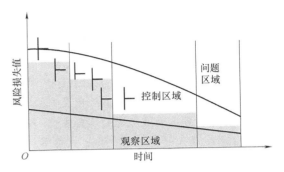

图 7-8　某建设工程项目的质量风险里程碑图

短粗的黑竖线代表风险的实测值。实测值一般都是通过抽样分析出来的在一定置信度下的置信区间，用风险暴露值的最大值、最小值和期望值三个数值来表示，图中短黑竖线的顶部表示最大值，底部表示最小值，中间的水平短线即为期望值。两条曲线将图形分为三部分。最下面的一部分是观察区域，表示风险的影响非常小，不值得花费成本去处理。最上面的一部分是问题区域，如果风险实测值进入该领域，则表示风险水平是不能被接受的，需要马上采取纠正措施。中间部分便是控制区域。如果实测值在控制区域内，说明风险水平在预期之内，不需要马上采取纠正措施，但还要加强风险管理，保证实测值不进入问题区域。

该方法的关键是选择每个风险合适的风险暴露值指标。如果风险的影响后果是一个数值标度，例如，以成本损失值或者拖延时间来标度，则可以用风险发生的概率和损失值的乘积作为风险暴露值，但如果风险的影响后果是一个顺序标度，那么风险发生的概率和顺序标度的乘积作为风险暴露值容易出现偏差，有可能影响后果非常严重的风险由于发生概率小而降低了该风险的风险程度。风险暴露值指标最好能够全面反映风险的信息。例如，洪水风险用水位高低来测量，不需要将洪水水位分为几个级别来跟踪，这样会人为地失去一些信息，改用实际值进行跟踪就比较好。

确定风险暴露值指标之后，进一步需确定该指标可接受的水平和期望水平，虽然在风险评价阶段已可以得到某些指标的数据，但是本阶段还需要项目的主要管理人员和重要的项目干系人参与确定风险指标的可接受水平和期望水平。风险可接受水平不是一成不变的。在建设工程项目的实施过程中，项目发生重大变化时就需要重新确定风险指标的可接受水平和期望水平，每一次的变动都是一个风险里程碑。

建设工程项目风险水平的变化也充分说明风险全过程管理的必要性，风险里程碑图理论上也可以在建设工程项目质量和进度风险中采用，可以将建设工程中的质量事故和成本超支的风险暴露值作为纵坐标，以建设工程项目全寿命周期的各阶段时间跨度作为横坐标，从类似建设工程项目监控值的概率分布中提取可以接受的风险水平值作为控制标准，从而实现建设工程项目质量和成本风险的全程跟踪。

风险里程碑图的特点是：

1）可以对项目的每一个关键风险进行全过程跟踪，并在图形上反映出变化情况。

2）可以反映风险标准的阶段性变化，表现为风险标准在里程碑前后的变化。

3）通过将实际风险水平和期望水平及可接受标准进行对比，可以确定风险事件是否需要采取风险控制措施或者加强项目管理或者不需要采取任何措施。

7.4 建设工程风险监控方法

目前，风险监控还没有一套公认的、单独的方法可供使用。其基本目的是以某种方式驾驭风险，保证可靠、高效地实现项目目标。由于建设工程项目风险具有复杂性、变动性、突发性、超前性等特点，风险监控应该围绕建设工程风险的基本问题，制定科学的风险监控标准，采用系统的管理方法，建立有效的风险预警系统，做好应急计划，实施高效的建设工程项目风险监控。

风险监控方法可分为两大类：一类用于监控与建设工程项目、产品有关的风险，另一类用于监控与过程有关的风险。风险监控方法有很多，下面主要介绍几个常用的风险监控方法。

7.4.1 系统的风险监控方法

风险监控，从过程的角度来看，处于项目风险管理流程的末端，但这并不意味着项目风险控制的领域仅此而已，控制应该面向项目风险管理的全过程。项目预定目标的实现，是整个流程有机作用的结果。多数关于项目管理的调查显示，项目管理过程的完成结果是不令人满意的。许多项目缺少足够的支持、全面的计划、详细的跟踪以及不明确的目标，这些及其他一些障碍增加了项目失败的可能性。系统的项目管理方法有助于避免或减少引起这种不利后果的风险。系统的项目管理方法为有效率、有效果地领导、定义、计划、组织、控制及完成项目提供指导和帮助。

风险监控应是一个连续的过程，它的任务是根据整个建设工程项目（风险）管理过程规定的衡量标准，全面跟踪并评价风险处理活动的执行情况。有效的风险监控工作可以指出风险处理有无不正确之处、哪些风险正在成为实际问题。掌握了这些情况，项目管理组就有充裕的时间采取纠正措施。建立一套明确的风险管理指标系统，使之能以明确易懂的形式提供准确、及时而关系密切的建设工程项目风险信息，是进行风险监控的关键所在。这种系统的项目管理方法有诸多好处：①它为项目管理提供了标准的方法，标准化管理为项目管理人员交流提供了一个共同的基础，减少了错误地识别风险及处置风险的可能性；②伴随标准化而来的是交流沟通的改进，保障了信息共享；③由于项目风险的变动性和复杂性，这种系统的项目管理方法为项目经理对不断变化的情况做出敏捷的反应提供了必要的指导和支持；④这套方法为项目风险管理提供了较好的预期，使得每一个项目管理人员能对风险后果做出合理的预期，同时使用标准化的项目风险管理程序也使得管理风险具有连续性；⑤这套方法提高了生产率，反应标准化、敏捷，交流完善，预期合理。这些都意味着建设工程项目的复杂性、混乱性、冲突性的下降，同时也减少了外部或自身风险发生的概率。

7.4.2 风险预警系统

建设工程项目的创新性、一次性、独特性及复杂性，决定了其项目风险的不可避免性；

风险发生后的损失的难以弥补性和工作的被动性决定了建设工程风险管理的重要性。传统的项目风险管理是一种"回溯性"管理，属于亡羊补牢的类型，对于一些重大的建设工程的项目管理，往往于事无补。风险监控的意义就在于实现项目风险的前瞻性管理，消除或控制项目风险的发生以避免造成不利后果。因此，建立有效的风险预警系统，对于风险的有效监控具有十分重要的作用和意义。

风险预警管理是指对建设工程项目管理过程中有可能出现的风险，采取超前或预先防范的管理方式，一旦在监控过程中发现有发生风险的预兆，及时采取校正行动并发出预警信号，以最大限度控制不利后果的发生。因此，建设工程项目风险管理的良好开端和有效实施是建立一个有效的监控或预警系统，及时觉察计划的偏离情况，以高效地实施项目风险管理过程。

当计划与现实之间发生偏差时，存在这样的可能，即项目正面临着不可控制的风险，这种偏差可能是积极的，也可能是消极的，如项目进度提前和拖延。这样，计划日期与实际日期之间的区别就是系统会预测到的一个偏差。

另一个关于计划的预警系统是浮动时间。浮动时间是影响关键路线的前一项活动在计划表中可以延误的时期。关键路线也就是在网络图中最长的路线，很少发生浮动。建设工程项目中浮动时间越少，风险产生影响的可能性就越大。浮动时间越少，表明该工作越重要。预算与实际支出之间的差别一定要控制，两者之间的偏离表明完成工作花费得太少或太多，前者通常是积极的，后者是消极的。

下面给出建设工程项目风险预警系统结构（图 7-9），来表示建设工程项目风险预警系统各部分的功能和相互作用。系统中核心的部分是从设定控制参数开始一直到输出控制方案与参数结束，系统设计体现了预测、纠偏、反馈相结合的事前控制风险的思想，能够满足风险预警的要求。

美国国防部从 20 世纪 70 年代起，逐步建立起相对完善的风险管理流程，多年的实践经验使其深刻体会到：工程项目管理就是风险管理，只有使风险管理成为与武器装备的整个寿命周期相伴随的一个系统化过程，才能消除或最大限度地控制风险。在长期的工程项目风险管理实践中，美国国防部认识到风险预警在项目管理中的重要作用：①通过制定采办政策和采办策略，来促进承制方尽早确定风险管理策略并在整个寿命周期中始终注意风险问题，积极开展风险管理。例如，为了降低风险、缩短开发周期并减少费用，在"项目定义与项目论证阶段"（相当于我国的前期策划阶段），美国重大武器装备的研制一般都选定两个厂家研制试验样机，以期通过竞争来降低风险。②为了加强使用方对风险的监控力度，它明确规定，在批准进入下一个采办阶段之前，各个里程碑决策点应对项目计划的风险和风险管理方案进行明确的评估。著名的跨国公司——美国大西洋富田公司（ARCO），在确定其分承包商方式、部门职责、质量控制、进度控制、文件控制、保险等方面都提出了严格的要求，以便对管理活动和施工作业进行全过程、全方位的监控。它还要求分承包商投保高额的保险，以保证不因意外的事故破产而影响积极采取行动来开展项目风险管理。他山之石，可以攻玉，美国等发达国家项目风险的预警管理模式，给我们如何开展项目风险管理以深刻的启迪。相比之下，项目主体风险管理滞后、使用方控制不力是我国当前风险控制艰难的关键所在。

接下来，通过一个实际的建设工程风险预警系统的案例，说明此系统对于控制建设工程风险的重要意义。

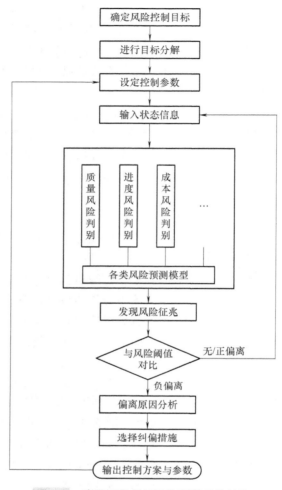

图 7-9　建设工程项目风险预警系统结构

案例 7-1　某商住楼项目的风险预警系统

　　某工程为商住楼项目,合同工期为 550 天。新建建筑地上为两栋 17 层办公楼,建筑面积为 82280m²。地下为整体两层地下室,含部分车库,面积为 2333m²,基坑开挖平均深度约为 7.90m。该工程项目的建筑物主要用于办公以及商业,商业位于第 1 层,主要以小型商铺为主,第 2~17 层为办公,分为南北两个塔楼,办公室为小型自用式办公。地下两层为本楼配套的停车库及设备、电气机房。

　　基于对本项目风险的识别和分析,构建本工程的安全风险预警系统。安全风险预警系统是利用预警理论的相关原理,为了能够顺利完成一项比较复杂、面临的安全风险较多的项目而建立的一套全面的预警系统。安全风险预警系统主要包括的要素有预警指标体系、预警模型、预警阈值、警级。预警指标是指那些影响安全的风险因素,将这些指标通过某种关系组合起来形成一种结构形式，以此构建出对应问题的安全风险预警指标体系。通过风险预警指标体系，可以综合全面地分析施工项目中存在的风险情况。风险预警模型主要是在风险识别的基础上采用一些数学方法评估风险大小或等级，从而有依据地发出相应的警报。预警阈值是警情的一种合理的测试尺度，是安全风险评估值的一个临界点，超过这个阈值就会产生警报。警级是评价一个具体工程项目安全风险警情的级别。不同的风险警情级别的划分因项目而定，有时同一项目的风险警情的划分形式也会不相同。

以细致、有效、全面为原则，结合该商住楼的施工情况，考虑安全风险管理总体目标、预警系统要实现的功能以及工程项目的内外部环境，构建了本项目的安全风险预警系统，其框架如图7-10所示。

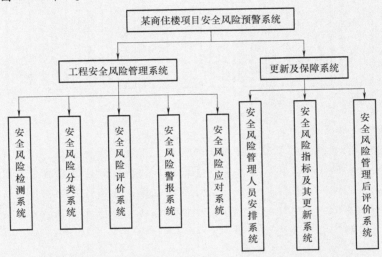

图 7-10　商住楼项目安全风险预警系统框架

该商住楼项目安全风险预警系统包括的子系统有：①工程安全风险管理系统，此系统属于二级子系统，其对应的三级子系统有检测、分类、评价、警报以及应对子系统；②更新及保障系统，此系统由安全风险管理人员安排系统、安全风险指标及其更新系统和安全风险管理后评价系统组成。

1. 工程安全风险管理体系

（1）安全风险检测系统

安全风险的检测过程就是风险的识别过程，该系统可以实现对工程中存在的各方面风险进行全面的检测。安全风险检测的方法有很多种，见表7-7。

表 7-7　安全风险检测的方法

从底到顶的方法	从顶到底的方法
项目报表分析法、流程图分析法、情景构造法、影响图法、问卷调查法、专家咨询法	案例分析法、图表法、曲线法

上述两类方法，一般来说首选从底到顶的方法，因为该方法能够让项目风险管理人员从一开始就能够充分细致地考虑项目风险。

（2）安全风险分类系统

安全风险分类系统是对风险检测系统检测出来的风险进行分类，以方便后期风险的管理。建设工程项目中一般存在的安全风险分类，如图 7-11 所示。

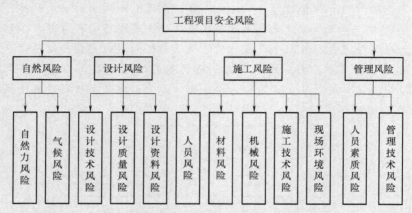

图 7-11　建设工程项目安全风险分类

（3）安全风险评价系统

建设工程安全风险评价是对风险进行量化的过程，根据风险量化后的发生概率做出相应的预防措施。风险量化的常用工具和技术有：①统计和法，该方法是指在进行估算时，把估算的对象及其相关组成部分看作随机变量，服从某种概率分布，然后根据概率计算理论，算出各部分的期望和方差，并求它们的和，该和就可作为项目各估算对象的发生概率。②决策树法，该方法是在了解所有事件发生的概率之后，将分析的过程构建成决策树，从而去求净现值的期望值大于或等于零时的概率，以达到对对象进行评价的目的。③专家评定法，专家评定是指专家根据各自的经验和学识，对评价对象进行打分或者给出自己的意见。当利用此种方法进行工程项目风险评价时，先收集各位专家对风险项目的评定结果，再进行汇总。通过充分考虑和综合各位专家的评定结果，然后给出最终的评定结果。

（4）安全风险警报系统

在风险评价后，就要根据评价的结果发出警报，将风险的具体情况反馈给风险管理者。此子系统就是将警情准确、及时地反馈给预警系统的各个方面。根据安全风险评价结果，再结合风险预警阈值，安全风险管理人员将得出风险评价对象的最终警情。

（5）安全风险应对系统

安全风险管理人员根据警报系统得出的警情，采取对应的风险应对措施。所采用的措施分为三种：①事前控制。这是一种主动性解决措施，即在风险发生前就采取有效措施减小风险发生概率或减少一旦发生会带来的损失程度。②事中控制。在风险发生过程中，对产生风险的地方进行补修，不再让风险事态进一步产生或者恶化。③事后控制。这一类主要是对风险的后期评价、风险责任人的确定以及风险管理的总结。

2. 更新及保障系统

（1）安全风险管理人员安排系统

风险管理人员是整个风险管理过程中的核心，是控制风险整体态势的主体。因此如何安排好相关人员至关重要，如果人员安排不当或选择的团队不合理，则整个风险管理就很难有效实行。安全风险管理人员的选择要考虑人员的整体素质，包括细心度、风险管理的知识、团队合作能力等。另外，在工作过程中，如何让不同人员在不同岗位进行不同的风险管理，如何做到人员的作息轮岗等事项也应考虑在内。

（2）安全风险指标及其更新系统

风险管理是一种动态的管理，前期在确定风险指标时有可能不太全面，那么在真正的管理过程中，很多问题就都会暴露出来。因此，此过程也在不断发现更多的影响安全风险的指标，不断去完善指标体系，从而促使后期的评价体系更加健全。

（3）安全风险管理后评价系统

该系统主要存在的任务有：①对改进后的风险指标体系进行进一步的测评；②检验风险管理人员所采用的解决措施是否获得有效的效果；③对前期产生的风险问题进行进一步研究和总结，把解决风险过程中好的方面提炼出来；④继续监控已经采取措施的风险，以及对其他还可能发生的风险进行进一步监控。

资料来源：郑国荣. 中国铁建某商住楼项目的施工安全风险预警系统研究［D］. 吉林大学，2017.（经编辑加工）。

7.4.3　制订应对风险的应急计划

风险监控的价值体现在保持项目管理在预定的轨道上进行，不致发生大的偏差，造成难以弥补的重大损失。但风险的特殊性也使得监控活动面临着严峻的挑战，环境的多变性、风险的复杂性，这些都对风险监控的有效性提出了更高的要求。为了保持建设工程项目有效果、有效率地进行，必须对项目实施过程中的各种风险（已识别的或潜在的）进行系统性管理，并对项目风险可能存在的各种意外情况进行有效管理。因此，制订应对各种风险的应急计划是项目风险监控的一个重要工作，也是实施项目风险监控的一个重要途径。

应急计划是为控制项目实施过程中有可能出现或发生的特定情况的预案。应对风险的应急计划包括风险的描述、完成计划的假设、风险发生的可能性、风险的影响以及适当的反映等。

建设工程项目风险监控的应急处理包括费用的应急处理、进度的应急处理以及技术（质量）的应急处理等。应急处理常常要启动多套备用方案，以应付复杂的难以预测的风险事件的发生。

（1）建设工程项目费用风险的应急处理

费用风险的应急处理通过启动预算应急费来实现。预算应急费是一笔事先准备好的资金，用于补偿差错、疏漏以及其他不确定性对项目费用估计精确性的影响，一般在项目预算中单独列出，不分散到具体费用项目下，以免项目组织失去控制。应急费主要用于以下四种情况：

1）由项目目标不明确、定义模糊、不完整，项目方案不具体，工作分解结构不完全，估价时间短以及估算人员缺乏经验和盲目乐观等造成的估价误差补偿。

2）项目的变更、调整而增加的费用。

3）项目估算的费用期间内所隐含的通货膨胀因素造成的费用上涨。

4）项目估算的费用期间内由于关键的材料设备价格波动而无法签订固定的价格合同，

所默许的在计费期间的价格调整补偿。

（2）建设工程项目进度风险的应急处理

当建设工程项目进度出现负偏差时，一般先检查其是否处于关键路线上，对不属于关键路线上的进度负偏差一般不予处理，但是当负偏差超过活动的总时差时就需要启动进度应急措施，对于关键路线上的负偏差也需启动进度应急措施。进度应急措施包括压缩关键路线的工序（活动）持续时间和改变工序间的逻辑关系，但是要注意增加资源投入可能带来的新风险。

（3）建设工程项目技术（质量）风险的应急处理

建设工程项目技术的应急处理一般要通过启动技术后备措施来实现，它是一份预先准备好的技术备用方案或备用设备，当预想的情况将出现而未出现，需要采取补救行动时就可动用后备措施。在工程上，当采用新结构、新技术、新工艺、新材料时，一般要预留技术后备措施，以备应急处理。下面以工程施工中的火灾意外事故的应急处理为例阐述技术后备措施的启动。

案例 7-2　火灾事故的应急处理

在图 7-12 所示的火灾应急处理措施中，通常要启动几套应急方案，在火灾刚开始出现信号时，现场报警系统就会立刻启动，在明确火灾事故发生的情况下，就会启动自动灭火系统，否则就返回到初始状态，当自动灭火系统失效时，火灾开始蔓延，就会通过预设的防火墙和其他隔火装置使火势受阻，再执行预定的综合灭火计划，将火灾扑灭，如果火灾没有蔓延就被扑灭则返回初始状态，最后一步是执行预定的恢复计划。

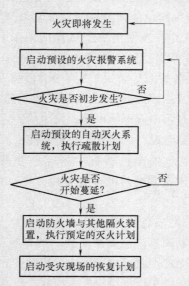

图 7-12　工程火灾事故的应急处理流程

一个有效的应急计划往往把风险看作由某种"触发器"引起的，即项目中的风险存在着某种因果关系。在项目管理中，仅仅接受风险而不重视风险原因只会鼓励做出反应，而不是预先行动。计划应对风险的来源做出判断。图 7-13 描述了应急计划的流程图，表 7-8 总结了风险的因果关系，表 7-9 介绍了应急计划的基本格式。

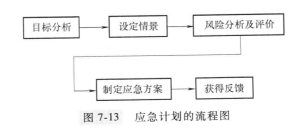

图 7-13　应急计划的流程图

表 7-8　风险的因果关系

风险产生的因素	风险
文化/社会因素	价值观的改变
经济因素	重大成本损失
劳动力因素	工人罢工
法律因素	适用于项目的司法体系及效力变更
项目管理因素	组织架构的变化
市场因素	第三方竞争
媒体因素	公众对项目的反抗
伦理因素	工人精神层面的疲劳、懈怠
政治因素	政策法规的调整
技术因素	技术落后

表 7-9　应急计划的基本格式

风险描述
（1）风险类型
（2）风险发生可能性的大小 周期一：高□ 中□ 低□ 周期二：高□ 中□ 低□ 周期三：高□ 中□ 低□ ⋮
（3）风险影响 技术的： 操作的： 功能的：
（4）风险应对措施

　　触发器在项目风险监控中是一个十分有用的概念，触发器可提供三种基本的控制功能：①激活，触发器提供启动风险行动计划（或对照计划取得的进展）的警铃；②解除，触发器可用于发送信号，终止风险应对活动；③挂起，触发器可用于暂停执行风险行动计划。以下四种触发器用于提供不可接受风险级别的通知：

　　1）定期事件触发器：提供活动通知。进度安排的项目事件（如每月的管理报告、项目评审和技术设计评审）是定期事件触发器的基础。

2）已逝时间触发器：提供日期通知。日程表（如距今 30 天以后、本季度末、财政年度的开端）是已逝时间触发器的基础，也可用具体日期作为以时间为基础的触发器。

3）相对变化触发器：提供在可接受值范围外的通知。相对变化是预先确定的定量目标与实际值之间的差距。阈值被设为高于或低于定量目标的一个目标值或具体百分比的偏差，或高于或低于计划的定量目标，都将使触发器发出信号。

4）阈值触发器：提供超过预先设定阈值的通知。状态指标和阈值的对比是阈值触发器的基础。如果项目风险指标超过阈值，将发出报警信号，及时提醒项目管理人员，并报告定量成本预算内的结果。

7.4.4 合理确定风险监控时机

风险监控既取决于对项目风险客观规律的认识程度，同时也是一种综合权衡和监控策略的优选过程，即既要避险，又要经济可行。解决这个问题有两种办法：①把接受风险之后得到的直接收益同可能蒙受的直接损失比较一下，若收益大于损失，项目继续进行，否则，项目难以继续；②比较间接收益和间接损失，比较时，应该把那些不能量化的方面也考虑在内，例如环境影响。在权衡风险后果时，必须考虑纯粹经济以外的因素，包括为了取得一定的收益而实施规避风险策略时可能遇到的困难和费用。图 7-14 表示的是规避风险策略的效果与为此而付出的相应费用的关系。

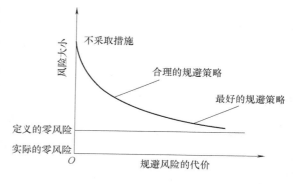

图 7-14 中曲线最左边的点表示，根本未采取任何风险规避策略，即没有投入任何资金，项目成功还是失败完全顺其自然。沿着横坐标向右，随着资金投入的增加，风险规避策略的效果增强。在最右边，风

图 7-14 风险监控时机选择示意图

险被削减到最低限度。但是，这个最低限度是根据主观判断来确定的，是项目各利益相关方一致认为的不是风险的水平。

7.4.5 制定风险监控行动过程

风险监控的过程有助于控制建设工程项目过程的偏差。例如，在风险管理中可能需要控制过程中的行动来改进过程。风险行动计划是一种中间产品，它需要通过控制并修改中间过程的行动来达到令管理者满意的结果。项目风险监控，重要的是应根据监控得到的项目风险征兆，做出合理的判断，采取有效的行动，即必须制定项目风险监控行动过程。换句话说，建设工程项目风险是动态发展变化的，这就要求风险监控管理也必须是动态发展的。为此，引入 PDCA 模型，建立建设工程风险监控的 PDCA 循环过程，从而保证风险监控管理活动持续不断地进行，并且不断完善。

PDCA 是英文 Plan（计划）、Do（执行）、Check（检查）、Action（总结处理）四个词的第一个字母的缩写。它的基本原理就是做任何一项工作，首先有个设想，根据设想提出一个计划。然后按照计划规定去执行、检查和总结。最后通过工作循环，一步一步地提高工作

水平。PDCA 循环模式的基本特点如下：

1）周而复始：一个循环结束了，解决了一部分问题，未解决或新出现的问题进入下一个循环。

2）大环带小环：一个单位是一个 PDCA 大循环，各项目部是一个中循环，班组或个人是一个小循环。这样逐级分层，环环相扣。每个循环都包括"四个阶段"和"八个步骤"。

3）阶梯式上升：每循环一次都要有所前进和提升，通过每一次总结，都要巩固成绩，克服缺点。

4）运用统计工具：应用科学的统计观念和处理方法，作为推动工作、发现问题和解决问题的有效工具。

根据 PDCA 循环的原理及特点，可以将其应用到建设工程项目风险监控管理中，通过使用 PDCA 循环管理模式来不断提高建设工程风险监控管理水平。

1. 计划（P）

此阶段包括确定进行风险监控管理的目标和要实现该目标所展开的风险监控管理活动的具体计划，主要有以下三个步骤：

1）确定进行风险监控管理期望实现的目标。收集过去一个时期发生的所有事故情况的资料、"三违"记录、识别出的危险源记录，对这些资料进行统计，统计发生事故的种类、"三违"种类、危险源的种类、每一类出现的次数等数据，以此来确定本期进行风险监控管理的目标，如无重大事故、人员伤亡数控制在多少以内、"三违"次数比上期降低多少个百分点、机器设备故障次数降低多少个百分点等。

2）根据确定的目标，给出理想的解决方案。方案包括风险监控管理的程序、风险识别与风险分析的方法及步骤、参与风险监控管理的人员及其职责划分、需要配合的单位及人员等。理想的解决方案应保证：风险监控管理的程序必须合理；选择的风险识别与风险分析的方法要具有可操作性、有效性；参与风险监控管理的人员技能互补，确保风险管理小组具备足够的专业知识和技术；明确采用的评估技术方法所需要的信息种类、信息来源及需要配合的单位和个人。

3）根据方案编制活动计划并下达活动计划。活动计划包括：风险监控管理的目标、控制活动展开的时间安排；控制活动的步骤流程；控制活动每一个步骤的具体内容、每项内容的负责人员、时间分配、需要配合的单位和人员等。

2. 执行（D）

严格按照活动计划执行，各负责人按照计划的时间、任务内容制定自己的活动计划，对工作任务、时间分配、协助人员的任务分配、配合单位和人员再次进行细分。

3. 检查（C）

检查阶段包括两个步骤：

1）在计划执行的过程中，边执行边计划边评价工作成绩，如：工作方法是否有效；所选的风险识别、风险分析方法的操作性是否强，是否能尽可能全面、准确地识别和分析风险；相关单位和人员的配合度是否高；小组成员是否能按时完成工作等。在检查的过程中要对数据、信息等进行记录以补充原始记录、健全统计数据。

2）对检查中发现的问题要进行科学的分析。例如，检查发现选择的风险识别技术在识别危险源时的效率较低，则应分析该方法效率低的原因，如该技术是定量技术，项目中没有足够的数据来进行定量分析，或该技术是定性技术，得到的结果不准确，或负责人员的专业水平不够，不会灵活使用该技术等。找出问题产生的原因后要对其进行记录。

4. 总结处理（A）

总结处理阶段包括两个步骤：

1）对检查出的问题提出解决方案，如风险识别技术的效率低：若问题出在该技术不适合危险源识别，则换用其他风险识别技术；若问题出在操作人员身上，其专业水平不够，不会灵活使用该方法，则对其进行培训或者换由其他人员负责。这一阶段要对好的经验进行总结、推广，并予以标准化，记录在册。错误的教训要防止再发生。

2）对尚未解决的问题，应该转入下一轮 PDCA 工作循环予以解决。

以上介绍 PDCA 循环模式的四个阶段，各阶段具体操作合计为八个步骤。

以下将以一个发电工程 EPC 项目为例，介绍利用 PDCA 循环进行采购风险管理的过程。

案例 7-3　某发电工程 EPC 项目的风险管理

1. 采购风险规划

采购风险规划阶段的任务是制订发电工程 EPC 项目的采购风险管理计划，包括识别采购风险、分析采购风险以及提出采购风险应对计划。识别采购风险包括识别影响采购目标实现的内部和外部事项，将不确定性事项转变为明确的风险描述。采购管理的外部风险包括政治、经济、社会、自然以及意外风险等，内部风险可以根据采购各个阶段的工作进行系统的分析和识别。采购风险识别出来列明阶段、事项及风险点，形成采购风险清单，见表 7-10。

表 7-10　发电工程 EPC 项目采购风险清单

阶　　段	事　　项	容易发生的风险事件
投标 & 主合同签订	招标文件限制性条款	指定供应商范围等
	设备投标报价	报价过低等
设计管理	设计标准	高于或低于合同标准等
	设备供货数量	超出实际需求等
	设备供货范围	不在主合同范围内的设备、备品备件及专用工具等
计划	采购包划分	划分不合理等
	采购批次及招标时间	批次设置、时间安排不合理等
	到货时间	过早或过晚等
供应商管理	供应商数量	符合要求的供应商太少等
	供应商配合	缺乏合作、服务情况不清等
招标采买	招标	串标、围标、陪标以及废标等
	评标	评标标准和方法不公正、评标专家主观偏差等
	定标	流程长、意见不统一等

（续）

阶 段	事 项	容易发生的风险事件
合同管理	合同签订及变更	合同条款不严谨、合同变更等
	合同款项支付	提前/重复支付、垫付、凭证问题
监造检验	监造	监造人员履职不力、日志及现场见证不规范等
	检验	检验方式方法不合规、质量验收不标准等
催交	设备及随机资料	发货不及时、到货延误、货物不齐全等
物流运输（海外项目）	运输	运输时间有变、超重超大货物等
	报关清关	报关清关操作流程、单证问题等
现场服务管理	供应商现场服务人员	安装、调试指导、缺陷处理、培训等过程不合规
仓库管理	卸货	卸货方式有误、缺少卸货机械等
	开箱验收	包装不当、装箱清单与实物不一致等
	出入库	出入库手续不齐全、台账登记有误等
	代保管单位管理	人员经验缺乏、货物数量不足等
	仓库存管	缺乏规划、空间不足、危化品存管不当等
移交	备品备件及专用工具	漏发、借用未还、损坏等

分析采购风险是根据采购风险清单分析风险事项的驱动因素和来源，预测风险发生的可能性和影响大小，并以此作为风险管理的依据。最后根据采购风险的优先级排列制订采购风险应对计划，包括风险应对策略和处理步骤，常用的策略包括风险自留、风险回避、风险转移、风险缓解等。

2. 实施风险管理

首先，应建立采购风险管理的内部组织，明确采购管理人员的职责和任务。其次，应组织风险管理培训，使采购人员掌握风险管理的方法和技巧，提高风险管理能力。最后，按照采购风险应对计划实施风险管理，以最小的成本获取最大的保障，包括密切关注采购风险事件的驱动因素，监视风险状态，当变化超出阈值时及时响应；安排责任人，采用最经济、最合理的方案和措施来预防风险事件的发生；执行风险应对策略和处理步骤；定期报告风险状态及对照原计划所取得的进展等。

3. 检查和反馈

制定风险管理监控制度，以保证采购风险应对计划的有效执行，使得风险管理过程得到全面监控。定期检查风险应对计划的执行情况，对执行情况进行反馈，执行不满意则进行改进，并完善风险应对计划。对可能存在风险的对象或部位重新进行确认，判断其是否仍存在风险事件；监控是否产生新的风险，如果发现，应立刻重新分析和评估，更新风险应对计划。

4. 评估和改进

评估采购风险应对计划的执行情况，根据事先设计的标准对执行情况进行测定、评价和分析，并对计划与实际不符之处予以纠正，包括采购风险的识别是否准确全面、风险的分析是否有误、风险应对策略的选择是否奏效、风险处理步骤的组合是否最佳、能否防止或减少风险的发生、按预算能否保障计划内的保险事故发生后得到及时补偿等。

对采购风险管理的目标、风险识别方法、风险分析方法、风险应对策略、风险处理步骤、保障计划及反馈情况等进行评估，合理分配风险管理资源，并不断进行完善和改进。改进后继续按照 PDCA 循环执行采购风险管理。

在风险监控管理中通过使用 PDCA 循环模型就可以保证风险监控管理活动持续不断地进行，并且不断完善、效果越来越好，从而消除危险源，确保建设工程项目的安全施工生产。

复习思考题

1. 什么是风险监视和风险监控？两者有什么区别？各能解决什么问题？

2. 描述风险监控过程。

3. 为什么要采用系统的风险监控方法？试结合建设工程项目管理的实际加以说明。

4. 建设工程项目如何选择恰当的风险监控时机？

5. 如何将阈值用作预警系统的一部分？

6. 列出两种可用于提供不可接受风险通知的触发器，举例说明每个触发器是如何启动风险行动计划的，哪些人会收到通知以及以何种方式收到通知。

7. 你认为应如何监控建设工程项目风险？请说明原因。

8. 你同意控制的最大潜力往往迸发于采取行动的那一瞬间吗？请说明原因。

第 **8** 章

建设工程保险

【本章导读】

为建设工程投保作为建设工程风险的应对措施之一，在实践生产活动中有着不可替代的作用。建设工程作为一种特殊的产品，具有建设周期长、技术复杂程度高、风险损失大等特点，这些造成了传统的保险无法胜任建设工程领域内的复杂情况，因此建设工程保险的诞生就有了非常重大的意义。

【主要内容】

本章首先介绍了保险的定义、特征、作用以及应用原则，借对保险的论述引入建设工程保险的概念，阐述了建设工程保险的功能与作用，并将建设工程保险分成九大类。为了能够准确反映投保双方当事人的意愿，本章介绍了建设工程保险合同生效、履行、变更和终止的条件。最后，分析了影响建设工程保险费的因素，提出了建设工程保险费的厘定方法。

8.1 保险概述

从人类社会诞生的那一刻起，人们就在寻找防灾避祸的方法，保险是其中的方法之一。要了解建设工程保险，首先要了解保险的含义。

8.1.1 保险的定义

当风险发生的时候，人们可以通过风险回避、风险自留、风险转移等多种方式来应对风险，而风险转移又有许多种方式，但最普遍的转移风险的方式是购买保险。保险已经具有500多年的历史，人们对保险可以从不同的角度做出解释：

1）保险是以经济合同方式建立保险关系，集合多数单位或个人的风险，合理计收分摊金，由此对特定的灾害事故造成的经济损失或人身伤亡提供资金保障的一种经济形式。

2）保险是用集中起来的保险费建立保险基金，用于补偿被保险人因自然灾害或意外事故造成的经济损失，或对个人因死亡、伤残而给付保险金的一种方法。

3）保险是一种经济保障制度，它通过收取保险费的方法，承担被保险人的风险。当被保险人因发生约定的自然灾害、意外事故而遭受财产损失及人身伤亡时，保险人给予经济保障。

4）保险是一种社会工具，这一社会工具可以用于进行损失的数理预测，并对损失者提供补偿，补偿基金来自于所有那些希望转移风险的社会成员所做的贡献。

5）保险是一种复杂的和精巧的机制，它将风险从某个个人转移到团体，并在一个公平的基础上由团体中的所有成员来分担损失。

6）保险既是一种经济制度，也是一种法律关系。从经济制度的角度来说，保险是为了确保经济生活的安定，对特定风险事故或特定事件的发生所导致的损失，运用多数单位的集体力量，根据合理的计算，共同建立基金，进行补偿或给付的经济制度。从法律的角度来看，保险是根据法律规定或当事人的双方约定，一方承担支付保险费的义务，换取另一方对其因意外事故或特定事件的出现所导致的损失负责经济保障或给付的权利的法律关系。

保险是风险转移的基本手段。通过保险，企业或个人可以将许多威胁自身的风险转移给保险公司，一旦风险发生，即可通过取得赔偿来挽回企业或个人的损失。保险包含八个基本要素，具体如下。

1. 保险人

保险人是指保险合同当事人的一方，即保险公司。保险人在保险合同成立时有保险费的请求权，在约定的危险事故发生时负有补偿损失的义务。

2. 被保险人

被保险人是指以其财产、责任、生命或身体为保险标的，在保险事故发生而遭受损失时，享有补偿请求权的人。

3. 投保人

投保人是指保险合同当事人的另一方，即对保险标的具有保险利益，向保险人申请订立保险合同，并负有交付保险费义务的人。为自己订立保险合同者，投保人与被保险人同为一人；为他人订立保险合同者，投保人与被保险人为不同人。

4. 保险标的

保险标的是指作为保险对象的财产及其有关利益或者人的寿命和身体。简单地讲，保险标的就是保险的对象，通常表现为各种财产、经济责任、人身健康和人的寿命等。例如，在雇主责任险和职业责任险等责任保险中，保险标的就是被保险人可能承担的各种经济赔偿责任。

5. 保险利益

保险利益是指投保人对保险标的具有的法律上承认的经济利益关系。投保人或被保险人因保险标的遭受风险事故而受损失，若不发生风险事故则受益。例如，某工程施工现场的塔式起重机因某种原因而损坏，那么塔式起重机的损坏将给承包商带来很大的经济损失；而如果塔式起重机不被损坏能够继续使用，将给承包商带来很大的经济利益。

6. 保险金

保险金俗称赔款，即在损失发生时，保险人支付给被保险人的补偿金额。申领和处理补偿金额的手续或程序称为索赔或理赔；在人身保险方面常称为给付。

7. 保险费

保险费简称保费，是指投保人对保险人承担危险责任所支付对价的金额。通常所称保险费的计算，是指保险费费率的计算。以保险费费率乘保险金即为所需的保险费。总保险费（即营业保险费）中包括纯保险费（补偿损失之用）及附加保险费（主要为各种业务费用）。

8. 保险期间

保险期间即合同的有效期间，通常由保险合同当事人双方同意后订立。

8.1.2　保险的特征、功能和作用

1. 保险的特征

保险的特征是指保险构成其自身特殊性的物质内容或保险得以成立的基本条件，是它区别于其他经济制度或活动的主要标志。

（1）必须以特定风险为对象

建立保险制度的目的是应付自然灾害和意外事件等特定风险事故的发生给被保险人带来的损失或损害。因为只有给人们带来风险损失的风险事故的存在和可能发生，才有建立补偿损失的保险保障制度的必要，因此，特定风险的存在是构成保险的第一条件。这就是说，无风险则无保险。当然，构成保险的风险要符合前面所讲的条件。

（2）必须以多数人的互助共济为基础

保险是集合多数具有同质风险的经济单位，以公平合理的方法分摊损失的一种制度，这种制度是建立在"我为人人，人人为我"这一互助共济基础之上的。就保险的经营技术而言，通过多数经济单位的集合，就是所谓大数法则的运用，使参加保险的风险单位越多，损失越分散，实际损失才越接近于预期损失，从而使每个被保险人的负担合理化。这样，保险经营的基础才能日益稳固。

（3）必须以对风险事故所致损失进行补偿为目的

保险的职能在于进行损失补偿，进而确保社会经济生活的安定。如前所述，保险就是风险事故损失发生后的善后对策。这种事后的补偿通常是通过支付货币的方式来实现的，而不是恢复或赔偿已灭失损坏的原物。因此，风险事故所导致的损失，必须在经济上能计算其价值，否则无法保险。在财产保险中，对于危险事故所造成的损失，可以通过估价等办法确定。在人身保险中，由于作为保险标的的人的生命或身体无法用货币价值衡量，因此，通常采取定额保险方法，在订立保险合同时将可能的损失（由于人的死亡、伤残或丧失劳动能力，从而使个人及其家庭收入减少和开支增加）确定下来，事故发生后就将确定的损失作为实际损失，由保险人支付预定的保险金。

（4）合理的保险分担金

保险的补偿基金是由全体被保险人的分担金组成的。为使保险制度得以稳定和持续运作，分担金必须科学计算，公平合理，应以偶然事故的概率统计为技术基础，根据过去风险损失发生概率预测未来风险损失发生概率，从而确定分担金。

由于保险标的不同，环境不同，风险损失发生的频率和强度也不相同。如家庭财产保险，不同住房的建筑结构、建筑和装饰材料、使用时间环境条件、家中财物均不相同，同一险种，就应有不同的风险保障成本。在人身保险中，人的年龄大小、体质强弱、职业差异和安全程度等都不相同。因此同一险种，也应交纳不同的保险费。如果风险损失概率不同，而

风险分担金相同，必然使一部分风险损失概率较小的投保人退出保险而剩下风险损失概率较大的投保者。这样，每人的分担金必然过大，以致无法分担，保险制度也将无法维持下去。

2. 保险的功能

保险的功能是指保险作为一种制度安排，在其运行过程中所固有的、内在的、独特的使命，它是由保险的本质和内容决定的，是不以人的意志为转移的客观存在。长期以来，不同国家、不同地区和在同一国家或地区的不同时期，人们往往结合本地区或某一时期保险业在当地社会经济中的发展实际，对保险的功能提出了不同看法，存在着不同的认识。在当代，保险业在社会经济发展中的地位日益突出，它已经渗透到社会生产和生活的各个领域，保险的功能也得到了空前的发挥。

对保险功能的认识经历了三个发展阶段。第一阶段是"单一保险功能说"，认为保险仅具有经济补偿功能；第二阶段则是"复合保险功能说"，在经济补偿功能的基础上增加了资金融通的功能；第三阶段则称为"现代保险功能说"，认为现代保险具有保障、资金融通、社会管理三大功能。其中，保障功能是指分散风险，通过提供经济补偿或给付从而促进社会安定。资金融通则是指通过将保费进行合理的投资，从而集聚资金，并将保险赔款作为企业的融资来对待。社会管理则是指通过保险赔偿实现了社会再分配，用经济保障的形式来应对社会发展中的波动性，保险具有稳定器的作用。显然，对保险功能的理解也是随着保险业在经济社会生活中运用范围的扩展而不断扩展的。尤其是社会管理功能，这是中国保险界于2003年正式提出的，它极大地丰富了保险功能理论的内涵。

综上所述，现代保险至少具有保障、资金融通、社会管理三大功能。

（1）保障功能

保险业务是典型的负债业务，保险公司通过预收保费从而承担赔偿责任，同时还需将预收的保费进行合理的投资。因此，保险公司的核心业务包括保障业务和投资业务。从有关保险保障本质的理论来看，保障业务是保险公司的根本，应当更为重要；而投资业务是为保障业务而服务的。保险经营的核心是以保障业务为主，并使投资业务与之匹配并提供服务。倘若匹配发生错位，甚至主次发生颠倒，则达不到保险的保障功能。

保障功能是保险的基本功能，是由保险的本质特征所决定的，它除了在不同国家、地区和不同时期的表现形式有所不同以及不断被赋予新的时代内涵以外，在保险制度中的核心地位不会因时间的推移和社会形态的变迁而改变。保障功能主要体现在三个方面：分散风险；经济补偿或给付；促进社会公众心理安定。

在保险活动中，保险人作为其组织者和经营者，通过与投保人订立保险合同的方式，集合众多遭受同样风险或威胁的被保险人，按损失分摊原则向每个投保人收取保险费，建立保险基金，用以对某些被保险人因约定保险事故造成的损失给予经济补偿或给付保险金，从而实现了保险的社会保障功能。

例如，某村共有房屋1000栋，每栋价值10万元。假设每年只有也肯定有1栋房屋会失火而全部毁坏，但到底是哪一栋房屋并不确定，如何来对付这种火灾风险呢？只需要每年每栋房屋的屋主拿出100元放在一起凑成10万元，无论是哪栋房屋失火，都可以用这10万元来进行补偿。上升为保险的形式，就是由保险公司向每个屋主收取100元保险费，当某栋房屋失火后，由保险公司把共计收取的10万元保险费支付给该屋主，以弥补他的经济损失。上述例子仅作为保险经济补偿功能的一个简单说明。

在人身保险中，由于保险标的是人的生命或身体，而人的生命或身体的价值是不能用货币来衡量的。因此，人身保险的保险金是根据投保人的需要和交费能力由保险双方协商确定的，并不反映被保险人的实际损失。在人身保险中，保险的保障功能表现为给付保险金。这种给付可以看作对保险金的补偿而非人的价值的补偿。有人根据人身保险的上述特点而认为给付保险金是另一功能，也有人将补偿与给付共同作为保障功能。

有研究发现，保险公司的保障属性与监管动向密切相关。监管机构稍微放松，则保险公司就偏离保障轨道。所以，坚持保险保障，构筑有关保险保障的系统性监管制度显得尤其重要。

（2）资金融通功能

保险在发挥保障这一基本功能的同时，又派生出资金融通和社会管理两大功能。保险要实现保障功能，就要通过收取保费建立保险基金。这便是一个资金聚集的过程。但保险基金用于保险补偿或给付和保险费的收集在时间上有一个间隔，有的险种，例如长期生存保险，这个间隔很长，会有数十年，保险人便可将补偿和给付之前的这笔数目巨大的保险基金用于投资（出借投入资本市场等），以实现资金的保值和增值，这便是资金的运用和分配。因此保险公司被称为非银行金融机构，成为金融业的支柱之一。

作为金融业的一个重要组成部分，保险的资金融通功能随着现代保险业，尤其是现代寿险业的迅速发展和金融环境的不断完善而越来越突出。所谓资金融通，是指资金的积聚、流通和分配过程，保险的资金融通功能则是指保险资金的积聚、运用和分配功能。

由于保险资金具有规模大、期限长的特点，充分发挥保险资金融通功能，一方面可以积聚大量社会资金增多居民储蓄转化为投资的渠道，分散居民储蓄过于集中而使银行所形成的金融风险，在金融市场发达的地区效果尤为明显；另一方面可以为资本市场的发展提供长期、稳定的资金支持，实现保险市场与货币市场、资本市场的有机结合和协调发展。

正是由于保险具有资金融通功能进而具备了金融属性，因此保险业便与银行业、证券业一起成为金融业的三大支柱。

（3）社会管理功能

保险可以应用其社会管理功能，参与到社会安全管理、社会救助活动和社会公共事务的各个环节，为国家经济建设而服务。从本质上讲，保险的社会管理功能主要是通过促进社会资源的配置效率来推动经济发展的。保险业通过集聚风险补偿基金提高了社会的资本积累率，同时参与经济建设和社会生活的各个领域，通过特有的交换机制促进社会资源的合理分配，提高了整个社会的资本配置效率，客观上起到了"稳定器"和"助推器"的双重作用，为社会经济健康运行提供可靠的制度支持。保险不仅仅能起到简单的财务平衡的作用，还可以为经济发展提供诸如替代政府安全保障、推动贸易和商务、鼓励减损、促进风险的有效管理等重要服务。现代企业理论的利益相关者学说也为保险业的社会管理功能提供了理论支持。现代企业理论认为，企业是由股东、债权人、职工、管理人员、关联企业和顾客等企业利益相关者组成的共同组织，是这些利益相关者之间缔结的一组契约的集合体。因此，现代企业在公司治理中必须考虑维护利益相关者的利益才能实施有效治理，这种理论强化了企业的社会管理责任。保险企业在构建公司治理结构和日常经营时应注重保护利益相关者的利益，履行相应的社会责任，不仅追求经济效益，还要追求社会效益，充分发挥社会管理功能，促进社会整体进步。反过来，社会经济的进步又会推动保险业的发展，二者存在相互促进的客观联系。随着经济发展和社会进步，保险的社会管理功能将得到不断加强，发达国家保险业的发展实践已经验证了这一点。

保险实现社会管理功能的途径主要有：

1）促进经济发展。联合国贸易和发展会议认为，运行良好的保险和再保险市场是一国经济健康发展的重要标志。整个保险活动属于社会再生产的分配环节，它可以通过收取保险费建立起庞大的保险基金，从而在一定程度上把社会上各个经济单位持有的闲散货币资金集中起来，然后通过银行存款、购买债券、股票以及发放贷款等方式，将这些资金间接转入投资领域，支援整个社会经济建设。保险业作为一种金融机构，一方面，提高了资金积累速度，另一方面优化了资金资源的有效分配，对经济的发展有着重要的促进作用。

2）保持金融稳定。在发生经济危机时，保险可以通过减少失业、维持企业正常营业来保证政府税收和分担政府负担，实现对金融稳定的支持。

3）分担政府社会保障功能。保险尤其是寿险，可以通过多种途径实现社会保障功能。研究表明，社会成员购买寿险的行为在很大程度上减缓了政府的社会保障压力。通过寿险实现社会保障功能比政府财政行为更有优势，并且会使政府受益。所以，多数欧盟成员国已经通过提供税收优惠等方式鼓励寿险产品实现此种功能。

4）保障商业贸易顺畅运行。现代商业贸易是建立在各个生产、销售环节的高度分工协作和生产的连续性基础之上的，商业越发达，这些特性体现得越明显。如果没有保险对各个环节的损失进行补偿和保持生产的连续性，商业贸易的发展将会受到阻碍。通过提供责任保险等产品，可保障商品的正常生产和销售，减少因过失而造成的损害。通过提供信用保险等方式，可保障商业贸易的顺利进行。

5）调节社会资金在消费和储蓄之间的比例。保险公司通过吸引顾客购买一种作为储蓄替代品的寿险产品，改变整个社会资金在消费和储蓄之间的比例关系。相对于其他储蓄形式，如银行存款、国债，保险产品更具有吸引力，具体体现在：

① 保险除了具有一般的储蓄性质外，更具有事后经济补偿功能。

② 保险具有更为灵活的融资方式。投保人在资金紧张的情况下，可以通过宽期限条款、保单质押贷款条款等，获得一定的融资。

③ 保单转让条款的方式可以使保单持有人在最小的利益损失下，增加保单和保单利益的流动性。

④ 相对于银行存款而言，寿险资金期限较长，具有长期的稳定性，故保险公司的资金运用更着眼于长期效益，符合保单持有人的利益。

6）促进社会风险管理的有效性，减少社会损失。

① 减少灾害事故损失能相应减少保险金的赔付。保险人从自身利益出发有促进社会风险管理有效性的动力。

② 保险人从承保计算费率到理赔都是与灾害事故打交道，掌握风险事故的统计数据，并对灾害事故的原因进行分析和研究，从而积累了丰富的防灾防损工作的经验。因此保险人有积极参与社会风险管理的优势。

③ 保险人会通过多种途径促进社会风险管理的有效性，减少社会损失。例如：向防灾防损部门进行投资；宣传防灾防损；对投保的标的进行检查，若发现不安全因素，可以向投

保方提出消除不安全因素的合理建议，以减少社会损失；通过费率的区别对待，对多年无赔款的投保人可以采用优惠费率，对赔款记录较多的投保人提高费率，以鼓励投保人加强防灾防损工作。

（4）正确认识三大功能之间的关系

1）三大功能之间是本质与派生的关系。在现代保险的三大功能中，保障功能是保险的基本功能，这是由保险的本质属性所决定的，也是保险存在与发展的本源所在，亦即本质功能。随着保险内容的丰富和保险制度的完善，保险的功能也有了新的发展，在保险保障功能的基础上，派生出了多项功能，包括资金融通和社会管理功能在内。三种功能之间是本质与派生的关系，简言之，前者是基础和前提，处于主导地位，后两者产生于前者并服务于前者，并以不断完善前者的作用内容和扩大其影响范围为主要职责，因而处于从属地位。保险的派生功能越发达，保险的保障功能就越能够得以体现和充实。

2）三大功能之间相互渗透。例如，在保障功能和资金融通功能发挥的过程中体现了保险社会管理功能的部分内容，同样，保险社会管理和资金融通功能的充分发挥，又是对保险保障功能的巩固和完善。可见，三者之间你中有我，我中有你，相辅相成，相互渗透，密不可分。

3）纠正认识上的偏差。首先要澄清一种错误的认识，即人们往往将保险制度的功能与保险企业的功能混为一谈，认为保险功能无本质与派生之分，将保险功能加以笼统化，并且随着保险在社会发展中发挥的派生功能日益突出，进而在实践中忽视甚至撇开保险的本质功能，过分强调甚至夸大派生功能走向极端，这是十分有害的。保障功能是与保险制度相伴而生的，它是保险制度的本质和核心内容，是保险区别于银行、证券的显著特征，而资金融通和社会管理等派生功能则是保险保障功能发展到一定阶段的产物，更是保险企业在经营过程中为持续追求自身经济利益最大化而产生的必然结果，它们是保险企业在经营中所发挥出来的功能。例如，保险资金运用的概念是随着寿险业的迅猛发展和资本市场的成熟才出现的，目的是提高保险企业的偿付能力，保证经营的稳健性和持续性。又如，保险企业开展防灾防损的目的也是降低赔付率、提高经济效益。虽然资金融通和社会管理等派生功能是保险企业在主观上为追求自身经济利益而产生的，但在客观上却产生了深远的社会效益。

3. 保险的作用

保险的作用是人们以保险的职能为依据，在实现保险职能的过程中所产生的实际效果。一般来说，保险的作用主要有以下几个方面：

（1）及时补偿灾害事故损失

补偿灾害事故损失是保险的基本作用。在社会经济发展过程中，自然灾害、意外事故造成的经济损失是经常发生的，它会造成生产的停滞或中断，甚至使企业破产倒闭。在我国社会主义市场经济条件下，各种形式的企业或经济单位都是独立或相对独立的经济实体，都要实行独立的经济核算，自负盈亏。企业经营的好坏直接与企业的发展和职工的福利密切相关。

在这种情况下，保险的经济补偿对企业来说是至关重要的。有了保险，企业一旦遇到风险损失就可以及时得到经济补偿，使生产经营迅速恢复，最大限度地减轻灾害事故损失的消极影响，保障企业生产计划的完成和职工福利，还可以保障与相关经济单位的信任和协作关系的稳定。

（2）安定人民生活

保险在安定人民生活方面发挥着重要作用。有了社会保险，受保障的居民获得了在年老、失业、生病时的基本经济保障，如果在此基础上再购买了商业保险，就能获得更广泛和更高水平的经济安全。例如，参加各种财产保险，遭灾后其财产损失可以得到及时补偿，重建家园，迅速恢复安定的生活；参加各种人身保险，不仅可以解决年老、疾病、伤残等所引起的特殊经济问题，而且可以促使人们有计划地安排家庭生活；参加各种责任保险，有利于保障受害人的经济利益和民事纠纷的解决。总之，保险对于社会的安定发挥着重要的作用。

（3）促进防灾防损工作

如前所述，保险集中了投保人转嫁来的风险，承担着补偿其灾害损失的责任。经营保险业务的保险公司，必然要从企业管理和自身利益出发，积极进行防灾防损工作。在保险的理赔范围、费率规定、赔款处理、安全优待等方面，处处贯彻防灾精神，提高被保险人维护财产安全的责任心和积极性。此外，保险机构还经常协同有关单位对被保险财产进行安全检查，发现问题及时提出建议，督促解决以消除隐患。同时，保险公司还从保费收入中提取一定比例的防灾基金，用以资助防灾科学的研究和增添防灾设施，加强社会防灾能力。

（4）积聚建设资金

由保险费所建立的保险基金是社会经济中举足轻重的资金来源。随着保险业的发展，这部分基金越来越雄厚。保险基金中处于暂时闲置状态的那部分资金被广泛运用于各种动产和不动产的投资之中，一方面为保险企业或组织增加利润，增强了理赔能力，降低了保险产品的成本，同时，在客观上为社会积聚了可观的建设资金。2019年，德国安联集团经济研究中心发布了《2019年全球保险市场调研报告》，报告指出2018年全球保险费总额增至3.655万亿欧元（不包含健康保险），占全球经济总产值的5.4%。与2017年相比，剔除汇率影响，全球保费增幅约为3.3%。在我国，保险基金绝大部分被用于债券投资，用于国家的建设发展，截至2018年年底，我国全保险行业保费规模突破3.8万亿元，实现同比增长3.92%。根据中国银保监会的数据，2018年我国保险资金运用余额为16.4万亿元，其中用于债券投资的保险资金占比为34.36%（图8-1），资产配置以固定收益类为主。由此可见，保险基金为社会再生产积聚了可观的资金。

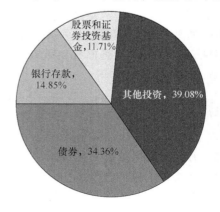

图8-1　2018年年末我国保险资金大类资产配置情况

（5）促进技术进步

在社会生产中采用新技术和新工艺，是提高社会劳动生产率和促进经济发展的重要因素。但新技术、新工艺的应用都要付出代价，花费较高成本，而这种费用往往都伴随着新的风险。通过保险可以大大鼓励企业家勇于创新，为开辟新的生产领域大胆应用新技术、新工艺，因此，保险为新技术、新工艺的推广和应用提供支撑，最终将促进技术的进步。

（6）促进"一带一路"的建设

保险是对外贸易和经济交往不可缺少的环节。在国际贸易中，按照国际惯例，进口、出口商品都必须办理保险，商品成本、运费和保险费是国际贸易商品价格的三个主要组成部分。

在"一带一路"建设中，保险业既是金融业的重要组成部分，又是管理风险的特殊行业，保险业自身特点决定了其服务"一带一路"建设具有天然优势，能够为"一带一路"跨境合作提供全面的风险保障与服务，减轻我国企业"走出去"的后顾之忧，为加快推进"一带一路"建设提供有力的保险保障。同时，"一带一路"建设也会促使保险业提升国际化能力和水平，增强国际竞争力，促进我国由保险大国向保险强国转变。

8.1.3　保险的应用原则

在保险的发展过程中，逐渐产生并完善了保障其正常开展工作的特定原则，这些原则已为世界保险界所公认。保险的应用一般要坚持如下六条基本原则：

1. 可保利益原则

可保利益即保险利益，体现了投保人或被保险人与保险标的之间存在的经济利益关系，即保险标的损害或丧失，投保人或被保险人必然蒙受经济损失。保险利益构成的三个条件如下：

（1）必须是法律认可的利益

保险利益必须是符合法律规定，符合社会公共利益要求，被法律认可并受法律保护的利益。保险利益主要体现在三个方面：①所有权，如被保险人是所保标的的所有人、接受委托负责保管的负责人或受益人；②留置权，被保险人对标的的安全负有责任或对标的享有留置权；③由合同派生的利益，如承租人依据租约享有租赁房屋的使用权。

（2）必须是客观存在的利益

保险利益必须是客观上或事实上的利益，所谓事实上的利益包括"现有利益"和"期待利益"。保险利益主要是指投保人或被保险人的现有利益，诸如财产所有权、公有权、使用权等。如果期待利益可以确定并可以实现的话，也可以作为保险利益。

（3）必须是经济上能确定的利益

无法用货币形式来计算其价值，发生损失无法用金钱给予补偿的利益不能作为保险利益。保险利益原则是指在订立和履行保险合同的过程中，投保人或被保险人对保险标的必须具有可保利益，如果投保人或被保险人对保险标的不具有可保利益，则确定的保险合同无效；或者保险合同生效后，投保人或被保险人失去了对保险标的的可保利益，保险合同也随之失效。根据《中华人民共和国保险法》第十二条，投保人对保险标的应当具有可保利益，投保人对保险标的不具有保险利益的，保险合同无效。

与其他财产保险不同，工程保险中承保的风险是综合的，主要有业主风险和承包商风险，有时还包括设计单位、监理单位和供应商的风险。同时，承保的标的是多样的，主要有工程项目、相关责任和费用。所以工程保险的保险利益体现为多主体和多形式，而不像财产保险较为单纯，在确定工程保险的保险利益时，主要依据所有权、合同和相关法律。

在工程保险中，业主、承包商、材料供应商都有各自的可保利益。可保利益原则要求投保人在保险事故发生时或在保险合同成立时，对保险标的必须具有可保利益，否则保险合同无效。强调可保利益有以下两个方面的作用：①可以防止道德风险。例如，投保人对工地上他人的房屋及设备投保，在订立合同后有可能故意制造保险事故以牟取赔偿，产生道德风险，但由于它不具有可保利益，因保险合同失效而达不到目的，甚至受到法律制裁。②可以作为赔偿的最高限额。投保人对保险标的具有的可保利益，是保险人承担保险责任的最高限度，投保人因为保险标的受损而获得不超过可保利益的额外收入。

2. 最大诚信原则

合同的签订以合同当事人的诚信为基础。保险合同由于其具有特殊性，对当事人诚信的要求要比一般民事行为的标准更高，即要求合同双方遵循最大诚信原则。对此，《中华人民共和国保险法》第四条做出了明确的规定："从事保险活动必须遵守法律、行政法规，尊重社会公德，不得损害社会公共利益"。第五条规定："保险活动当事人行使权利、履行义务应当遵循诚实信用原则。"诚实信用原则是保险活动所应遵循的一项最重要的基本原则，是保险市场经济活动的道德标准和法律规范。

诚信是指诚实守信。诚实是指一方当事人对另一方当事人不得隐瞒欺骗，守信是指任何一方当事人都必须善意且全面地履行自己的义务。最大诚信原则是指保险合同双方在签订和履行合同时，必须以最大的诚意履行自己应尽的义务，互不欺骗和隐瞒，恪守合同的认定与承诺，否则保险合同无效。

在工程保险中，由于工程项目尤其是一些大型项目均具有较强的专业性和特殊性，尽管一些从事工程保险的专业人员具有一定的工程建设基本知识，但是他们不可能对项目的个性化和特殊的风险有全面的了解。为此，根据最大诚信原则，投保人应将项目风险的情况如实告知保险人，使保险人在决定承保和确定保险方案与费率时，对项目风险的实际情况有较为充分的把握。

最大诚信原则的具体内容包括告知和保证，这是工程保险合同双方履行最大诚信原则的依据和标准。

（1）告知

告知是指投保人在订立保险合同时，应将与保险相关的重要事实如实地向保险人陈述，以便让保险人判断是否接受承保和以什么条件承保。关于"重要事实"的问题，英国1906年《海上保险法》的定义是"影响慎重的保险人决定是否承保和确定保险费等承保条件的一切资料"。

告知的程度有两种：①充分告知，即承担告知义务的一方应将其知道的所有关于保险标的风险的情况主动告知对方；②优先告知，即当事人一方只需要针对对方提出的问题进行如实的告知即可。《中华人民共和国保险法》和工程保险条款均采用优先告知的原则，即有问有答，不问不答。为此，工程保险的投保人在办理保险的过程中，只要针对保险人在工程保险投保单提出的问题进行如实回答，即履行保险合同项下对被保险人的"告知"义务。

（2）保证

保证分为确认保证和承诺保证。确认保证是指投保人或者被保险人确认过去或者现在的某一特定事项的存在或者不存在的保证。在工程保险中，保险人通常会要求投保人对影响风险程度的一些情况进行确认，如公司周围是否有河流、湖泊或者海洋等。承诺保证是指投保人对将来某一事项作为或者不作为的保证。例如在工程项目中，投保人承诺一旦保险标的的风险发生变更，将立即通知保险人。

保证还可分为明示保证和默示保证。明示保证是指将保证的内容以文字的形式在保险合同中载明。例如，条款中规定被保险人"在保险财产遭受盗窃或恶意破坏时，立即向公安局报案"。默示保证是指投保人或被保险人对于某一种特定事项虽然没有明确表示担保其真实性，但该事项的真实存在是保险人决定承保的重要依据，并成为保险合同的内容之一。默示保证一般是由法律做出规定。

3. 近因分析原则

所谓近因，不是指在时间或空间上与损失结果最为接近的原因，而是指促成损失结果的最有效的或起决定作用的原因。

工程保险标的损害并不总是由单一的原因造成的，损害发生的原因经常是错综复杂的，其表现形式也是多种多样的。有的是同时发生，有的是不间断地连续发生，有的则是短时间内发生，而且这些原因有的属于保险责任，有的不属于保险责任。对于这类因果关系较为复杂的理赔案，保险人的责任归属应根据近因分析原则。

在实务中，导致损失的原因是各种各样的。因此，损失近因的确定要根据具体情况做出具体分析。

1）单一原因导致损失近因的判定。单一原因导致损失及造成损失，原因只有这一个，没有其他原因，则该原因就称为近因。

2）多种原因同时导致损失近因的判定。多种原因同时导致损失，即各种原因发生无先后之分，且对损害结果的形成都有直接与实质的影响效果，则原则上它们都是损失的近因。若多种原因都属于保险责任，对其所致的损失保险人必须承担赔偿责任。若都属于除外责任，则保险人不负赔偿责任。若多种原因中既有保险责任，又有除外责任，同时它们所导致的损失能够分清，保险人则对承保的危险所造成的损失予以负责。如果保险责任与除外责任所导致的损失无法分清，此种情形的处理有两种意见：一种主张是损失由保险人与被保险人平均分摊；另一种主张是保险人可以完全不负赔偿责任。

3）多种原因连续发生导致损失近因的判定。多种原因连续发生，即各种原因依次发生、持续不断，且具有前因后果的关系。如果造成的损失是由两个以上原因造成的，且各种原因之间的因果关系在未中断的情况下，最先发生并造成一连串事故的原因为近因。如果这个近因属于保险责任，则保险人应当负责赔偿损失，否则不负赔偿责任。

4）多种原因间接发生导致损失近因的判定。多种原因间接发生，即各种原因的发生虽有先后之分，但它们之间不存在因果关系，且对损失结果的形成都有影响效果。此种情形损失近因的判定及保险人承担责任的处理方法与多种原因同时导致损失的情形基本相同。

4. 经济补偿原则

经济补偿原则是指保险合同生效后，如果发生保险范围内损失，被保险人有权按照合同的约定，获得全面、充分的赔偿。保险赔偿是弥补被保险人由于保险标的遭受损失而失去的经济利益，被保险人不能因保险赔偿而获得额外的利益。

经济补偿原则产生的意义在于保险的经济补偿功能，即它一方面要确保被保险人遇到承保风险所造成的损失能够得到充分的补偿，以稳定其正常的生产活动；另一方面又要防止一些不法的被保险人利用保险进行非法牟利。只有这样，保险才能健康有序地发展，才能正常发挥其保障的作用。

经济补偿原则的应用不是绝对的，也有例外。例外是指在保险实务中对于经济补偿原则使用上的例外情况。这些例外情况主要存在于人身保险、定值保险、重置价值保险和施救费用赔偿的领域。其中，重置价值保险与工程被保险人关系密切。所谓重置价值保险，是指以被保险人重置或者重建保险标的所需要的费用或成本确定保险金额的保险。但是，应当注意的是这种赔偿方式是有前提条件的，即投保人应当按照重置价格进行投保。在工程保险的理赔中，往往因赔偿标准的问题产生纠纷，其核心的问题就是前提条件的确认和维持。如果投保人没有按照重置价格进行投保，则保险人可以拒绝按照重置方式进行赔偿。但是经常出现的问题是在保险期间工程的重置价格发生了较大的变化，投保人或被保险人没有及时通知保险人，到了损失发生时，保险人才发现。这种情况可以通过"申报制度"的方式加以解决，就是对那些工期较长的项目要求投保人每隔一定的时间向保险人申报一次合同金额的变化情况。另一种解决的方式是保险人经常对合同金额可能发生的变化进行检查和核对。

5. 权益转让原则

权益转让原则对保险人来说又称代位追偿原则，是经济补偿原则的派生原则。权益转让原则是指如果保险标的发生事故后，被推定为全损或者损失是由第三者的责任造成的，那么保险人按照合同的约定履行赔偿责任后，被保险人应将享有的向第三者（责任人）索赔的权益转让给保险人，保险人取得该项权益，即可以把自己放在被保险人的地位，向责任方追偿。

在理解工程保险项下的权益转让原则时，应当注意两个问题：①工程项目一旦发生保险事故，造成了损失，而这种损失的全部或者部分应由第三者负责时，投保了工程保险的被保险人在这种情况下对索取对象具有选择权。根据保险合同，被保险人具有这种权利，只要损失本身属于保险责任范围，被保险人就有权向保险人索赔。②被保险人选择向保险人索赔的先决条件，即如果保险责任项下负责的损失涉及其他责任方时，不论保险人是否已赔偿被保险人，被保险人均应立即采取一切必要措施行使或保留向该责任方索赔的权利。在保险人赔偿后，被保险人应将向该责任方追偿的权利转让给保险人，移交一切必要的单证，并协助保险人向责任方追偿。

另外，工程保险中的第三者可能涉及两类：①没有作为工程保险被保险人但存在合同关系的当事人；②不存在合同关系的当事人。

6. "重保"分摊原则

被保险人以一个保险标的同时向两个或两个以上的保险人投保同一危险，就构成重复保险，简称"重保"。其保险金的总和往往超过保险标的的可保价值。为了防止被保险人获得超额赔偿，通常采用各保险人之间分摊的办法，分摊的方式有以下三种：

1）比例分摊：按各个保险人承保保险金的比例分摊损失金额。

2）限额分摊：按各个保险人在没有其他保险人重复保险的情况下，各自按单独承保的保险金占总保险金的比例分摊赔偿款。

3）顺序分摊：最先承保的保险人先赔偿，后承保的保险人依次赔偿实际损失与已补偿金额之间的差额。

8.2 建设工程保险的原理

8.2.1 建设工程保险概述

如上介绍了保险的概念，而建设工程保险是适用于建设工程领域的保险制度，它主要是针对建设工程项目建设过程中可能出现的自然灾害和意外事故而造成的物质损失和依法应对第三者的人身伤亡和财产损失承担的赔偿责任提供保障的一种综合性保险。建设工程保险是从财产保险中派生出来的一个险种，主要以各类民用、工业用和公共事业用工程为承保对象。目前，建设工程保险已经发展成为产品体系较为完善的具有较强专业特征且相对独立的一个保险领域。建立建设工程保险制度，对维护建设市场稳定和建设工程主体各方的经济利益具有十分重要的意义。

1. 建设工程保险制度的发展

建设工程保险制度是规范保险与保险索赔的具有法律效益的一套相关规定，是工程保险发展的必然产物，同时也是保证工程保险发展的必要因素之一，两者相辅相成。

建设工程保险起源于英国保险市场，产生于 19 世纪 50 年代，它是适应英国工业革命后纺织业发展的需要而发展起来的。随着 1858 年建立的作为世界第一家保险公司的蒸汽锅炉保险公司的大获全胜，保险范围逐渐扩展到各种压力容器、蒸汽机、起重机、电梯以及电机等，但工程保险保障均以服务性检查为其主要支柱。直到 20 世纪 30 年代末，工程保险才真正开始迅速发展，经过了第二次世界大战，许多城市还有国家都需要大兴土木、重建家园，为了降低重建风险，人们将投保工程险作为强制性条款放入了合同之中，进而促进了工程保险的迅猛发展。其实，自 1882 年英国《锅炉爆炸法令》通过以来，工程保险的发展就一直与立法工作息息相关，当时为了维护业主的工厂安全，英国商业委员会凭借该法令对锅炉爆炸原因开展调查，并有权向事故责任者索要调查费，这也是工程保险制度的雏形。

尽管我国保险业的历史可以追溯至 20 世纪初叶，但工程保险直到改革开放之初才有起步。随着改革开放，许多国外投资者到我国投资工程，为了在意外发生时能够确保资金投入，维持工程稳定，投资者要求合作的我国承包商必须投保工程保险，促进了工程保险的发展。并且我国的一些项目为了确保承包商按规范操作，建立了具有中国特色的项目经理制，不仅在客观上对风险进行有效的控制和管理，也为工程保险的发展提供了机会。因此，我国的工程保险是伴随着改革开放的形势而出现和发展的。并在此之后伴随着建筑业的蓬勃发展，工程保险也逐渐发展成为财产保险领域中一个主要的险种。

随着工程保险的大力发展，与之相关的问题也层出不穷，为了规范保险市场，维护保险双方的利益，相应的保险制度也随之产生。1995 年 6 月 30 日，第八届全国人民代表大会常务委员会第十四次会议通过了《中华人民共和国保险法》，这是中华人民共和国成立以来我国的第一部保险基本法。根据 2002 年 10 月 28 日第九届全国人民代表大会常务委员会第三十次会议《关于修改〈中华人民共和国保险法〉的决定》，《中华人民共和国保险法》做了首次修改，并于 2003 年 1 月 1 日起实施。现行的《中华人民共和国保险法》是中华人民共和国第十二届全国人民代表大会常务委员会第十四次会议于 2015 年 4 月 24 日修订通过的。

自改革开放之后，我国工程保险的发展大致可以分为三个阶段。

（1）20 世纪 70 年代末至 80 年代中期

1979，国务院批准《中国人民银行全国分行行长会议纪要》之后，保险行业通过试点先行的办法，开始逐步恢复，为集体和国家积累资金，提供经济补偿。中国人民保险公司（现为中国人民财产保险股份有限公司）（PICC）为了配合保险业的恢复趋势，积极拟定了"建筑工程一切险"和"安装工程一切险"的条款及保险单，为保险公司提供合同范本，并在 1979 年 8 月，由于国外投资者对工程保险有要求，我国多个部门联合颁布了《关于办理引进成套设备、补偿贸易等财产保险的联合通知》，要求国内的基本建设要将工程项目的保险费用列入投资概算中，并向 PICC 投保工程险。当时，根据资料显示，外资的工程项目投保率高达 85% 以上，其中大部分是投保境外的保险公司或者是境内外的保险公司合作保险，而国内的投资项目投保率只有 20%，其中 80% 是商业性的建筑，15% 是市政工程，其他的占 5%。

（2）20 世纪 80 年代中期到末期

此时的保险行业处于低迷期，工程保险可有可无。由于我国融资体制的缺陷，大部分大型工程都是由政府直接投资，导致工程中的风险主体和利益主体模糊，发生损失时，都由政府一力承担。政府还发布了《关于基本建设项目保险问题的通知》，取消了强制保险，并且规定国家预算内的"拨款"项目不投保，而各地的自筹项目投保与否由各地自主决定。

（3）20 世纪 90 年代以后

到了 20 世纪 90 年代以后，我国的保险业逐渐恢复发展，工程保险也随之被重视起来。为了适应市场经济的变化，我国发布了《关于调整建筑安装工程费用项目组成的若干规定》，将保险费加入了建筑安装工程费用中，并且一部分的保险费可以列入工程成本中，例如直接工程费中，海上作业、高空等一些特殊工种的安全保险，还有车辆保险等列入现场管理费中。在间接费中，管理用车辆、企业财产等保险都被列入企业管理费中。

为了促进经济的发展，我国推出了许多积极宽松的财政、货币等相关政策，基建工程也开始了空前规模的大量投资，并为了降低风险发生的概率，推出了一系列法律法规以及规范性文件，例如《建设工程质量管理条例》《中华人民共和国招标投标法》《中华人民共和国合同法》《中华人民共和国建筑法》《中华人民共和国担保法》《中华人民共和国保险法》，2021 年 1 月 1 日，《中华人民共和国合同法》《中华人民共和国担保法》废止，相关内容纳入同日开始施行的《中华人民共和国民法典》。这些文件不仅极大地促进了建筑市场机制的良好发育，也为完善保险制度提供了法律支持。在此过程中，意外险成为强制保险进行推广。

我国在推行工程保险制度的过程中，曾随着工程保险发展过程中的波折，也出现了一段时间的反复，但随着工程保险的恢复和蓬勃发展，工程保险制度也逐步完善了起来。

2. 建设工程保险的特征

建设工程保险属于财产保险的领域，但它与普通财产保险相比具有显著的区别，主要表现在以下几点：

（1）特殊性

工程保险承保的风险具有特殊性。首先，表现在工程保险既承保被保险人的财产损失风险，同时还承保被保险人的责任风险。其次，承保风险标的中大部分暴露于风险之中，自身抵御风险的能力大大低于普通财产的标的。最后，工程在施工中始终处于一种动态的过程，而且存在大量的交叉作业，各种风险因素错综复杂，风险程度高。

（2）综合性

工程保险的主要责任范围一般由物质损失部分和第三者责任部分构成。同时工程保险还可以针对工程项目风险的具体情况提供运输过程中、人员工地外出过程中、保证期过程中各类风险的专门保障，是一种综合性保险。

（3）广泛性

普通财产保险的被保险人的情况较为单一，通常只有一个明确的被保险人。工程保险在建设过程中可能涉及的当事人较多，关系相对复杂，业主、总承包商、分包商、设备和材料供应商、勘察设计商、技术部门、监理人、投资者、贷款银行等，均有可能对项目拥有保险利益，成为被保险人。

（4）不确定性

普通财产保险的保险期限相对较为固定，通常为一年。工程保险的保险期限一般是根据工期确定的，往往是几年，甚至是十几年。工程保险的时点也是不确定的，是根据保险单和工程的具体情况确定的。为此，工程保险通常采用工期费率而较少采用年度费率。

（5）变动性

普通财产保险的金额在保险期内是相对固定不变的，工程保险中物质损失部分针对的标的实际价值在保险期内是随着工程建设的进度不断增长的。所以保险期间，不同时点的实际保险金额是不同的。

3. 建设工程保险的投保方式

在实践过程中主要存在两种投保方式：①不同的承包商分别根据自己所承包的工程选择险种进行投保；②由业主或者总承包商选择一种最合适的险种。具体的关系如图8-2和图8-3所示。

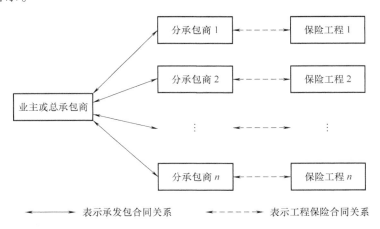

图 8-2　由各个承包商安排工程保险的投保方式

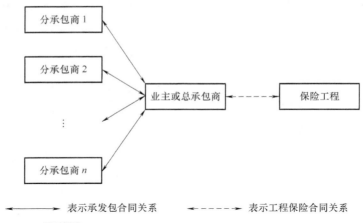

图 8-3 由业主或总承包商安排工程保险的投保方式

8.2.2 建设工程保险的功能机制与作用

1. 建设工程保险的功能机制

建设工程保险涉及多方参与主体，各方参与主体在保险中发挥着不同的作用机制。其中，投保人一般为业主或承包商，通过保险中介接触到保险公司为被保险人进行投保，监管机构对保险行业实施监管。具体的运作流程如图 8-4 所示。

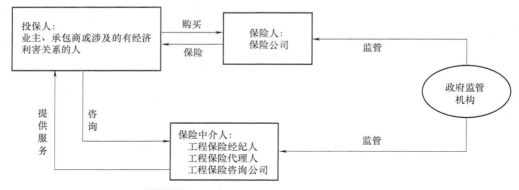

图 8-4 建设工程保险参与主体之间的关系

此外，建设工程保险还具有经济补偿、社会管理、工程风险转移三大功能。

（1）经济补偿功能

1）减少工程风险的损失。建设工程在投保过程中一般会得到相关保险服务，例如保险人一般会在前期来到工程现场进行一些必要的勘察，在安全措施方面给予一些专业的意见。在保险合同规定的时间里，保险人可以利用自己的专业知识为投保人提供各方面的培训，使得投保人在生产过程中有更强的安全意识，帮助被保险人增强安全意识，改进相关安全管理，增加安全设施，加强风险防范，最大限度地不让风险发生。

防损减灾是保险人承保服务的重要环节。保险人除承诺保险责任范围内的损失赔偿之外，还从自身利益出发，为被保险人等提供灾害预防、损失评价、损失控制等风险管理指导，并采取合理的措施尽量减少风险发生的概率和风险损失程度。保险人凭借其积累的工程风险与保险的工作经验，有的放矢地参与投保人的风险管理工作。

2）辅助规范工程建筑市场。在保险市场中，保险人评估结果，对可能发生风险或者是历史数据显示的施工质量较差的单位确定较高的费率，甚至是拒绝为其投保。为了保证只支付少量的成本就获得一些保险人提供的保障条件，投保人和被保险人都必须进行管理，在运作过程中按照一定的标准规范实施。同时，如果被保险人严格要求以较高的保险费费率投保或是在投保时被保险人拒绝，会被认为企业声誉较差，对企业开拓市场造成很大的阻力，业务来源会受到很大限制，甚至会难以生存下去。综上，工程保险能够让市场中的优秀企业脱颖而出，较差的企业难以生存下去，加快自然选择的过程，可以使各个企业提高自己的水平，整体水平的提高更有利于整个市场的发展，促进市场整体经济效益和单个企业经济效益的提升。

3）推动工程技术创新。工程保险具有推动工程技术进步的作用。因为技术创新存在很多不确定因素，所以会有许多原本想要创新的企业因为害怕承担风险或者是没有能力承担风险而放弃投资。但是有了工程保险后，就可以打消相关顾虑。通过投保可以针对可能发生的风险进行避灾减祸，企业能够去做具有创新性的技术，推动技术发展与市场进步，获取更大的经济效益。

（2）社会管理功能

建设工程保险属于保险的子集，因此除了能够在工程发生风险时实现经济补偿功能外，还具有社会管理功能。建设工程保险的社会管理功能自带建筑业的特性，其管理协调社会的效能可以分为保障、风险、关系和信用管理四个方面。

1）保障管理功能。工程项目在建设过程中需要投入巨额成本，资金投入通常与其他行业（如金融机构、材料供应商等）相关联。一旦发生了风险事件，各行业投入的人力和财力就会遭受损失，不利于社会的发展。

在业主或建筑企业为工程项目购买建设工程保险的情况下，如果项目发生了风险事件并造成了损失，且损失属于保险合同里约定的情况，那么保险人会按照约定的保险费费率给予一些补偿，减少业主和建筑企业承受的损失，进而减轻工程项目风险给社会带来的不利后果，保护社会的财富。

2）风险管理功能。保险人参与建设过程有助于工程风险管理的操作。从经营保险的角度来看，风险管理服务是保险机构减少事故发生率、降低事故损失，并提高自身经营效益的重要手段。在共同利益的驱动下，保险人在承保工程保险后，一般都投入大量的人力物力和财力为被保险人提供优质的风险管理服务。保险人从自身的利益出发，对工程质量进行监管。这种监管不同于工程建设中的三方而独立存在，更加客观和公正，会使工程质量得到更好的保证。保险人的做法也会间接地提高建筑行业的风险意识和应对能力，从而减少因风险带来的损失。

3）关系管理功能。建设工程的参与主体众多，存在着许多复杂的关系，一旦发生风险事件，很容易造成各方意见不一致的现象。通过建设工程保险应对工程灾害事故造成的损失，不仅可以根据保险合同约定对损失进行合理补充，而且可以提高事故处理效率，减少可能出现的事故纠纷。建设工程保险的介入能够改变建设工程参与主体的行为模式，从而维护不同参与方之间良好的关系。

4）信用管理功能。建设工程领域相比于其他行业，较为缺乏完善的市场机制，也未建立起完备的信用体系，从业者按照规定履行合同的意识薄弱，行业行为缺乏规范。建设工程保险的建立，可以增强从业者的风险意识，使其对于违约所需要承担的责任有清晰的认识，促使各方着手风险管理，明确市场行为准则，形成利益制约机制，由此建立可靠的信用保证体系，促使各方遵守合同，顺利履约。

（3）工程风险转移的功能

1）合理转移工程风险。在工程建设中风险处于聚拢的状态，一旦爆发就会出现事故，再加上建设项目一般都会投入巨额资金，只要项目出现事故就会给有关的组织带来较大的损失和财务亏损，严重的时候还可能会因为工程项目导致企业破产倒闭。在有针对性地把工程风险转到其他方面的过程中，工程保险具有重大意义。承包商和业主在投保后根据保险合同里的规定把出现的风险转移，让各个保险人来为这些风险承担相应的责任。如果有事故发生，可以从保险人获得相应的补偿，使得各个企业在遭受风险之后能够顺利地运营。

2）保障业主的利益。业主投保工程保险有利于减少损失赔偿责任。比如雇主责任险可以为雇主承保雇员在其受雇期间因工伤而产生的医疗费和工伤休假期间的工资。如果雇主投保了雇主责任险，则工程施工过程中可能造成的雇员人身伤亡和疾病的经济赔偿风险就转嫁给了保险人。另外在工程通过验收投入使用后，因建筑涉及缺陷或隐患造成损失赔偿或者需要修缮的，业主可以通过自己投保或要求承包商投保两年或十年缺陷险与责任险，将风险损失赔偿责任转移给保险人。

3）减少工程风险的不确定性。对于承包商，可以通过保险将自己无力防范或无法回避的风险转移给保险人，从而减少风险产生的影响。对于保险人而言，由于它承担了大量的保险业务，因而对个别风险的不确定性，从大范围角度来看，可以表现出一定的确定性，根据大数定律可以对期望损失做出比较准确的判断。同时保险人作为一种专门处理风险的机构，其风险管理水平比一般的业主和建筑承包商要高，它们为施工企业提供各种风险管理服务，采取各种防范和应急措施，从而大大降低了工程风险的不确定性。

2. 建设工程保险的作用

国际工程界普遍认为，工程保险是保证工程实施正常进行的各项措施总链条中一个十分重要的环节，它能以较低的成本使被保险人获得较大的保障，能够对难以预测的自然灾害和人为事故造成的损失提供经济补偿。总的看来，工程保险在工程建设过程中的作用主要表现在以下几个方面：

（1）保障工程的稳定建设

现代工程尤其是大型工程的建设具有技术复杂、资金投入大、建设周期长、时效要求高等特点。因此，建设工程涉及的环节多，出现风险的概率也大，事故的原因也趋于复杂。一般追查事故原因需要一段时间，但建设投资的资金投入巨大，且不说重大毁灭性事故发生后重建的资金筹建有困难，即使是局部性事故使工程暂停、延期，其造成的资金、利息及建设工程不能按时投入使用的损失都是巨额的。因此，实施建设工程保险有利于建设工程的风险控制，保障工程的稳定建设。

（2）保障项目财务的稳定性

工程投资概算是根据工程建设的各项费用标准和资金运用计划预先安排的，如果因风险事故造成工程损失，就需要资金来进行工程的恢复，这样就造成了工程概算的不正常增加，打乱投资者的资金安排整体计划，项目进度和质量等方面会因为资金紧张而受到影响。

业主和承包商以少量的固定成本，通过投保将可保风险转移给保险人，从而减少自己在承保风险发生时遭受损失的经济补偿责任，可以减少影响工程概算的不确定因素，保障项目财务的稳定性，降低了融资风险，增强了业主或承包商抵御风险的能力。

（3）加强工程风险的防范和控制

保险人在提供工程保险时，首先会对申请人的资信、施工能力、管理水平、索赔记录等进行全面严格的审查，对施工能力强、管理水平高的承包商以优惠保费接受其投保，对施工能力和管理水平差的承包商提高保费或拒绝承保。其次，保险人还会增加对工程施工的防灾防损要求，在保险服务中，保险人可以凭借自己多年对各种工程的承保、风险管理和事故理赔的经验，积极参与被保险工程的防灾减损工作，对大型工程和安装工程试运行阶段派出自己的监督管理人员现场监督工程的实施，并提出安全管理意见，指导和促进被保险人加强安全管理措施，通过与被保险人的通力合作，达到防范、控制、降低风险的目的。实际上，保险人提供的风险管理服务对保险人和被保险人都是有利的，通过风险防范措施的加强，可以减少风险事故的发生，保险人可以减少事故赔偿额，被保险人可以降低事故发生频率、减少损失金额，保证按期、保质、不超出概算地完工。

另外，保险人降低工程风险的目标，客观上促进了施工的安全和工程质量的提高，同时也促进了建筑市场优胜劣汰系统的良性循环。

（4）改善项目融资的条件

一般来说，一个工程项目的建设除了工程所有人投资的部分自有资金外，大部分都是来自银行贷款。由于工程建设周期长，面临的风险较多，发生大的损失事故往往会影响工程的按期完工和对银行贷款的本息偿还，银行为了防范借款人的还贷风险，往往将足够金额的保险作为工程贷款的先决条件。而对于工程业主来说，购买足够金额的工程保险可以保障其还款能力，提高自己的信用水平。

（5）减少经济纠纷

工程建设的条件比较复杂，参与工程建设的单位也较多，有些风险事故发生后，会导致业主和承包商之间、总包商和分包商之间对风险所致的经济损失由谁承担发生纠纷。在投保工程保险后，工程的有关各方都是共同被保险人，那么，属于保险责任范围内的损失，保险人就会负责赔偿，从而避免了部分工程有关各方的相互追偿，有利于减少经济纠纷。

8.2.3　建设工程保险的分类

建设工程保险种类较多，分类根据不同的标准也有很多种，本书按照建设工程保险保障的范围将国内外常见的工程保险分为以下九大类：

1. 建筑工程一切险及第三者责任险

建筑工程一切险及第三者责任险，是主要以建筑工程为标的的一种保险。它既对在整个建设期间工程本身、施工机具或工地设备因自然灾害和意外事故所造成的物质损失给予赔偿，也对第三者人身伤亡或财产损失承担赔偿责任。

2. 安装工程一切险及第三者责任险

安装工程一切险及第三者责任险，是主要以机械和设备为标的的一种保险。它承保机械和设备在安装过程中因自然灾害和意外事故所造成的损失，包括物质损失、费用损失以及对第三者损害的赔偿责任。

3. 建筑意外伤害险

建筑意外伤害险是指为建筑行业所开设的意外伤害保险，属于人身保险的范畴。它是以人的生命或身体为保险标的，当被保险人因意外而受伤、死亡、残疾或丧失劳动能力时，保险人应按约定对其进行经济赔偿。为了保护建筑施工企业和建筑从业人员的合法权益，《中华人民共和国建筑法》第四十八条规定："建筑施工企业应当依法为职工参加工伤保险缴纳工伤保险费。鼓励企业为从事危险作业的职工办理意外伤害保险，支付保险费。"因此，建筑意外伤害险具有强制性。

4. 建筑工程质量潜在缺陷保险

建筑工程质量潜在缺陷保险也可称为工程潜在缺陷保险（Inherent Defects Insurance, IDI）。作为一种狭义上的工程质量保险，该保险制度最早源自于法国，是以工程项目在建造期间由于设计错误、原材料或施工工艺不善等存在潜在缺陷，导致该建筑工程在竣工使用期间发生的损失为保险标的的保险。该种保险引入了第三方风险管理机构，该风险管理机构代表保险公司对建筑工程进行全方位的质量风险管理控制与评估。一旦发生属于保险责任的建筑工程质量缺陷问题，建设工程的所有者或者使用者可以直接向保险公司进行索赔，由保险公司提供资金和后续维修服务，使得建设工程消费者的利益得到了有效保障。

在此值得注意的是，工程质量潜在缺陷保险与工程质量责任保险是两种不同的保险，二者均属于广义上的建设工程质量保险。工程质量责任保险作为一种责任保险，项目建设的各个参与主体为投保人，各工程参建单位依照法律或合同对第三人承担的民事赔偿责任为保险标的。可以理解为，工程质量责任保险中保险责任的范围主要是人身伤害或各种财产上的间接损失，不包括保险标的物自身的损失。而工程质量潜在缺陷保险的保险责任范围却恰恰含有因质量缺陷而造成的保险标的物自身的损失，不包括人身伤害和财产上的间接损失。

5. 工程设计责任险

建设工程责任保险是针对各类专业技术人员由于工作的失误或疏忽而对建设工程造成的损失的保险。目前我国现行的工程责任保险主要是工程设计责任险。

工程设计责任险是针对被保险人因在设计上的疏忽或过失，而引起的工程事故并因此造成的损失和费用。工程设计责任险是设计质量控制的重要手段。

我国工程设计责任险的投保对象规定为：经过国家建设行政主管部门批准，取得相应资质证书并经过工商行政管理部门注册登记，依法成立的建设工程设计单位。可见，我国设计责任险的对象是设计单位。

工程设计责任险的保险责任包括：建设工程本身的物质损失、事故直接原因导致的第三者人身伤亡或财产损失、与保险人达成一致的诉讼费用、为减少经济赔偿而造成的必要且合理的费用。

6. 职业责任险

工程保险中职业责任险是专门针对直接为工程服务的专业人士（如建筑师、结构工程师、监理工程师等）因疏忽履行其应负的责任而设立的一种保险，从性质上来说属于责任保险的范畴，其保险的标的是责任而不是财产，这一点和建筑工程一切险、安装工程一切险不同。

7. 雇主责任险

雇主责任险所承保的是被保险人（雇主）的雇员在受雇期间从事工作时因意外而导致伤、残、死亡，或患有与职业有关的职业性疾病，而依法或根据劳动合同应由被保险人来承担的经济赔偿责任。

8. 货物运输险

货物运输险是针对建设工程中的流通物资而提供的一种保险。投保此险种，是为了使运输中的工程物资在水路、铁路、公路和联合运输过程中，因遭受保险责任范围内的自然灾害或意外事故所造成的损失能够得到经济补偿，并加强物资运输的安全防损工作。

9. 施工机械设备险

施工机械设备险属于机器损坏保险，它主要针对工程建设中所使用的各种工程机械进行承保。该险种属于建筑工程一切险及第三者责任险的附加险，同时也可以作为单独的保险。在国际工程项目中，施工机械设备险的保险对象为工程项目中的施工机械设备，投保额为设备重置价格，设备进入场地的日期为保险起始日期，保险期限通常为一年，到期后可由施工企业决定是否继续保险。

以上九类建设工程保险可按照参保对象分为建设工程本身和非建设工程，具体划分如图8-5所示。

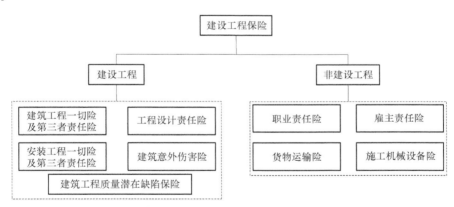

图 8-5 建设工程保险种类划分

8.3 建设工程保险合同

1. 建设工程保险合同的定义

建设工程保险合同是建设工程保险关系双方当事人为实现对被保险人的财产、有关利益及第三者责任进行经济保障，明确双方权利、义务关系所签订的一种具有法律效力的协议，它适用于保险合同相关法律的一般规定。

2. 建设工程保险合同的组成

建设工程保险合同不仅仅指的是工程保险单，一份完整的建设工程保险合同通常由工程资料、投保单、保险单、特别条款以及保险批单五个部分组成。

（1）工程资料

与普通财产保险相比，建设工程保险承保的风险更为复杂和多变，保险人需要对工程的风险做出全面和充分的评估，而相关工程资料对评估的正确性起着非常重要的作用。因此，保险人要求投保人提交相关的工程资料，并把它们作为保险合同的组成部分。这些资料通常包括工程合同、工程设计书、工程进度计划、地质勘察报告、施工图、施工许可证等。

（2）投保单

投保单是保险人事先制定好的供投保人提出保险申请时使用的一种书面凭证。投保单一般都记载保险合同的必要条款，主要内容包括投保人、被保险人、保险标的、保险金额、保险费费率和保险期限等，并载有投保人申请保险时应向保险人履行如实告知义务的注意事项。投保单本身虽然不是保险合同的书面形式，但是经保险人签字盖章确认的投保单却是保险合同的重要组成部分。

（3）保险单

保险单是保险人与投保人之间订立的正式保险合同的书面凭证。保险单并不是保险合同的全部，它只是其中的关键性书面文件，也是被保险人向保险人索赔、保险人向被保险人理赔的主要依据。工程保险的保险单通常包括下列内容：投保人、保险人、被保险人、保险种类、保险标的、保险责任、除外责任、保险期间、保险金额、保险费及其支付方式、保险金赔偿方式、订立保险合同的时间和地点、附加条款及批文等。

应当明确的是保险单仅仅是保险合同成立的凭证之一，并不是保险合同成立的前提条件。保险合同成立（如签发临时保单）后，即使保险单未签发，如果发生保险事故，除非保险合同另有约定，保险人都应当承担赔偿责任。

（4）特别条款

特别条款是依附于标准保险单后的附加条款，其实质是对基本条款的修正或者限制，它类似于建设工程施工合同中的专用条件。作为标准保险单的补充，特别条款不仅可以解决工程项目风险分散的共性问题，而且又能满足投保人对特定工程的个性化需求，使工程保险条款更加具体灵活。在保险条款解释原则上，特别条款的效力优于标准保险单上的内容，当标准保险单与特别条款内容相抵触时，以特别条款内容为准。我国目前颁布和使用的特别条款归纳起来可以分为三类：扩展类特别条款、限制类特别条款和规定类特别条款。

1）扩展类特别条款是保险单基本条款的扩展性条款，主要是将基本条款中的一些除外责任纳入保险责任范围之中，如设计师风险扩展条款。

2）限制类特别条款是对保险责任范围进行缩减或限制的条款，包括限制性保险责任和限制性保险标的，如洪水除外条款、旧设备除外条款等。

3）规定类特别条款是对保险合同中的一些重要问题或者需要说明的问题进行明确规定的条款，以免产生争议或者误解，引发纠纷等。

（5）保险批单

保险批单是保险人签发的附在保险单之后的用于批改保险单内容的书面凭证。在保险合同有效期间，合同双方均可通过协议变更保险合同的内容，对于变更合同的任何协议，保险双方都应在原保险单或保险凭证上批注或附贴批单。

建设工程保险合同贯穿于工程项目的整个寿命周期，从合同开始形成直到合同责任全部完成、合同结束，通常要经历许多阶段。建设工程保险合同管理主要包括建设工程保险合同的生效、履行、变更、终止等环节。下面将分别进行介绍。

8.3.1 建设工程保险合同的生效

保险合同的签订，并不意味着合同立即生效。保险合同的生效是指保险合同对保险人和投保人开始产生法律效力，受国家法律的约束并可以据此向法院申请强制执行。《中华人民共和国保险法》第十四条规定：保险合同成立后，投保人按照约定交付保险费，保险人按照约定的时间开始承担保险责任。《中华人民共和国海商法》第二百三十四条规定：除合同另有规定外，被保险人应当在合同订立后立即支付保险费；被保险人支付保险费前，保险人可以拒绝签发保险单证。

一般来说，保险合同一旦依法成立，即产生法律效力。但是，与一般财产保险合同不同，工程保险合同往往是在其成立后的一段时间内生效，通常是以工程项目的开工时间为准。在工程保险合同成立以后并不立即生效的情况下，保险人的责任是不同的。保险合同成立后、但尚未生效前发生的保险事故，保险人不承担保险责任；保险合同生效后发生的保险事故，保险人应按约定承担保险责任。

因此，保险合同的成立与生效是两个不同的概念，这一点在工程保险实务中往往易被投保人所忽视，应当引起投保人的注意。

8.3.2 建设工程保险合同的履行

建设工程保险合同一经生效就需要对合同的履行加强管理，以保证合同目标的实现。但是，在实际工作中有些被保险人和保险人并不重视建设工程保险合同管理。例如当出现风险事故时，被保险人不能取得和保留有效的证据，并未能及时通知保险人，最后等到保险人来确定时部分有效证据已经无效。因此，投保人或被保险人与保险人都要加强对建设工程保险合同履行的重视，各自承担起自己的义务。通常，建设工程保险双方当事人有如下义务：

1. 投保人或被保险人的义务

（1）交纳保费的义务

交纳保费是投保人最重要的义务。投保人必须按照约定的时间和方法在约定的地点交纳保费。如果投保人未能按照合同约定履行交纳保费的义务，将产生下列法律后果：在约定保费按时交纳为保险合同生效要件的场合，保险合同不能生效；保险人可以请求投保人交纳保费及延迟利息，也可以终止保险合同。

（2）防灾防损义务

在保险合同中未免除被保险人防止灾害发生这一不可推卸的责任，法律也不会无视或容许被保险人一方面违反有关消防、安全、生产操作和劳动保护的规定，另一方面又获取保险赔偿金的行为。因此，被保险人必须恪尽职守，按照国家的有关规定，谨慎选用施工人员，遵守一切与施工有关的法规和安全操作规程，包括采纳保险人代表提出的合理的防损建议，尽可能避免灾害事故的发生。

（3）通知义务

投保人或被保险人的通知义务包括保险事故危险增加的通知义务和保险事故发生的通知义务。

1）危险增加的通知义务。在工程保险合同中，危险增加是指订立保险合同时，当事人双方未曾估计到的保险事故危险程度的增加。保险事故危险增加的原因一般有两个：由投保人或被保险人的行为所致；由投保人或被保险人以外的原因所致且与投保人无关。

这两种情况下，投保人或被保险人都应当在知道危险增加后，立即通知保险人。保险人在接到通知后，通常采取提高费率和解除保险合同两种做法。如果提高费率，投保人或被保险人不同意，则保险合同自动终止。投保人或被保险人履行危险增加的通知义务，对于保险人正确估计风险具有重要意义。

2）保险事故发生的通知义务。工程保险合同订立以后，如果保险事故发生，投保人或被保险人应及时通知保险人，这一点在工程保险实务中非常重要。因为保险事故的发生，意味着保险人承担保险责任、履行保险义务的条件已经产生。保险人如果能及时得知情况，一方面可以采取适当的措施防止损失的扩大，另一方面也可以迅速查明事实、确定损失、明确责任，不因调查的拖延而丧失证据。

同时，对投保人或被保险人而言，履行保险事故发生的通知义务，对减少索赔纠纷和及时获得保险赔偿都是十分有利的。如果投保人或被保险人未履行保险事故发生的通知义务，则有可能产生两种后果：保险人不解除合同，但可以请求投保人或被保险人赔偿因此而遭受的损失；保险人免除保险合同上的责任。

（4）发生事故后减少损失的义务

在保险事故发生后，投保人或被保险人不仅应及时通知保险人，还应当采取各种必要的措施，进行积极的施救，以避免损失的扩大。《中华人民共和国保险法》第五十七条规定：保险事故发生后，被保险人应当尽力采取必要的措施，防止或者减少损失。为鼓励被保险人积极履行施救义务，《中华人民共和国保险法》还规定，被保险人为防止或者减少保险标的的损失所支付的必要的、合理的费用，由保险人承担。因投保人或被保险人未履行施救义务而扩大的损失，应当由其承担责任。

除此之外，投保人或被保险人还有一些其他义务，如保留事故现场的义务、损失举证的义务和报案义务等。

2. 保险人的义务

（1）如实告知义务

在签订保险合同前，保险人有义务向投保人详细说明合同条款内容，不能夸大、隐瞒，应当明确、具体、如实地介绍合同的各项条款。特别是涉及保险人责任免除的条款，应当在签订合同前向投保人明确说明，未明确说明而签订的，该条款不发生法律效力。这一点很重要，许多保险理赔案件都涉及这个问题。

一般来说，投保人对合同条款认知困难的情况带有普遍性。保险合同作为双方权利义务的书面合意，如果没有详细的事项记载，一旦引起法律纠纷，当事人付出的成本会很大。所以，投保人在签订保险合同的时候必须真正理解合同的各项条款以及文字表述的含义，并且有权利让保险人解释清楚，以免在发生事故后出现理赔纠纷。

（2）及时签发保险单证

在投保人向保险人递交投保单后，保险人应及时核实，同意接受承保，应签发保险单或保险凭证。

（3）依合同及时履行赔付保险金义务

在保险合同有效期限内，当保险事故发生后，保险人要及时进行理赔清算，依据合同规定向被保险人或受益人履行赔付保险金义务。在财产保险中是赔偿保险金，在人身保险中为给付保险金。

8.3.3　建设工程保险合同的变更

建设工程保险合同的变更主要是指在保险合同的存续期间，其主体、内容及效力的改变。《中华人民共和国保险法》第二十条规定："投保人和保险人可以协商变更合同内容。变更保险合同的，应当由保险人在保险单或者其他保险凭证上批注或者附贴批单，或者由投保人和保险人订立变更的书面协议。"对建设工程保险合同而言，由于承保风险的特殊性，发生保险合同变更的情况十分普遍。保险合同的变更主要表现在以下几个方面：

1. 保险合同主体的变更

保险合同主体的变更是指保险合同当事人的变更。一般来说，这主要是指投保人或被保险人的变更，而不是保险人的变更。建设工程保险合同主体变更通常是由承包商转让工程引起的。国际工程承包中进行工程转让是允许的，而我国将工程转让列为禁止行为，在建筑工程一切险及第三者责任险和安装工程一切险及第三者责任险中也一般不涉及主体变更问题。合同主体的变更会带来一系列复杂的合同问题，如保险合同费率的厘定，所以在工程保险实务中，对合同主体变更的情况保险人往往采取终止原有保险合同、与新的合同主体重新订立保险合同的做法。

2. 保险合同内容的变更

保险合同内容的变更是指在主体不变的情况下，改变合同中约定的事项，它包括：保险期限、保险金额的变更；保险责任范围的变更；保险标的数量的增减；保险人地址的变更等。这些变更都会影响到保险人所承担的风险大小的变化。对于变更保险合同，投保人或被保险人首先向保险人提出变更合同内容的请求，提交有关资料，然后由保险人审查核定，保险人同意后，双方办理变更手续，有时还需补交保费，合同方能有效。

建设工程保险合同中最为频繁的变更就体现在合同内容的变更上，由于保险合同内容的变更会影响到保险合同当事人的权益及承保风险的大小，因而建设工程保险中往往采用批单的形式对合同变更进行确认。

3. 保险合同效力的变更

保险合同生效后，会由于某种原因而使合同效力的发生中止，合同暂时无效。在此期间，如果发生保险事故，保险人不负支付保险金的责任。但保险合同效力的中止并非终止，投保人或被保险人可以在一定的条件下，向保险人提出恢复保险合同的效力。经保险人同意，合同的效力即可恢复，即合同复效。已恢复效力的保险合同应视为自始未失效的原保险合同。

除合同复效外，保险双方也可以在法律允许的条件下解除保险合同，保障自己的利益。解除保险合同，就是在保险合同有效期届满前当事人依法提前终止合同的法律行为。关于保险人解除合同的问题，为保护投保人的利益，保险人不得任意解除保险合同，《中华人民共和国保险法》规定，除另外规定或约定外，保险合同成立后，保险人不得解除保险合同。只有在发生下列情形或者保险合同另有约定外，保险人才有权解除保险合同：

1）投保人故意隐瞒事实，不履行如实告知义务的，或者因过失未履行如实告知义务，足以影响保险人决定是否同意承保或者提高保险费费率的，保险人有权解除保险合同。

2）被保险人或者受益人在未发生保险事故的情况下，谎称发生了保险事故，向保险人提出赔偿或者给付保险金的请求的，保险人有权解除保险合同，并不退还保险费。

3）投保人、被保险人或者受益人故意制造保险事故的，保险人有权解除合同，不承担赔偿或者给付保险金的责任。

4）投保人、被保险人未按照约定履行其对保险标的安全应尽的责任的，保险人有权要求增加保险费或者解除合同。

5）在合同有效期内，保险标的危险程度增加的，被保险人按照合同约定应当及时通知保险人，保险人有权要求增加保险费或者解除合同。当在建工程有重大变更，承包风险扩大，超过原保险合同保险范围时，保险合同的效力随即终止。

6）保险标的发生部分损失的，保险人履行了赔偿责任后，除合同约定不得终止合同的以外，保险人可以终止合同。

7）投保人申报的被保险人年龄不真实，并且其真实年龄不符合合同约定的年龄限制的，保险人可以解除合同，并在扣除手续费后，向投保人退还保险费。但是自合同成立之日起逾两年的除外。

8）人身保险合同分期支付保险费的，合同效力中止超过两年的，保险人有权解除合同。

8.3.4 建设工程保险合同的终止

建设工程保险合同的终止是指当法律规定的原因出现时，由合同所确定的当事人之间的权利和义务随即终止，它标志着保险行为的终结。导致工程保险合同终止的原因很多，主要有以下几种：

1. 保险合同因期限届满而终止

保险合同订立后，虽然未发生保险事故，但如果工程保险合同的保险期限已到，则保险人的保险责任即自然终止。当然，保险合同到期以后还可以续保。但是，续保不是原保险合同的继续，而是一个新的保险合同的成立。

2. 保险合同因解除而终止

解除是较为常见的保险合同终止的类原因。

3. 保险合同因违约失效而终止

因被保险人的某些违约行为，保险人有权使合同无效。但在一定条件下，中途失效的合同经被保险人履约并为保险人所接受，还可以恢复效力。然而，并不是所有的保险合同在失效后都可以复效。如果工程保险合同的投保人或被保险人因不能如期交纳保费而被终止合同，则不能恢复合同效力。

4. 保险合同因履行而终止

保险事故发生后，保险人完成全部保险金额的赔偿或给付义务之后，保险责任即告终止。最常见的如工地上的被保险财产被大火焚毁，被保险人领取了全部保险赔偿后，即达到了最高的保险金额，合同即告终止。

8.4 建设工程保险费的厘定

8.4.1 建设工程保险费的概念

保险费是投保人投保时所需支付的金额，又称保费。保险费是保险产品的市场体现，是一种价码。保险费一般由保险金额和保险费费率来求得，用公式表示即

$$C = Gr$$

式中　C——保险费；

　　　G——保险金额；

　　　r——保险费费率。

在现实生活中，保险费往往是固定的，需要按照一定的比例来交纳。保险费费率就是指所交的保险费与保险金额的比率，通常用百分率（％）来表示，即上式中的 r。保险费费率是保险公司开展相关业务的收费标准。在实际中，计算保险费首先要确定保险费费率。

保险公司收取的保险费是由工程风险的纯保险费加上相关的附加保险费构成的，纯保险费通过纯保险费费率或净保险费费率计算得到，理论上纯保险费费率又是通过对工程项目的风险进行相关的损失概率分析，并依据纯风险损失率表最终确定的。纯保险费也可以视为工程项目的期望赔付成本，此部分费用是保险公司用来对可能出现的工程风险事故进行赔付的准备金。

附加保险费是在纯保险费的基础上，保险公司收取的一定的管理费和利润，用来支付相应的公司运营、代理人佣金等费用以及为一些不确定性的赔付做好准备。附加保险费是保险公司为了保持运营而收取的工程保险费。具体工程保险费的组成如图 8-6 所示。

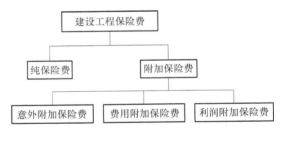

图 8-6　建设工程保险费的组成

相应地，建设工程保险费费率由纯保险费费率和附加保险费费率组成。

8.4.2 建设工程保险费费率的影响因素

正确分析建设工程保险费费率的影响因素是合理确定建设工程保险费费率的前提。影响建设工程保险费费率的因素可以从客观和主观这两个角度来考虑。客观因素包括保险标的的状况、自然因素、社会因素，主观因素包括保险人的状况、被保险人的状况以及保险单条款。

1. 工程保险标的对费率的影响

1）工程项目类别。不同种类的工程项目的风险差异显著，从而会影响保险费费率。例如住宅、办公楼、学校、地铁、机场、管道、码头、隧道等工程项目的费率各不相同。

2）工程项目的特征。建设工程技术，例如结构体系、结构材料、建筑高度、基础埋深、施工方法等，往往会影响工程的保险费费率。一般来说，技术复杂度越高，技术越先进，保险费费率往往会越高。

3）工程项目的规模。同一类工程项目，即使项目特征相同，其规模的不同也会对工程项目的风险产生不同程度的影响。

4）施工工期。建设工程项目本身的特点就是周期长，往往大型工程的施工期长达数年，风险事故发生的概率也会相应增加，从而导致工程保险费费率的上升。

2. 自然因素对费率的影响

1）工程项目所在地区的特征。主要考虑项目所在地区的地理、气象条件等特征，如地震发生的可能性和烈度，暴雨、台风发生的概率等情况。这些事件会影响项目的风险程度。

2）工程项目所在具体位置的水文、地质情况，以及相邻建筑物和交通等条件。工程项目所在的具体位置不同可能会导致相同的风险产生不同的损失程度。为简化起见，在厘定保险费费率的时候，可以按照该地区的平均情况予以考虑，除非存在一些极端情况，再做修正或调整。

3）巨灾的可能性及最大可能损失程度。巨灾指的是自然灾害或者人为灾害造成巨大损失的情况。在建设工程中，往往人为灾害发生的可能性大于自然灾害，因此需要考虑灾害造成的最大可能损失程度，并以此来确定保险费费率。

3. 社会因素对费率的影响

1）市场竞争。建设工程保险是一种市场行为，其价格往往表现为费率，会受到供求关系的影响。供过于求，价格下跌；供不应求，价格上涨。

2）政策和法律。保险要受到相关法律、法规的约束，政策和法律的变动往往会造成保险费费率的变动。

3）市场利率和汇率的变动。利率和汇率往往反映金融市场的情况，它们的变动会引起费率的变动。

4. 保险人对费率的影响

1）保险人的经营效益、经济力量和理赔能力。一个信誉度高、经营效益良好的保险人能吸引更多的投保人，积累较多的资金，从而增强自身的力量，更有可能进一步降低费率来吸引更多的投保人，形成良性循环。

2）承保区域的大小。对保险人而言，承保区域越广泛，越有可能分散风险，减少损失波动。如果保险人只在某一地区承保，则承保标的集中受损的概率就会大大增加。

3）保险人运用资金的能力及其投资收益。保险人如果能合理运用保险资金，则可以带来投资收益，稳定保险经营，为降低保险费提供有利的条件。

4）同类工程以往的损失记录。同类工程风险频率、发生风险时产生损失的程度等各种资料记录是保险人制定保险费费率的依据。

5. 被保险人或投保人对费率的影响

1）被保险人及其他工程关系方的相关情况。被保险人及其他工程关系方的资信情况、技术能力、经营管理水平、工程经验，以及以往工程的损失记录等，对保险费费率的确定有很大的影响。

2）投保人的防灾减损组织、技术和设备。这些体现着投保人的防灾能力，防灾能力越强，相应的费率越低。

6. 保险单条款对费率的影响

1）承保责任范围。保险责任越多，风险密度越高，发生损失的可能性越大，因而费率越高。

2）免赔额。免赔额越高，保险费费率越低。

8.4.3 建设工程保险费费率的厘定方法

建设工程保险费费率的厘定方法多种多样，需要根据具体的情况采用适用的方法，这里介绍四种常用的方法。

1. 标准法

这种方法以工程保额损失率的计算为基础，一般适用于统计资料比较完善的情况。通过计算工程保额损失率加均方差 σ 计算纯保险费费率，纯保险费费率加上附加保险费费率为建设工程保险费费率。

厘定基本步骤如下：

（1）确定纯保险费费率

纯保险费费率是纯保险费占保险金额的比率，用来确定补偿被保险人因事故造成保险标的损失的金额。

1）计算工程保额损失率 r_0。工程保额损失率 r_0 是赔偿金额与保险金额的比率，可以采取一定时期内或一定数目的工程项目的统计资料计算。其计算公式为

$$r_0 = \frac{赔偿金额}{保险金额} \times 100\%$$

但在许多情况下，若知多年或多个工程项目的保额损失率，则可以计算平均保额损失率 $\overline{r_0}$。其计算公式为

$$\overline{r_0} = \frac{\sum_{i=1}^{n} r_{0_i}}{n}$$

式中　　n——工程的建设期；

　　　　i——当期的年数。

2）计算均方差。均方差 σ 是各保额损失率与平均保额损失率离差平方和平均数的平方根，它反映了各保额损失率与平均保额损失率相差的程度。它说明平均保额损失率的代表性，均方差越小，则其代表性越强；反之，则代表性越弱。其计算公式为

$$\sigma = \sqrt{\frac{\sum_{i=1}^{n} (r_{0_i} - \overline{r_0})^2}{n}}$$

3）计算稳定系数。稳定系数 α（意外附加保险费费率）是均方差与平均保额损失率之比，它衡量期望值与实际结果的密切程度，即平均保额损失率对各实际保额损失率的代表程度。稳定系数越低，保险经营稳定性越高；反之，保险经营稳定性越低。

4）计算纯保险费费率

$$r_{纯} = \overline{r_0} \pm \sigma$$
$$= \overline{r_0}(1 \pm \alpha)$$

但一般情况下，保险公司为了经营的稳定性，对附加的均方差采用加而不采用减的形式，即

$$r_{纯} = \overline{r_0} + \sigma$$
$$= \overline{r_0}(1 + \alpha)$$

（2）确定附加保险费费率

附加保险费费率是附加保险费与保险金额的比率。附加保险费费率由经营附加费率和利润附加费率构成。

经营附加费率可以为上年度保险公司营业费用率或承保工程实际所需的费用占附加了意外附加费用后的纯保险费用的比率。利润附加费率为承保工程风险所获利润率。

（3）确定建设工程保险费费率

由上可知，建设工程保险费费率的计算公式如下：

$$r=\overline{r_0}(1+\alpha)+r_1+r_2$$

式中　　r——建设工程保险费费率；

$\overline{r_0}$——工程平均保额损失率；

α——稳定系数；

r_1——费用附加保险费费率；

r_2——利润附加保险费费率。

[例8-1]　A施工单位要在B保险公司为工程项目投保2000万元的保险额，根据历史数据计算出该工程项目的工程保额损失率为0.63%，稳定系数为20%。B保险公司的费用附加保险费费率为0.25%，利润附加保险费费率为0.05%。则其理论保险费费率$r=0.63\%\times(1+20\%)+0.25\%+0.05\%=1.056\%$，保险费用为$C=2000$万元$\times1.056\%=21.12$万元。

2. 参照法

这种方法适用于缺乏建设工程历史损失资料的情况，具体是借鉴其他保险公司承保类似工程的保险费费率。在参照的过程中，需要注意以下几点：

1）所参照的应该是行业中具有先进保险技术、长时间经营以及相对稳定的保险公司保险费费率。

2）所参照的工程应该与承保工程属于相同的工程种类。

3）参照时要根据承保工程的实际风险因素、风险程度和承保条件做适当的调整。

3. 类推法

这种方法从其他险种费率类推，适用于承保工程在遭受风险损失上与其他险种下承保的建筑物相似的情况。例如，火灾保险或财产保险的保险费费率基本上已规范化，可以以此进行类推。但是火灾保险或财产保险承保的标的物是已经建成的建筑物，抵御风险的能力较强，而工程保险承保的是未建工程或在建工程，风险程度较大。因此，费率可适当上浮。

4. PML法

PML法是指运用概率理论，计算通常情况下风险单位因一次致损事件而可能遭到的最大损失估计值，一般发生可能性极小的巧合和巨灾风险忽略不计。其计算的基本原理是：将承保标的按一定方式划分为多个风险单位，估计出各风险单位在发生事故时的损失值，其中最大的单位损失即为该标的的PML值。其中，风险单位是指发生一次保险事故可能造成风险标的的损失范围，它是保险人确定其能够承担的最高保险责任的计算基础。关于PML的计算方法，保险界没有统一的标准，因此有可能造成评估上的偏差。

一般而言，在统计资料比较完善的情况下，可以运用标准法计算出工程保额损失率，进而确定工程保险费费率；而当缺乏工程建设历史损失资料时，宜采用参照法、类推法或PML法。标准法下工程保险费费率的厘定更加客观准确，但数据收集工作量较大，而且计算较为烦琐，相对而言，后三种方法更容易操作，但是偏差较大。

8.5 建设工程保险案例分析

8.5.1 案例 1[⊖]

2009 年 8 月 12 日，被上诉人交工路桥建设公司向大地财保舟山公司投保了建筑工程一切险，保险金额 11978140 元，保险费 35934.42 元，被保险工程名称为岱山县江南山至牛轭岛公路路基工程，保险工程位于岱山县高亭镇江南山，保险期限为 2009 年 8 月 21 日 0 时至 2011 年 11 月 20 日 24 时止，并提供了需要投保的机械设备清单，其中包含小松 PC360 挖掘机四台。保险合同约定：每次事故绝对免赔额为 10000 元或免赔率 10%，以高者为准。建筑工程一切险保险条款约定：在保险期限内，报销单明细表中分项列明的保险财产在列明的工地范围内，因保险单除外责任以外的任何自然灾害或意外事故造成的物质损失或灭失，按保险单的规定负责赔偿；对被保险人及其代表的故意行为或重大过失引起的任何损失、费用和责任，不负责赔偿。保险合同订立后，交工路桥建设公司及时交纳了保险费。

2011 年 4 月 5 日，案外人孙某福驾驶投保的小松 PC360 在岱山县江南山至牛轭岛公路路基工程工地作业时，山体突然塌方导致挖掘机侧翻，造成挖掘机受损。交工路桥建设公司立即向大地财保舟山公司报案，后者经派员查看现场后口头告知事故不属于保险责任范围，拒绝理赔。

2011 年 4 月 21 日，交工路桥建设公司委托杭州安信保险公估有限公司对事故挖掘机进行定损，确定受损金额为 191200 元，公估费 6000 元。随后向舟山市定海区人民法院提起诉讼，要求被告大地财保舟山公司赔偿上述损失及费用。

1. 问题思考

1）施工挖掘机属他人所有，被保险人是否有要求保险公司理赔的主体资格？

2）施工挖掘机侧翻事故是否属于保险事故？

3）保险公司能否以被保险人没有通知安全监管部门认定事故性质为由拒绝理赔？

4）如何确定本案的保险理赔金额？

5）被保险人单方委托公估公司出具的事故公估报告是否具有法律效力？

2. 案例判决结果

（1）一审判决

舟山市定海区人民法院认为：交工路桥建设公司依约交纳保险费，大地财保舟山公司收取保险费并出具保险单及保险条款附件，签订的保险合同是双方真实意思表示，合法有效。

争议的焦点之一，交工路桥建设公司是否有要求大地财保舟山公司理赔的主体资格。交

⊖ 资料来源：建设工程保险案例 20　施工挖掘机侧翻事故是否属于保险事故，张国印，https://mp.weixin.qq.com/s/9aO9bFYgJ_nGpl9wdfQ8KQ，获取日期：2021-03-13.（经编辑加工）。

工路桥建设公司系投保人，事故挖掘机虽属他人所有，但属保险合同附件中机械设备清单范围，作为投保人有权要求大地财保舟山公司对事故挖掘机进行理赔。

争议的焦点之二，事故是不是保险事故。事故发生在保险合同保险期限内和被保险工程地处，系在施工过程中挖掘机侧翻，造成挖掘机受损。保险条款中对意外事故定义为不可预料的以及被保险人无法控制并造成物质损失或人身伤亡的突发性事件。挖掘机在施工过程中侧翻，该事故的性质未有安全监管部门的责任认定，也未有书面证据证明，不能认定为保险责任事故，属无法预料和控制事故。操作员已经上岗培训但未拥有该技能的毕业证书，且保险合同中也未特别注明操作投保的机械设备如无上岗操作证属免责事由，故交工路桥建设公司不存在重大过失，其书面申请理赔后，大地财保舟山公司以抗辩理由拒赔，应承担违约责任。

争议焦点之三，保险理赔金额是多少。事故发生之时，交工路桥建设公司及时通知大地财保舟山公司到事故现场勘察，并确认保险事故的损失。大地财保舟山公司勘察后认为不属保险事故，而未对事故损失进行评估。交工路桥建设公司为此委托杭州安信保险公估有限公司对事故损失进行评估，不违反法律规定，故对杭州安信保险公估有限公司作为具有资质的保险事故公估公司所出具的公估报告中的损失金额予以确认。大地财保舟山公司未及时评估损失致使交工路桥建设公司支出公估费用 6000 元，该公估费用由大地财保舟山公司承担。对保险理赔金额扣除保险合同约定的免赔率后，确认保险事故理赔金额为 172080 元。

舟山市定海区人民法院判决：大地财保舟山公司于判决生效后 10 日内赔偿交工路桥建设公司挖掘机受损的保险理赔款 172080 元，并承担交工路桥建设公司支付的保险事故公估费 6000 元。案件受理费 3862 元，减半收取 1931 元，由大地财保舟山公司负担。

（2）二审判决

上诉人大地财保舟山公司不服原审法院民事判决，于 2011 年 11 月 7 日向浙江省舟山市中级人民法院提出上诉称：①原审法院对事故性质认定不清。本案所涉挖掘机在施工过程中发生侧翻，施工单位没有及时通知安全监管部门而未能认定事故性质，不能排除本次事故属安全责任事故的可能。从现场状况看，事故因挖掘机驾驶员无证驾驶，未尽安全注意义务使挖掘机在施工过程中太靠近路基边沿，导致路基不堪承重而发生坍塌，挖掘机随之侧翻，本起事故不属于意外事故范畴。②被上诉人主张此次事故属保险事故范围，应就此提供相关证据。现被上诉人未就此提供证据，应承担举证不能的不利后果。③事故挖掘机不属于被上诉人所有，且小松 PC360 有多种型号，事故挖掘机不一定属投保的四台挖掘机范围。综上，请求二审法院撤销原判决，改判驳回被上诉人的一审诉讼请求。

被上诉人交工路桥建设公司辩称：本案事故发生时，被上诉人第一时间通知上诉人到场，上诉人也对事故现场进行了勘察，现上诉人本身不能提供证据证明事故属保单约定除外责任范围，故应对被上诉人的损失予以理赔。请求二审法院驳回上诉，维持原判。

二审期间双方当事人均未提供新的证据。

舟山市中级人民法院经审理查明的事实与原审法院查明的事实一致，另查明，上诉人对被上诉人主张的赔偿标准没有异议，对杭州安信保险公估有限公司出具的公估报告、公估费票据真实性亦无异议。

舟山市中级人民法院认为：大地财保舟山公司与交工路桥建设公司签订的保险合同合法有效，双方的权利义务应受保险单及所附保险条款的约束。被上诉人就岱山县江南山至牛轭岛公路路基工程向上诉人投保，保险标的包括四台小松 PC360 挖掘机，现本案事故挖掘机型号为小松 PC360，事故发生时在保险工程所在地工作，原审认定事故挖掘机属保险标的范围，并无不当。事故发生后，交工路桥建设公司及时通知大地财保舟山公司，积极配合大地财保舟山公司进行现场勘察，已尽其所能提供了与确认保险事故性质、原因、损失程度等有关的证明和资料，现无证据证明事故属保险单及所附保险条款约定的除外责任，对原审认定本起事故为保险事故，予以确认。事故挖掘机驾驶员经上岗培训，上诉人以被上诉人单位的挖掘机驾驶员没有获得驾驶证书为由认为被上诉人对事故发生存在重大过失的主张，不予采纳。综上，上诉人大地财保舟山公司的上诉理由不能成立，其上诉请求本院不予支持。原审判决认定事实清楚，实体处理得当。

2011 年 11 月 24 日，舟山市中级人民法院判决：驳回上诉，维持原判。二审案件受理费 3862 元，由大地财保舟山公司负担。

8.5.2 案例 2[⊖]

2012 年 12 月 27 日，上诉人重庆中核通恒水电开发有限公司（以下简称中核通恒公司）向被上诉人中国人民财产保险股份有限公司石柱支公司（以下简称人民财保石柱支公司）购买了建筑安装工程保险，并向人民财保石柱支公司交纳保险费 62.3549 万元，未投保附加险种第三者责任险和施工机器设备险。被保险工程名称为高台、沟口、中益水电站。保险期间自 2013 年 1 月 1 日 0 时起至 2014 年 9 月 3 日 24 时止。《建筑安装工程保险（2009 版）保险单》和《工程保险投保单（2009 版）》《工程保险保险标的投保清单（2009 版）》上均记载本保险合同的保险标的为建筑工程（包括永久和临时工程及所用材料），保险金额为 17815.685883 万元。

2014 年 6 月 18 日，中核通恒公司向中国平安财产保险股份有限公司（以下简称平安财保公司）重庆分公司购买了建筑工程一切险，并通过平安财保公司梁平支公司向平安财保公司重庆分公司交纳保险费 62.3549 万元，平安财保公司重庆分公司同意在保单条款规定的保险责任范围内对保险期限内被保险人的损失负赔偿责任。保险期间自 2014 年 6 月 19 日上午 0 时起至 2015 年 12 月 31 日下午 24 时止。保险人签发的《建筑工程一切险保险单》上加盖有"中国平安财产保险股份有限公司保单专用章"和骑缝章。

《建筑工程一切险保险单》第二条约定保险工程名称为重庆市石柱县沟口、中益、高台水电站工程；第五条约定受益人为中国银行梁平支行；第六条约定保险项目为建筑工程（包括永久和临时工程及材料），保险金额为 17815.685883 万元，物质损失部分总保险金额为人民币 1000 万元；第八条约定第三者责任赔偿限额为，每次事故赔偿限额 200 万元、每次事故人身伤亡赔偿限额 100 万元、每次事故每人赔偿限额 20 万元、每次事故财产损失赔偿限额 100 万元、累计赔偿限额 500 万元；第九条约定免赔说明为第三者责任部分对每次事故绝对免赔额为 5000 元人民币或损失金额的 10%，两者以高者为准；第十一条约定附加险有"滑坡特别条款"，保险金额为 10689.41153 万元，每次事故赔偿限额为 10689.41153 万元；第

⊖ 资料来源：中国人民财产保险股份有限公司石柱支公司与石柱交通建设总公司等财产保险合同纠纷一案，http://www.law51.net/jinrong/ccbx/ccbx11.htm，获取日期：2021-03-13.（经编辑加工）。

十六条特别约定施工机具损失不属于保险责任。

石柱县高台水电站工程项目系中核通恒公司开发建设，中核通恒公司通过招标投标方式将该工程发包给青州市水利建筑总公司。2014 年 8 月 27 日，周某驾驶所有的沃尔沃 360 型挖掘机在该工程的溢洪道井口边坡脚下转运渣石的过程中，从距河床高约 70m 的棱角处垮塌两块巨石，其中一块巨石砸在周某所驾驶的挖掘机驾驶室顶部，造成他当场死亡、挖掘机损毁的事故。石柱土家族自治县安全生产监督管理局石安监文〔 2014 〕 171 号《关于青州市水利建筑总公司 "8·27" 物体打击事故的调查报告》中载明周某系青州市水利建筑总公司石柱县高台水电站工程项目挖掘机驾驶员，未取得 "挖掘机操作资格证"；事故直接原因为 "青州市水利建筑总公司石柱县高台水电站项目部在未编制边坡开挖线以外区域的支护方案和进行可行性论证的情况下，对石柱县高台水电站溢洪道边坡南北走向约 140m、距河床高约 60m 以上的棱角区域仅采用了素喷混凝土支护，加之雨水浸泡，造成溢洪道边坡南北走向约 140m、距河床高约 70m 棱角处岩石垮塌砸到正在边坡下转运渣石的挖掘机驾驶室顶部，导致挖掘机驾驶员周某当场死亡"；事故的间接原因为现场安全隐患排查不到位。本次事故中损毁的沃尔沃 360 型挖掘机系周某、林某所有。

2016 年 6 月 25 日，中核通恒公司与中国银行梁平支行达成解除合同及保险金转让协议，双方一致同意解除《建筑工程一切险保险单》中指定中国银行梁平支行为受益人的条款，其权利改由中核通恒公司行使。

2016 年 10 月，中核通恒公司将与人民财保石柱支公司、平安财保公司和中国银行梁平支行保险合同纠纷一案状告至石柱土家族自治县人民法院，法院裁判结果为解除原告中核通恒公司与被告平安财保公司在《建筑工程一切险保险单》中的受益人指定条款；驳回原告中核通恒公司的其他诉讼请求。

中核通恒公司不服一审判决，于 2018 年 5 月向重庆市第四中级人民法院提出上诉，二审结果是驳回上诉，维持原判。

1. 问题思考

1）本案中建筑工程一切险的责任范围是否包括施工用机具、设备、机械装置？

2）保险合同生效的条件是什么？

3）如何认定保险责任范围？

2. 案例判决结果

（1）一审判决

一审法院认为，本案争议焦点为：①中核通恒公司是不是本案适格的原告；②平安财保公司是否为本案适格的被告；③平安财保公司投保单中手书的特别约定 "施工机具不属于保险范围" 是否有效；④平安财保公司《建筑工程一切险条款》第二十一条是否有效；⑤周某死亡损失和挖掘机损失是否属平安财保公司承保的建筑工程一切险的保险责任范围；⑥周某死亡损失和挖掘机损失是否属人民财保公司石柱支公司承保的建筑安装工程险的保险责任范围。

关于焦点一。从中核通恒公司与中国银行梁平支行签订的《解除合同及保险金转让协议》可知，中核通恒公司与中国银行梁平支行已经达成协议，解除《建筑工程一切险保险单》中的指定受益人条款，故中核通恒公司作为投保人和被保险人有权向平安财保公司主张权利。虽然平安财保公司辩称，中核通恒公司与中国银行梁平支行达成的《解除合同及保险金转让协议》未通知平安财保公司,不产生通知后果,但是中核通恒公司就涉案保险合同向法院起诉,平安财保公司参加了诉讼,中国银行梁平支行亦对中核通恒公司的诉讼行为予以认可,应视为中核通恒公司通过诉讼的方式向平安财保公司履行了通知义务。因此,中核通恒公司是本案适格原告。

关于焦点二。根据合同的相对性,权利义务承担的主体应为合同相对方,从《建筑工程一切险保险单》的记载中可知,中核通恒公司向平安财保公司重庆分公司投保,且保险费亦由平安财保公司重庆分公司收取,故保险人应为平安财保公司重庆分公司。鉴于平安财保公司与平安财保公司重庆分公司系总公司与分公司的关系,且庭审后平安财保公司向本院出具书面意见,同意作为涉案保险合同的保险人参加诉讼并承担相应的权利义务。因此,平安财保公司可作为本案被告。

关于焦点三。平安财保公司在投保单中手书“施工机具损失不属于保险范围”,虽然该投保单存在两种书写笔迹,但中核通恒公司在投保单上加盖有公章,且该约定也在保险单中予以载明,中核通恒公司在收到保险单及保险条款后至起诉前一直未向保险人提出过异议。即使该特别约定并非投保人的经办人员亲笔书写,投保人在投保单上加盖印章的行为可推定其认可并知晓该内容;同时,该约定属于对保险范围的约定,并非减责免责条款,亦不需要履行提示和说明义务。因此,该约定对双方具有约束力。

关于焦点四。《最高人民法院关于适用〈中华人民共和国保险法〉若干问题的解释(二)》第十一条规定:“保险合同订立时,保险人在投保单或者保险单等其他保险凭证上,对保险合同中免除保险人责任的条款,以足以引起投保人注意的文字、字体、符号或者其他明显标志作出提示的,人民法院应当认定其履行了保险法第十七条第二款规定的提示义务。保险人对保险合同中有关免除保险人责任条款的概念、内容及其法律后果以书面或者口头形式向投保人作出常人能够理解的解释说明的,人民法院应当认定保险人履行了保险法第十七条第二款规定的明确说明义务。”该解释第十三条第二款规定:“投保人对保险人履行了符合本解释第十一条第二款要求的明确说明义务在相关文书上签字、盖章或者以其他形式予以确认的,应当认定保险人履行了该项义务。但另有证据证明保险人未履行明确说明义务的除外。”本案中,平安财保公司在投保单的背面印制的《建筑工程一切险条款》和连同保险单一并送给中核通恒公司的《建筑工程一切险条款》,均对免除保险人第三者责任保险的条款即第二十一条的文字进行了加黑加粗处理,以提示投保人;并且,中核通恒公司在投保单尾部印制有“本人确认已收到了《建筑工程一切险条款》及附加条款,且贵公司已向本人详细介绍了条款的具体内容,特别就该条款中有关免除保险人责任的条款(包括但不限于责任免除、投保人及被保险人义务),以及付费约定的内容做了明确说明,本人已完全理解,并同意投保”内容处加盖了单位公章。因此,平安财保公司对免除保险人第三者责任保险的条款尽到了提示说明义务,该条款有效,对合同双方具有约束力。

关于焦点五。从中核通恒公司与平安财保公司签订的保险合同可知,物质损失保险部分的保险标的不包括施工用机具、设备、机械装置,挖掘机属于施工用机具,故中核通恒公司主张的挖掘机损失不属承保的物质损失保险责任范围。平安财保公司已经就《建筑工程一切险条款》第二十一条履行了提示、说明义务,该条款对双方具有约束力。该条款第(二)项载明“工程所有人、承包人或其他关系方或其所雇用的在工地现场从事与工程有关工作的职员、工人及上述人员的家庭成员的人身伤亡或疾病”造成的损失,保险人不负责赔偿;

该条款第（三）项载明"工程所有人、承包人或其他关系方或其所雇用的职员、工人所有的或由上述人员照管、控制的财产发生的损失"，保险人不负责赔偿。本案死者周某系青州市水利建筑总公司石柱县高台水电站工程项目挖掘机驾驶员，损毁的挖掘机属于周某、林某所有，均不属保险合同约定的第三者责任范围。中核通恒公司在平安财保公司还投保了附加险"滑坡特别条款"。《建筑/安装工程一切险附加险条款》第192条载明"滑坡特别条款"是在保险工程出现滑坡的情况下，本保险单仅负责赔偿由于地震、暴雨、洪水自然灾害引起路基边坡滑坡造成被保险的工程护坡和路基工程标的的直接损失和被保险人清除滑坡土石方的费用。平安财保公司虽未向中核通恒公司送达附加险条款，但根据平安财保公司向中核通恒公司送达的《建筑工程一切险条款》第五十五条关于突发性滑坡、崩塌的定义可知，突发性滑坡是指斜坡上不稳的岩土体或人为堆积物在重力作用下突然整体向下滑动的现象；崩塌是指石崖、土崖、岩石受自然风化、雨蚀造成崩溃下塌，以及大量积雪在重力作用下从高处突然崩塌滚落。从石安监文〔2014〕171号调查报告载明的事故原因可知，本次事故系突发岩石崩塌造成，并非滑坡事故。同时，根据保险单第十六条特别约定记载"扩展条款免赔未做特别说明的，适用主险免赔说明"可知，该附加险的保险标的与主险一致，也不包括施工用机具、设备、机械装置，同时适用第三者责任保险免赔范围。因此，上述损失也不属"滑坡特别条款"的保险范围。综上，周某死亡损失和挖掘机损失均不属平安财保公司承保的第三者责任保险和附加险"滑坡特别条款"的保险范围。

关于焦点六。根据人民财保石柱支公司及中核通恒公司提供的投保单、保险单、投保清单和《建筑安装工程保险条款（2009版）》及附加险条款可知，中核通恒公司向人民财保石柱支公司投保的是建筑安装工程保险，未投保附加险种第三者责任险和施工机器设备保险，其投保的保险标的为建筑工程（包括永久和临时工程及所用材料），不包含施工用机具设备，也不包含人身伤亡责任；同时，人民财保石柱支公司向中核通恒公司送达的《建筑安装工程保险条款（2009版）》第二至四条已经就保险标的进行了约定，故周某死亡损失和挖掘机损失不属人民财保石柱支公司承保的建筑安装工程保险的责任范围。

另外，关于中核通恒公司请求解除其与平安财保公司在《建筑工程一切险保险单》中的受益人指定条款的问题，因中核通恒公司已经与中国银行梁平支行达成协议，中国银行梁平支行同意解除受益人指定条款，故依法予以确认。

综上所述，依照《中华人民共和国保险法》第十七条、《最高人民法院关于适用<中华人民共和国保险法>若干问题的解释（二）》第十一条、第十三条、第十四条和《中华人民共和国民事诉讼法》第六十四条的规定，判决：①解除原告中核通恒公司与被告平安财保公司在《建筑工程一切险保险单》中的受益人指定条款；②驳回原告中核通恒公司的其他诉讼请求。案件受理费2.5015万元，由原告中核通恒公司负担。

（2）二审判决

上诉人中核通恒公司不服一审判决，向重庆市第四中级人民法院提出上诉。二审查明的事实与一审查明的事实一致，予以确认。

二审认为，本案的争议焦点为：①平安财保公司投保单中手书的"施工机具不属于保险范围"的约定是否有效；②平安财保公司《建筑工程一切险条款》第二十一条是否生效；③周某死亡损失和挖掘机损失是否属平安财保公司的保险责任范围，平安财保公司应否承担保险赔偿责任；④周某死亡损失和挖掘机损失是否属人民财保石柱支公司的保险责任范围，人民财保石柱支公司应否承担赔偿责任。

关于焦点一。在平安财保公司《建筑工程一切险投保单》上投保人加盖有中核通恒公司的印章，该投保单上附加条款或特别约定中载明施工机具不属于该保险责任，且平安财保公司《建筑工程一切险条款》第三条第一款第（一）项明确施工用机具、设备、机械装置不属于本保险合同的保险标的。从投保人中核通恒公司的要约和保险人的承诺均可以认定，涉案保险合同中双方约定施工机具不属于该保险责任，属于当事人的真实意思表示，并不违反法律的强制性规定，应当合法有效。

关于焦点二。平安财保公司《建筑工程一切险条款》第二十一条属于责任免除条款，平安财保公司对此进行了字体加黑加粗处理，以提示投保人。中核通恒公司在投保单尾部投保人声明栏印制有"本人确认已收到了《建筑工程一切险条款》及附加条款，且贵公司已向本人详细介绍了条款的具体内容，特别就该条款中有关免除保险人责任的条款（包括但不限于责任免除、投保人及被保险人义务），以及付费约定的内容做了明确说明，本人已完全理解，并同意投保"内容处加盖了中核通恒公司单位公章。根据《最高人民法院关于适用〈中华人民共和国保险法〉若干问题的解释（二）》第十一条、第十三条第二款的规定，应当认定平安财保公司对涉案保险免责条款尽到了提示和明确说明义务，该条款已经生效，应当对中核通恒公司产生法律约束力。

关于焦点三。中核通恒公司与平安财保公司签订的保险合同中明确约定施工机具不属于该保险标的，本案中挖掘机属于施工机具，涉案挖掘机的损失不属于平安财保公司承保的责任范围。平安财保公司《建筑工程一切险条款》第二十一条第（二）项载明"工程所有人、承包人或其他关系方或其所雇用的在工地现场从事与工程有关工作的职员、工人及上述人员的家庭成员的人身伤亡或疾病"造成的损失，保险人不负责赔偿。死者周某系青州市水利建筑总公司石柱县高台水电站工程项目挖掘机驾驶员，损毁的挖掘机属于周某、林某所有，均不属该保险合同约定的第三者责任范围。平安财保公司对该保险免责条款尽到了提示和明确说明义务，根据保险合同的约定，平安财保公司不承担赔偿责任。另《建筑工程一切险条款》第五十五条分别对突发性滑坡、崩塌做了明确的定义。而石安监文〔2014〕171号调查报告载明，本次事故系突发岩石崩塌造成，不符合合同中约定的"突发性滑坡"，上诉人请求平安财保公司依据附加"滑坡特别条款"承担赔偿责任的理由不成立，本院不予支持。中核通恒公司上诉请求平安财保公司在本案中承担保险赔偿责任的理由不成立，本院不予支持。

关于焦点四。中核通恒公司与人民财保石柱支公司签订了中国人民财产保险股份有限公司建筑安装工程保险合同，投保清单上载明保险标的为建筑工程（包括永久和临时工程及所用材料），不包含施工用机具设备，也不包含人身伤亡责任。《建筑安装工程保险条款（2009版）》第四条第一项约定，施工用机器、装置和设备不属于本保险合同的保险标的。本案中，周某死亡损失和挖掘机损失不属人民财保石柱支公司的保险责任范围，中核通恒公司上诉请求人民财保石柱支公司在本案中承担保险赔偿责任的理由不成立，本院不予支持。

综上，中核通恒公司的上诉请求不能成立，应予驳回。一审判决认定事实清楚，适用法律正确，应予维持。依照《中华人民共和国民事诉讼法》第一百七十条第一款第一项之规定，判决如下：驳回上诉，维持原判。

二审案件受理费25040元，由上诉人中核通恒公司负担。

复习思考题

1. 简述风险管理与保险的关系。
2. 建设工程保险对工程建设有什么意义？
3. 不同种类的建设工程保险所涵盖的内容有哪些？
4. 建设工程保险合同和一般的合同有什么区别？
5. 试述建设工程保险合同的变更和终止条件。
6. 建设工程保险费厘定方法有哪些？各自的适用条件如何？

第章 9

建设工程担保

【本章导读】

建设工程担保作为一种信用工具被广泛地运用于建设工程承发包活动中，有效地使市场各方规避合同信用风险，有效地保障合同履行，发挥着积极的市场调节功能和制度约束效能。建设工程担保与建设工程保险都能够合理有效地转移和规避工程建设过程中的各种风险，保护工程建设相关主体的利益，实现工程建设投资的目的。不同于建设工程保险，建设工程担保实际上是一套保证债务履行的制度。

【主要内容】

本章首先对建设工程担保的原理做了论述，主要介绍了建设工程担保的概念、作用机理、功能机制和作用以及其工作程序。然后根据实践工程中的经验，对建设工程担保进行分类。最后，提出了建设工程担保保费的确定方法。

9.1 建设工程担保的原理

9.1.1 建设工程担保概述

1. 建设工程担保的定义

担保是一个动词，通常表示负责，保证不出问题或一定办到。如果出现问题或不能办到的情况，担保人往往需要对担保行为负责。在民法上，担保是指以确保债权清偿为目的产生的特定权利和义务。债主要因为合同行为、侵权行为、不当得利和无因管理而产生，不是所有的债都可以通过担保行为进行保障的。

所谓建设工程担保，是指担保人（一般为银行、担保公司、保险公司或其他金融机构、商业团体或个人）应合同一方（申请人）的要求向合同另一方（权利人、债权人、收益人）做出的书面承诺。由担保人向权利人保证，如果被担保人无法完成其与权利人签订之合同中规定的应由被担保人履行的承诺、债务或义务的话，则由担保人代为履约或付出其他形式的补偿。

2. 建设工程担保的作用机理

建设工程担保作为建筑市场的保障机制，有助于约束并规范建设各方主体。作为一种经济手段，工程担保可通过"守信者得酬偿，失信者受惩罚"的原则，建立起优胜劣汰的市场机制。为维护自身经济利益，担保人在提供工程担保时，要全面审核申请人的资信、实力、履约记录，通过制约机制和经济杠杆监督其履约过程，从而迫使当事人规范行为，保证工程质量、工期和施工安全。建设工程担保的作用机理如图9-1所示。一个完善的工程担保体系是贯穿于整个工程的全过程的。在工程招标投标阶段，投标人在提交投标书的同时，提交投标担保，投标人承诺此次投标行为；在业主与承包人签订合同时，承包人提交履约担保，保证履行合同义务；按照《中华人民共和国招标投标法》规定，当承包人提交履约担保时，业主要相应地提交支付担保，以保证有充足的资金完成工程项目；在工程竣工后，承包人提交保修担保，以保障在合同规定的保修期内工程的日常维护。通过这一系列的工程担保，维护建筑市场的正常运作和健康发展。

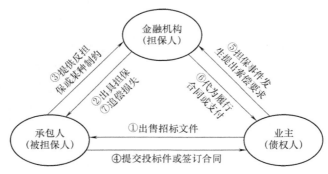

图 9-1　建设工程担保的作用机理

建设工程担保是转移工程风险、有效保障工程建设顺利进行的一个重要手段，是一种维护建设市场秩序、保证工程参与各方守信履约的风险管理机制。许多国家政府都在法律法规中规定要求进行工程担保。世界银行贷款项目招标文件范本、FIDIC合同条件、英国土木工程师协会（ICE）新工程合同条件、美国建筑师协会（AIA）建筑工程标准合同等都针对工程担保明确了具体的合同条款，为工程担保的实施提供了坚实的基础。

建设工程担保的实行，其理论上的重要依据是经济学中的信息不对称原理。信息不对称原理是指信息在相互对应的经济个体之间呈不均匀、不对称的分布状态，即有些人对关于某些事情的信息比另外一些人掌握得多一些。信息不对称的产生既有主观方面的原因，也有客观方面的原因。信息不对称产生的主观原因是不同的经济个体获取信息能力的不对称性。客观方面，经济个体获取信息的多少与多种社会因素有关，其中社会劳动分工和专业化是最为重要的社会因素。随着社会分工的发展和专业化程度的提高，行业专业人员与非专业人员之间的信息差别越来越大，社会成员之间的信息分布将越来越不对称。因此，信息不对称在当今商品社会是广泛客观存在的。

根据信息不对称原理，不对称信息大致可以分为两类。

1）外生的信息。诸如交易当事人的能力偏好、身体健康状况等。这类信息不是由当事人行为造成的，某种意义上是先天的、先定的、外生的。这类信息一般出现在合同签订之前。当出现这种问题时，要解决的问题就是设计怎样的机制能够获得对己方有用的信息，或诱使对方披露真实的信息，然后达到一种最好的契约安排。

2）内生的信息。内生的信息取决于当事人行为的本身，就是说在签订合同的时候，当事人双方拥有的信息是对称的，但签订合同后，一方则对另一方的行为无法有效监督、约束。例如，签订工程施工合同后，承包人是否严格按照规范要求施工？这种情况下，就产生了典型的激励机制，激励机制能够诱使对方采取正确的行动。非对称信息条件下的市场交易双方之间的关系在经济学上称为委托代理关系。其中占有信息优势的一方称为代理人，而处于信息劣势的相对方称为委托人。

在建设工程市场中存在着政府、业主、承包人、咨询设计公司、分包商和材料设备供应商等经济主体，其中工程业主和承包人的关系是整个项目实施过程中最重要的关系。在一个专业分工与协作非常发达的社会中，业主一般不会自行建设工程，而是将工程项目建设工作外包给专业承包人去实施。因此两者之间形成一种非常密切的委托代理关系。承包人由于业务专长，对于与工程建设有关的信息，如工程施工的详细内容、实际发生成本和工程质量等，比业主更清楚；业主往往不拥有或无法拥有工程建设本身以及承包人的这些私有信息。业主与承包人在涉及工程建设施工方面的相对优势不同，决定了两者间的信息不对称。业主和承包人两者之间形成了一种非常密切的委托代理关系。

由于社会经济活动主体趋利避害的本性，执行合同的一方都有选择对自己有利而对另一方不利行为的决策潜在激励。如果涉及执行合同的信息在合同双方间的分布是对称分布，则这种潜在的激励不会变成现实。主要原因有两个。

1）道德风险。它是指交易合同达成后，一方在最大限度地增进自身利益时，做出不利于另一方的行为。道德风险是经济人趋利避害本性的直接体现。在建设工程市场上，业主和承包人双方都有可能发生道德风险的激励。对于承包人来说：一是擅自改变工程款的专项用途，使工程项目因短期缺资金而不能按合约工期完成；二是偷工减料，以次充好，达不到合同质量的要求；三是隐瞒实情虚报价量，造成业主投资失控与严重超支。而业主的道德风险主要是拖欠工程款，不合理占用他人的货币资源，严重的话，会造成承包人因资金周转困难而陷入困境。

2）逆向选择。它是指在信息不对称的条件下，合同的一方可能隐藏自己的私有信息，甚至提供不真实的信息，以谋求增加自己的利益，但是这种行为却损害到另一方的利益。例如，在工程招标投标过程中，由于招标人和投标人的信息不对称，拥有信息优势的承包人会导致招标结果失灵。面向全社会公开招标，如果没有对投标人资格的限制，就会出现鱼龙混杂的局面，即规模小或是使用劣质建筑产品的投标人投标报价较低，而规模大或是采用优质建筑产品的投标人报价必然较高，招标人在缺乏信息的条件下，无法全面了解各投标人的信用实力情况，难以甄别投标人报价的真实性。在这种情况下如盲目采用最低价中标法，就会有可能使实力差、信用低的投标人中标。

为了解决合同双方之间的信息不对称及其引起的道德风险与逆向选择问题，惩戒机制的设计就显得非常重要，它可以强迫信息优势方公开隐蔽信息和减少隐蔽行动，不得做出有损于另一方利益的事情。工程担保正是这样一个信用工具。在担保中，委托人对代理人能否履约缺乏足够的信息，但他却可以充分信任第三方担保人。而担保人之所以敢于对代理人给予担保，是基于他对代理人履约能力有深入的了解。可以认为，委托人与担保人之间是信息对称的，而担保人与代理人之间也是信息对称的，于是担保人成为交易双方的一种信用桥梁，使得承包人与业主之间的信息达到对称，保证建设合同得以正常履行。

3. 建设工程担保的贡献

通过担保公司对投标人的严格资质预审，能有效地提高业主的信息甄别能力。为获得有关保函，投标人必须向担保公司披露某些重要信息，否则专业担保公司不开具工程担保保函，从而使投标人失去参与投标的资格。由于获得保函必须依靠承包人的信誉和综合实力，承包人能够获得保函保额的高低，也传递了其信誉和实力的优劣，业主可从中掌握投标人较多的综合信息，减少业主信息搜索的工作量。担保的基本经济学意义就是完善市场信息机制，修正市场的信息不对称状态，增进市场信用，为发挥价格机制对市场的自动调节作用创造条件。

工程担保制度对建筑市场的贡献在于：

1）通过预先资格审查，提高市场准入门槛，为业主提供合格的承包人，以保障业主项目能够顺利实施。

2）规范最低价中标的评标体系。对于业主来说，一方面可以利用最少的费用获得优质的工程，另一方面不需要为承包人由于报价过低引起财务困难而使工程停工为自己带来难以弥补的损失，由于有担保人的监督和经济补偿承诺等措施，可以保障即使在承包人无法继续履行合同的情况下工程也能够顺利进行。对于承包人来说，担保人会对其投标报价进行审核，以保证承包人能够完成合同要求。如果报价过低，担保人将会提高承包人反担保的额度或是拒绝开具履约保函，使得承包人在投标报价时必须注重自己的履约能力。

3）为承包人的履约提供帮助。担保人会针对承包人承接工程的情况，为其制订相应的财务计划和业务计划，必要时提供资金帮助和技术支持，以促使承包人顺利履行合同，并为承包人在合同履行过程的索赔和法律纠纷提供咨询意见。

4）为建筑市场优胜劣汰提供必要的保证。随着承包人履约记录的积累，担保人可以对授信额度进行适当调整，并对其开具保函的保费和反担保条件进行合理调整。承包人的履约记录很差，以至于没有担保人愿意为其开具保函或者需要提交高额度的反担保时，承包人就会不得不缩小自己的业务范围和规模，甚至最终被市场所淘汰，这就保障了建筑市场有序健康的发展。

5）有利于形成一种具有一定规模的市场化的风险"蓄水池"，为市场经济条件下对信用风险的化解形成一种良性的机制。

6）稳定投资人的财务，减少投资风险。建设工程项目一般都需要一定的银行贷款才能完成，确保项目的财务稳定是银行确定是否发放贷款所考虑的重要因素之一。工程有了第三方提供的担保，一旦义务人违约甚至无力履行合同时，权利人即可要求担保人代为履约或赔偿，而不需额外增加成本，从而维持了权利人的财务稳定，减少了权利人的风险，确保项目的财务稳定。

9.1.2 建设工程担保的功能机制与作用

建设工程担保机制的发展，能有效地维护市场的秩序，有利于实现风险管理机制公平与公正。建设工程担保制度在促进建筑业快速健康发展，保证工程质量，促使建筑企业优胜劣汰，保障建筑工人、材料供应商、分包商权益等方面都有极大的促进作用。

1. 促进建筑业快速健康发展

建设工程担保受法律保护，能有效地维护业主的合法权益，也能弥补由当事人单方面违约受到的损失，对预防与化解工程风险问题具有现实的意义。引入建设工程担保机制会使违约的成本增加，从而有效规范承发包行为问题，有利于建筑行业和谐发展。

此外，由于承包人是否履约关系到担保人的切身利益，因此，担保人在提供担保前必须全面考察承包人的实力、信誉、资质等各个方面。这样，一些实力薄弱、信誉不佳的承包人将有可能得不到担保，由此失去承保建设工程项目的机会，久而久之，也就失去了继续发展的力量源泉，并在激烈的竞争中被淘汰。而生存下来的建筑企业也时刻面临着巨大的压力，迫使其采用先进技术提高竞争力，提高自身信誉，提高企业的履约率，还可以减少工程建设纠纷。

2. 保证工程质量

实行建设工程担保制度，不仅可以规范建筑市场的运行机制，预防腐败，而且可以对建筑企业的资质、管理水平、施工设备及资金状况进行认真考核，对建筑企业在投标时做出的承诺以及中标后的工程履约程度进行监督。这是以市场手段建立起来的一道硬性市场准入门槛，这样可以使建筑企业在提高自身水平的同时，认真履行合同，保证工程质量，也就会尽可能地减少建设工程安全事故。

3. 建立建筑市场的信用机制

工程承包人与担保人之间其实是一种信用交易关系，是一种从无到有、从小到大、逐渐积累的过程。工程承包人要想取得担保人的信任和担保需要一个长期的、重复交易的过程。信用本身的形成也是一个长期的过程。当承包人的信用度积累得越来越高时，它就会更加注重自己的信用，也就会更加努力地维持进而提高自身的信用。而且，应该注意的是，信用机制有一个特殊的规律，信用一旦丧失就很难恢复起来。也就是说，建立信用比毁坏信用难得多。从一定程度上可以说，信用是企业的生命。正是因为信用对一个企业有如此重要的影响，建筑企业一般不会拿自己的信用来违约，违约可以获得一时的利益，但是从长远来看对企业造成的损失是无法弥补的。因此，建立和推广工程担保机制对于建立建筑市场的信用机制具有极大的推动作用。

4. 解决拖欠工程款问题

拖欠工程款是阻碍建筑业发展的一大顽疾。拖欠工程款主要分为两类：一类是业主拖欠承包人的工程款；另一类则是承包人拖欠材料供应商、分包商和建筑工人的工程款。对于第一类拖欠工程款的问题，可以通过业主的支付担保来进行有效遏制，担保人为有支付能力的业主提供付款担保，保证业主在工程项目完成后按照施工合同的约定向承包人支付工程款。如果业主违约，担保人就会在担保额度内代替业主支付工程款，并同时向业主索赔，这样就导致业主不仅在经济上付出代价，更重要的是在信用上付出代价。通过这种方式可以使业主不敢轻易违约，从而遏制第一类拖欠工程款的问题。对于第二类拖欠工程款问题，也是可以通过担保来解决的，所不同的是要通过承包人的付款担保来完成。付款担保是指承包人与业主签订承包合同的同时，向业主保证与工程项目有关的工人工资、材料供应商和分包商的工程款会按时支付，不会给业主带来纠纷，从而使业主避免可能由此而引起的法律纠纷和管理上的负担，同时也就保证了工人、材料供应商和分包商的合法权益。在工程担保制度成熟的情况下，承包人的资质、信誉对其以后的发展具有不可估量的意义，因此，承包人一般不敢冒着信誉受损的风险拖欠工程款。

为了解决建筑领域拖欠工程款的痼疾，做到清除欠款和防范并重，只有不断建立健全包括工程担保、信用体系等在内的长效机制，才能从源头遏制和预防新的拖欠问题的产生。

5. 减轻政府部门的繁杂工作

由于工程担保制度完全按照市场机制运行，业主、承包人、担保人之间为了各自的权益必定相互合作以求工程达到最优。即使它们之间产生纠纷，也会通过市场经济规律自行解决，而不需要政府出面对具体的建筑工程微观活动进行监督管理。这样既可以有效地防治腐败、违法违纪现象，又可以提高政府的工作效率。

正是因为建立工程担保制度有以上作用，建立和推广工程担保制度也就成为非常重要的发展方向，它对于我国建筑业健康快速发展必然会起到重要的推动作用。

9.1.3 建设工程担保的工作程序和内容

建设工程担保主要包括担保申请人提出申请、担保人审查、担保的签发三个基本过程。

1. 担保申请人提出申请

凡向银行、金融机构、担保公司等担保机构（担保人）提出担保申请的申请人，可与其初步协商后领取并填写"委托担保申请书"，并提交下列文件资料，并保证其真实性：①企业的章程及营业执照（副本）复印件；②企业法定代表人的身份证明；③具有法定资格单位提供的企业近3年的损益表、利润分配表、资产负债表、财务状况变动表、由公司认可的资信证明；④建设项目的可行性研究报告及主管部门对其的批复；⑤落实反担保措施的文件。反担保主要形式有抵押反担保和信用反担保。抵押反担保的应提供能够证明抵押财产的名称、数量、范围、所在地、占有方式、产权归属等情况的有关文件材料，具有资格的资产评估机构对抵押财产做出的评估报告等材料；信用反担保的应提供信用反担保人的营业执照复印件、企业章程、资产负债表、利润表等足以证明信用反担保人的资信情况及履约能力的文件材料，以及银行或担保公司认为必要的其他文件。

2. 担保人审查

担保人收到"委托担保申请书"及有关文件资料后，组织有关专家进行评估审查。审查的内容主要包括诸如承包人资金、能力、信誉、经验等，然后评估出担保人可以向申请人提供的最大的担保额度。

1）资金状况。资金状况包括担保申请人的银行存款、可变现的财产、应收账款、应付账款、资产负债率、施工中工程以及其他与财务有关的事项。

2）工程能力。工程能力包括公司的技术能力、人员的专业技术水平、机具的种类及数量等。

3）信誉。信誉包括高级管理人员的学识、经验和信誉，公司本身的社会影响力等。

4）工程特性。工程特性包括工程的大小、种类、地点、工程技术风险、建设条件等。

5）业主的支付能力。业主的支付能力与以下几方面有关：业主的信誉及是否向承包人提供支付工程款担保，工程所处环境（如气候等），与工程有关的物资、劳动力的供应，当地政府的政策支付，经济环境等。

担保人在详细考察上述情况后，可以根据不同的情况采用专家评分法，给各个影响因素赋以不同的权重计算出担保限额。

3. 担保的签发

经有关专家评估审查同意后，由担保人签署"审批意见书"，并通知债权人，如债权人认可，则签订工程"委托担保协议书"。

9.2 | 建设工程担保的种类

从目前国内外实施工程担保的情况来看，其类型较多，下面就主要种类进行简要介绍和分析。

1. 投标担保

投标担保是投标人在投标报价前或同时向业主提交投标保证金或投标保函等。一般工程建设项目的投标担保额度最高不超过报价总额的2%，政府采购项目投标担保额度最高不超过采购项目概算的1%。

投标担保一般有以下三种做法：

1）由银行提供投标保函，一旦投标人违约，银行将按照担保合同的约定对业主进行赔偿。

2）由担保人出具担保书，一旦投标人违约，担保人将向业主支付一定的赔偿金。赔偿金可取该标与次低标之间的报价差额，同时次低标成为中标人。

3）投标人直接向业主交纳投标保证金。实行投标担保，由于投标人一旦撤回投标或中标后不与业主签约，便承担业主的经济损失，因此可促使投标人认真对待投标报价，担保人严格审查投标人的承包能力，资信状况等，从而限制了不合格的承包人参加投标活动。

此外，投标担保具有有效期，应当在合同中约定。一般来说，投标担保有效期应超过投标有效期30天。投标人有下列情况之一的，投标保证金不予返还：

1）在投标有效期内，投标人撤销其投标文件的。

2）自中标通知书发出之日起30日内，中标人未按该工程的招标文件和中标人的投标文件与招标人签订合同的。

3）在投标有效期内，中标人未按招标文件的要求向招标人提交履约担保的。

4）在招标投标活动中被发现有违法违规行为，正在立案查处的。

2. 履约担保

所谓履约担保，是指发包人在招标文件中规定的要求承包人提交的保证履行合同义务的担保。一旦承包人在合同执行过程中违反合同规定或违约，履约担保可弥补发包人的经济损失。

履约担保一般有三种形式：银行履约保函、履约担保书和履约担保金（又叫履约保证金）。

（1）银行履约保函

银行履约保函是由商业银行开具的担保证明，通常为合同金额的10%左右。银行履约保函分为有条件的保函和无条件的保函。

1）有条件的保函是指下述情形：在承包人没有实施合同或者未履行合同义务时，由发包人或监理工程师出具证明说明情况，并由担保人对已执行合同部分和未执行部分加以鉴定，确认后才能收兑银行保函，由发包人得到保函中的款项。建筑行业通常倾向于采用这种形式的保函。

2）无条件的保函是指下述情形：在承包人没有实施合同或者未履行合同义务时，发包人不需要出具任何证明和理由，只要看到承包人违约，就可对银行保函进行收兑。

（2）履约担保书

履约担保书的担保方式是：当承包人在履行合同中违约时，开出担保书的担保公司或者保险公司用该项担保金去完成施工任务或者向发包人支付该项担保金。工程采购项目担保金金额一般为合同价的30%~50%。

承包人违约时，由工程担保人代为完成工程建设，有利于工程建设的顺利进行，因此是我国工程担保制度探索和实践的重点内容。

（3）履约担保金

由中标人直接向业主交纳履约担保金。当承包人履约后，业主即退还担保金。若中途毁约，业主则没收担保金。通过规定履约担保金，可以充分保障业主的合法权益，并迫使承包人认真对待合同的签订和履行。履约担保金可用保兑支票、银行汇票或现金支票，额度为合同价格的10%。

3. 付款担保

付款担保用来保证承包人根据合同向分包商付清全部的工资和材料费用，以及材料设备厂家的货款。美国规定公共工程付款担保金金额最高可达合同价的50%，随着项目投资额的增大，比率可以有所降低。一般认为。付款担保是履约担保的一部分。

4. 业主支付担保

业主支付担保又称业主工程款支付担保，是为了保证业主履行工程建设合同中约定的支付工程款的义务，由担保人向承包人提供的为保证业主按约定支付工程款的担保。《关于在房地产开发项目中推行工程建设合同担保的若干规定（试行）》规定：业主支付担保的金额应与承包人履约担保的金额一致；对于合同总价超过1亿元人民币的工程，业主支付担保可根据支付周期滚动提供，每期担保金额为该期间合同价款的10%~15%。

业主支付担保的模式大多使用保证方式，但是，一些地区规定，业主支付担保也可采用抵押、质押、定金等方式。

（1）保证担保。保证合同是保证担保的具体形式。我国《民法典》规定，保证合同是为保障债权的实现，保证人和债权人约定，当债务人不履行到期债务或者发生当事人约定的情形时，保证人履行债务或者承担责任的合同。保证的方式可以分为一般保证和连带责任保证。当事人在保证合同中约定，债务人不能履行债务时，由保证人承担保证责任的，为一般保证。而当事人在保证合同中约定保证人和债务人对债务承担连带责任的，为连带责任保证。

（2）物的担保。物的担保分为抵押、质押、定金等方式。抵押是指不改变债务人对不动产的占有，将该财产作为债务的担保：质押是指将动产移交给债权人占有，当债务人不履行合同义务时债权人有权继续占有该动产；定金是一方当事人预先支付另一方当事人一定数额的货币作为履行义务的担保。

为了保障担保人的合法权益，担保人在为业主提供支付担保前可要求业主提供反担保作为担保前提。当担保人按约定为业主承担赔偿责任后，担保人有权要求业主全额归还代偿的全部费用，当业主所有资产不足以清偿全部费用时，担保人可从反担保人或反担保物处获得抵偿。

5. 预付款担保

预付款担保是指承包人与发包人签订合同后，承包人正确、合理使用发包人支付的预付款的担保。建设工程合同签订以后，发包人给承包人一定比例的预付款，一般为合同金额的10%，但需由承包人的开户银行向发包人出具预付款担保。其担保形式一般有两种：

（1）银行保函

预付款担保的主要形式即银行保函。预付款担保金额通常与发包人的预付款是等值的。预付款一般逐月从工程预付款中扣除，预付款担保金额也相应逐月减少。承包人在施工期间，应当定期从发包人处取得同意此保函减值的文件，并送交银行确认。承包人还清全部预付款后，发包人应退还预付款担保，承包人将其退回银行注销，解除担保责任。

（2）发包人与承包人约定的其他形式

预付款担保也可由担保公司担保，或采取抵押等担保形式。

预付款担保的主要作用是保证承包人能够按合同规定进行施工，偿还发包人已支付的全部预付款。如果承包人中途毁约，中止工程，使发包人不能在规定期限内从应付工程款中扣除全部预付款，则发包人作为保函的受益人有权凭预付款担保向银行索赔该保函的担保金额作为补偿。

6. 质量担保

质量担保保证承包人在工程竣工后的一定期限内，将负责质量问题的处理责任。若承包人拒不对出现的问题进行处理，则由担保人负责维修或赔偿损失。

7. 差额担保

差额担保是指如果某项工程的中标价格低于标底价格，业主可以要求承包人通过担保人对中标价格与标底之间的差额部分提供担保，以保证按此价格承包工程不致造成质量的降低。

8. 完工担保

为了避免因承包人延期完工或将工程项目占用而遭受损失，业主要求承包人通过担保人担保承包人必须按计划完工，并对该工程不具有留置权。如果由于承包人的原因，出现工期延误或工程占用，则担保人应承担相应的损失赔偿。

9. 保留金担保

保留金担保是指业主按月给承包人发放工程款时，要扣一定比例作为保留金，以便在工程不符合质量要求时用于返工。

由于担保人所提供的担保金额较高，而收取的担保费用很低（不足2%），因此，担保人的责任风险是很大的。担保人往往用以下方法减少或分散所承受的风险：

（1）反担保

反担保是指被担保人对担保人为其向债权人支付的任何偿付，均承担返还义务。担保人为防止向债权人赔偿后，不能从被担保人处获得补偿，可以要求被担保人以其自身资产、银行存款、有价证券或通过其他担保人等提出反担保，作为担保人出具担保的条件。一旦发生代为赔偿的情况，担保人可以通过反担保追偿赔付。

（2）分包担保

当工程存在总分包关系时，总承包人要为各分包商承担连带责任。总承包人为了保证自身的权益不受损害，往往要求分包商通过担保人为其提供担保，以防止分包商违约或负债。通常这也是总承包人将工程分包给分包商的必要条件。

（3）购买保证担保

购买保证担保是指向保险公司购买保证担保保险，从而把一部分风险转给保险公司。

（4）合作担保

合作担保是指与其他担保公司合作担保，以分散担保责任，扩大业务，增强担保能力。

9.3 | 建设工程担保保费

9.3.1 建设工程担保保费的概念

建设工程担保人在提供保函或保证书时，就承担着风险，每一个保函或保证书就是一种资金信用。担保人提供这种信用要收取一定的费用，这就是保费，也是对担保人承担风险一定的补偿。保费依签约总价计算后，先行付给担保人，当工程结束后，再根据最后完成总价来调整保费总额。

建设工程担保经营的是一种特殊的商品（信用商品），与其他商品一样有其价格，担保机构也要承担成本，违约风险是信用担保机构的最主要成本。因此，违约风险的计量和定价不仅是风险管理的重要环节，还直接关系到担保机构的可持续性，以及担保机构能否实现其经济价值。同时，风险的计量和定价是否合理影响着建筑业对担保的需求，决定了担保机构的价值。

9.3.2 建设工程担保保费率的确定

一般商业项目和公共工程项目的保费率计算方法有所不同，在这里将工程项目分为一般商业项目和公共工程项目两大类，分别讨论保费率的计算方法。

1. 一般商业项目

一般商业项目担保保费由担保成本、担保损失保证金、担保税金、担保利润等组成，因此用公式表示一般商业项目担保保费率为

$$P = \frac{C+L+T+M+arG}{G}$$

式中　　P——保费率；

C——担保成本；

L——担保损失准备金；

T——担保税金；

M——担保利润；

G——担保额；

r——担保比例；

a——无风险利率。

[**例 9-1**]　某担保公司年担保额 3 亿元，担保成本 400 万元，担保损失准备金 1000 万元，担保税金 30 万元，利润 50 万元，担保比例 10%，同期国债利率 2.78% 作为无风险利率。则其理论保费率为

$$P = \frac{400\ 万元 + 1000\ 万元 + 30\ 万元 + 50\ 万元 + 30000\ 万元 \times 10\% \times 2.78\%}{30000\ 万元} = 5.21\%$$

2. 公共工程项目

公共工程项目担保作为政府完善建筑业健康发展的重要工具和手段，有着公共产品的部分属性，有些工程担保机构的担保损失由国家财政拨补，建筑企业负担的保费率不包含担保损失准备金，因此公共工程项目担保保费率公式为

$$P = \frac{C + T + M + arG}{G}$$

根据上例计算可得出不计担保损失准备金的保费率为

$$P = \frac{400\ 万元 + 30\ 万元 + 50\ 万元 + 30000\ 万元 \times 10\% \times 2.78\%}{30000\ 万元} = 1.88\%$$

如果担保工程是介于公共工程和一般商业项目之间的混合工程，则保费率必须考虑政府的政策导向和被担保企业的承受能力。首先必须低于建筑企业的资金利润率，否则被担保人将因经营状况恶化而破产。此外，保费率的制定还应考虑其社会边际收益和社会边际成本，最终只能在公共工程的保费率和市场决定的保费率之间。

9.3.3　建设工程担保保费率的决定因素

工程担保本身是经营信用风险的商品，其价格由每一个具体工程项目风险程度决定，因此工程担保保费并非一成不变，根据担保种类，项目规模，承包人的财力、经验及反担保情况等，保费率上下浮动，也就是所谓的浮动费率。

保费率定价通常要考虑如下因素：

1）担保的种类越多，金额越大，期限越长，包含内容越多，则保费率越高。履约担保因其金额大，期限长，因而保费率最高，担保人承担的风险也最大。

2）申请人提供的反担保情况。一般说来，申请人提供的反担保越大，保费率越低。如果申请人提交 100% 的反担保，则担保人可考虑减免保费。

3）债权人情况。如果债权人有着良好的合作诚意，则保费率低一些。

4）申请人资信状况、财务状况及以往项目履行情况。

5）工程项目的复杂程度、范围、规模、期限。

6）市场上竞争的需要。

政府对工程担保的收费标准应当加以宏观调控。具体的收费标准，可以由建设行政主管部门会同有关部门，根据工程类别、风险的大小、业主及承包人的信誉、实力等因素确定调控幅度，由当事人在合同中约定。

9.3.4　建设工程担保保费与工程成本之间的关系

工程担保是直接为工程建设服务的，其费用应该计入工程建设成本，这也是工程担保的

国际惯例，同时 2019 年住建部等六部门颁布的《关于加快推进房屋建筑和市政基础设施工程实行工程担保制度的指导意见》也明确了这一点。但现阶段我国法律法规规定的建设项目总投资中不包含工程保费，也没有将其列入项目预算。这是当前我国工程造价管理应当研究并解决的费用成本问题。业主也可以从招标竞争节省下来的资金中拿出一部分用作保费开支。

从表面看来，工程保费计入工程建设成本，增加了建设项目总投资额和建设成本，给业主和承包人造成了投资和成本的增加。但从整个项目以及长期效益来看，工程担保不但可以减少建设投资和建设成本的增加，还带来了巨大的社会效益。

从业主角度来看，一方面工程担保使得最低价中标成为可能，减少了建设过程中的履约风险，避免承包人为追求竞争低于成本价中标却在工程建设过程中因价格过低无法履行的现象的发生。另一方面，工程担保的引入可以提高建设产品的质量，减少运营期维修费用，减少了项目全寿命周期的成本。

从承包人角度来看，工程担保中的业主支付担保，使得工程款拖欠现象减少，对承包人来说，工程款拖欠带来的损失远大于工程担保所造成的工程建设成本的增加。此外，业主支付担保也使得承包人垫资的归还得到了保障。

由于履约担保、支付担保的采用，工程担保表面上增加了业主关于建设项目的总投资，但使最低价中标得以实现。最低价中标的最终目的是使业主以最合理的价格买到合格的工程产品，保障项目有形资产的形成，使具有一定经济承受能力和技术保障能力的生产主体被社会认同，被消费者认可，自然形成"优胜劣汰，奖优罚劣"的市场环境。

在实际操作中，一些企业为了中标，"低报价、先中标、拿到手"，再逐步提高造价，片面地把国际上常采用的"中标靠低价，赚钱靠索赔"原则当成制胜法宝，把项目本身的利润和成本放在一边，采用畸形竞争战略，使业主往往无法实现真正的最低价中标。

工程担保在合理低价法评标过程中，起到了全过程"保驾护航"的作用，把合理低价法推行过程出现的"高风险"降到了最低。

首先，工程担保制度对规范市场准入有着重要的识别、择优和促进作用。由于担保人与被担保人的经济利益是直接关联的，如果为不合格的承包人担保，担保人必然蒙受重大经济损失，因而担保人必然要对前来投保的承包人的施工能力及管理水平进行严格审查，对质量差的承包人不予担保，对施工能力强、管理水平高的承包人则竞相提供担保并相应地降低保费。这在客观上起到了规范市场和提高行业进入壁垒的作用。建设市场进入优胜劣汰的良性循环后，承包人在安全生产与优质生产上投入成本越多，就越可以在担保市场中获得认可，并得到保费的优惠。这样一来，就能够对不同资质的建筑企业界定不同的生活空间，投标担保由此成为一道门槛，保护了建筑企业的合理利润，避免非理性报价、恶性压价的发生。

其次，由于招标投标双方的利益不尽相同。业主希望用最低的成本购买到质量和进度都令人满意的建筑产品，希望选择最合适的承包人，希望承包人能够兑现承诺。而承包人希望能够完成可以实现预期利润的工程，到期按时得到业主承诺的款项。这中间当然无法避免有相互冲突的地方。通过工程担保制度可以使各方利益趋于一致，能够使各方利益统一在按期完成工程这一基本点上。业主自然希望能够按期完成工程，有了工程担保可以解除业主的后顾之忧，因为即使承包人不能够按期履约，担保人也会代为履约。而承包人一直担心的是能不能按时拿到工程款，有了工程担保，承包人就不必担心，只要能够按期完成工程就可以拿到工程款，这样各方的利益就达到了一致。工程担保是一种利益机制，担保人正是利用了这种利益机制，才能够在问题还没有达到不可调和的时候，运用自身的资源进行协调。

复习思考题

1. 建设工程担保的作用有哪些？
2. 试述建设工程担保的工作程序。
3. 简述建设工程担保的种类和适用的条件。
4. 影响建设工程担保保费率的因素有哪些？
5. 建设工程担保保费率是如何确定的？
6. 建设工程担保保费和工程成本之间有什么关系？

第10章

建设工程风险管理后评价

【本章导读】

风险管理已经成为建设工程项目管理中的重要组成部分。鉴于风险管理的重要性，任何项目在风险管理活动之后，都需要对风险管理的效果进行评估和反馈，即开展风险管理的后评价。

建设工程风险管理的后评价是指在建设工程项目的全寿命周期各阶段完结或中止之后，对项目前期的风险管理全过程进行系统、客观的事后分析评价。通过事后的分析评价得出项目风险管理成败的原因，总结经验教训；并通过及时有效的信息反馈，为未来新项目的风险管理提供借鉴依据。

【主要内容】

本节从建设工程风险管理后评价的定义出发，依次介绍了建设工程风险管理后评价的必要性以及后评价开展的原则，进一步重点介绍了建设工程风险管理后评价的机制、内容和方法。

10.1 建设工程风险管理后评价概述

10.1.1 建设工程风险管理后评价的定义

任何建设工程项目在建设过程中出现的事先不确定的内部或外部干扰因素，都会产生风险，例如项目变更、工期延长、成本增加等，这些都会造成经济和社会效益的降低，甚至项目的失败。正是由于风险所造成损害的严重性，风险管理已成为建设工程项目管理中的重要组成部分。良好的风险管理能获取巨大的经济效益和社会效益，同时也有助于提高企业竞争和管理水平。鉴于风险管理的重要性，任何项目在风险管理活动之后，都需要对风险管理效果进行评估和反馈，即开展风险管理的后评价。

建设工程风险管理后评价是指在建设工程项目的全寿命周期各阶段完结或中止（指建设工程项目由于某些原因中途停止）之后，对项目前期的风险管理全过程（包含风险识别、风险评估、风险应对、风险监控等过程）进行系统、客观的事后分析评价。通过对项目风险管理过程的总结、分析和评价，检查项目前期的风险识别是否准确、风险评估是否合理、风险应对策略是否实现了预期目标；通过事后的分析评价得出项目风险管理成败的原因，总结经验教训；并通过及时有效的信息反馈，为未来新项目的风险管理提供借鉴依据。

10.1.2　建设工程风险管理后评价的必要性

目前我国建设工程的风险管理存在风险识别困难、风险分析与评价的误差大等问题。因此，开展建设工程的风险管理后评价工作能够有效弥补风险管理的经验，降低风险管理成本，并对建设工程项目中的各参与方产生约束和激励。

1. 弥补建设工程风险管理的经验

我国目前尚未形成建设工程项目的"风险一览表"及风险识别的理论与方法指南，也极少有组织总结过去已完成项目中遇到的风险。因此，大部分项目进行风险管理只能重新开始风险识别，费用较大。此外，在进行风险评估、风险应对等环节时，基本无历史数据可供借鉴，查找历史数据需要耗费大量精力和时间。最终，风险管理成本也必然随之增加。

2. 对项目决策单位和建设单位进行有针对性的激励和约束

建设项目风险管理的后评价，通过对项目风险管理的决策过程和建设过程进行全面的总结评价，一方面可以总结成功的经验，并对相关负责单位进行奖励；另一方面，可以发现建设过程中的违法、违规及失职行为，并追究负责单位的相关责任。特别地，项目风险管理后评价可以通过后期分析评价的方式，为建设工程建立投资监管体系和责任追究制度奠定基础；同时，也可以发挥事前监督与约束效应，有利于促进项目建设管理者提高工作的责任心，依法、按规对项目建设全过程进行管理。

10.1.3　建设工程风险管理后评价的原则

后评价原则如图 10-1 所示，各原则的具体内容详述如下：

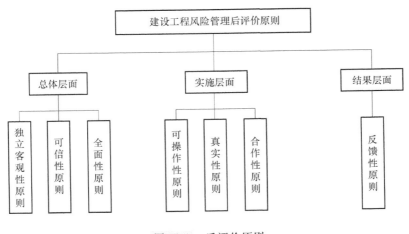

图 10-1　后评价原则

（1）总体层面

1）独立客观性原则。风险管理后评价必须保证独立性和客观性。后评价工作的开展既要有独立性，不受外界及上级部门的干预；又要有客观性，即后评价的结论必须客观地反映决策和管理的实际状况。否则就达不到进行风险管理决策监督的目的，并且难以发现风险管理中的问题，最终无法实现提高项目风险管理水平和改进项目决策质量的目的。

2）可信性原则。风险管理后评价的可信性取决于评价者的独立性和实际经验，取决于资料信息的可靠性和评价方法的适用性。可信性的一个重要标志是应同时反映出风险管理的成功经验和失败教训。

3）全面性原则。后评价需要对建设工程投资过程和经营过程的风险管理全过程进行全面分析，从风险管理的经济效益、社会效益和环境影响等方面进行全面评价。

（2）实施层面

1）可操作性原则。为了使风险管理后评价成果对决策产生作用，后评价报告必须具有可操作性即实用性。同时，后评价报告要有时效性和针对性，应突出重点。

2）真实性原则。后评价研究的是项目风险管理的实际情况，应收集项目风险管理过程中实际发生的真实数据，分析现实存在的经验和教训，制定实际的对策措施。

3）合作性原则。建设工程项目具有投资金额大、项目周期长、参与者众多的特点。风险管理后评价工作涉及面广，人员多，难度较大，因此需要各方组织机构和有关人员的通力合作，才能保障后评价工作的顺利进行。

（3）结果层面

结果层面主要体现为反馈性原则。后评价的目的在于为有关部门反馈信息，以利于提高风险决策和管理水平，为今后宏观决策、规划建设和建设工程项目管理提供依据和借鉴。后评价的目的是检查和总结在项目风险管理过程中所做出的预测和判断是否准确，总结项目风险管理各个环节、各个阶段、各个方面的经验教训，分析项目各个阶段实际情况与预计情况的偏离程度及其产生的原因，为以后改进项目风险管理和制订科学合理的风险管理计划等反馈信息，并针对具体情况，提出有效的改进措施，从而提高风险管理水平，这是风险管理后评价的最终目标。

10.2 建设工程风险管理后评价的实施

10.2.1 建设工程风险管理后评价的机制

1. 后评价工作流程

后评价工作流程如图 10-2 所示，各流程的具体内容详述如下：

（1）建立后评价执行机构

建立风险管理后评价专门机构，其主要成员应由具有丰富工程实践经验、调查统计经验的人员共同组成。其主要职责是领导、组织、协调风险管理效果的后评价工作，包括后评价工作计划的制订、后评价工作的开展、人员培训等。

（2）制订后评价工作计划

明确项目风险管理后评价的具体对象、评价目的及具体要求。围绕项目风险管理规定的任务，有的放矢。同时开展拟订工作计划、编制工作大纲、拟订调查提纲、制作调查表格等工作。

（3）建立后评价模型

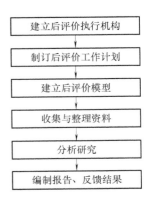

后评价工作小组应依据系统工程的思想和方法，遵循独立客观、可信性、可操作性等原则，结合建设工程项目自身的特点，建立项目风险管理后评价模型，使风险管理后评价工作能够全面、客观地反映出项目风险管理实施效果。

（4）收集与整理资料

根据调查提纲所提到的内容，按照后评价模型要求，深入到项目中，收集资料，这些资料可以从项目的历史记录中获得，并实地进行典型调查研究。在搜集过程中力争做到全面、准确。资料收集方式可采用访问式、问卷式以及查阅历史资料等方式。资料必须是客观的、可统计的。获得的资料应采用较为科学的分类方法和统计方法进行分类和统计，使计算结果客观和可靠。某些情况下，直接的历史数据资料还不够充分，尚需主观评价，特别是那些对决策者来讲在技术、环境等方面都比较新的项目，需要通过专家调查法获得具有经验性和专业性的主观评价。

图 10-2　后评价工作流程

（5）分析研究

基于统计的结果，围绕项目风险管理后评价的内容，利用后评价模型，灵活采用定量分析和定性分析方法，进行分析、计算，得出风险管理后评价的最终结果。其中，在后评价过程中，针对不同的评价内容，可以结合评价内容的特点，采用不同的评价方法。

（6）编制报告、反馈结果

将分析研究的成果汇总，编制出建设工程项目风险管理后评价报告，可包括风险预先管理（项目前期阶段）的后评价、风险监控管理（项目中期与终止阶段）的后评价等。将后评价中所反映出的问题反馈给项目参与单位和主管部门等，为修改、调整风险管理计划提出建设性建议。

项目风险管理后评价的时间，根据实际工作经验，从课题的提出到提交后评价报告大约需三个月的时间，大致安排如下：筹划准备（建立后评价机构、计划和模型）2~3 周；调查收集资料 3~4 周；分析研究 3~4 周；报告编制 2~3 周。但是不同的项目往往规模不同，风险管理过程也不尽相同，风险管理时间也会不同。

2. 后评价组织实施

后评价组织实施需要重点关注执行机构、资源要求、结果反馈使用机制和法律保障机制四个方面，如图 10-3 所示。

（1）执行机构

后评价的执行机构是指具体从事建设工程项目风险管理后评价工作的机构。从目前国内外的情况来看，具体从事项目风险管理后评价工作的机构有两种：一是项目自行组织的后评价机构；二是外部机构，如咨询公司、专业的后评价机构等。两种方式各有各的优点。前者对项目比较熟悉，资料的收集也比较方便，可节省费用，结果的反馈也较为迅速，但人力资源不足，也容易被人为干扰，从而影响后评价的公正性和客观性。后者则有利于保证后评价工作的公正和客观，不过与相关单位的配合较为复杂，收集资料比较困难，后评价费用较高，信息反馈较为缓慢。在后评价工作的实际开展中，具体由谁来做需要根据项目的复杂程度、目的要求、时间要求和项目经费等因素来确定。一般情况下，两者联合起来进行后评价

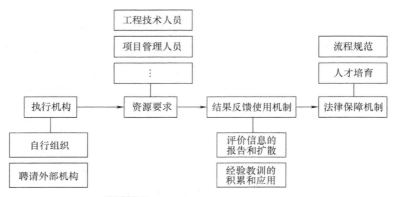

图 10-3　后评价工作组织实施要素

工作更有利于后评价工作质量的提高。在这种模式下，后评价工作主要由外部机构来承担，项目的组织机构为外部机构的后评价工作创造条件。

（2）资源要求

建设工程项目风险管理后评价是一种全面的综合评价，它贯穿于项目的决策立项、设计施工和运营的全寿命周期各阶段，因此要有效地开展项目风险管理后评价，就要投入一定数量的人员、经费和时间。建设工程项目风险管理后评价涉及的学科知识较多，这必然要求后评价人员既要懂工程，又要懂经济；既要懂投资，又要懂项目运营各方面的知识。一个完备的后评价机构应由以下几个方面的人员组成：工程技术人员、项目管理人员、统计分析人员以及经济、社会等领域的研究人员等。

作为一个建设工程项目正在迅速发展并且风险管理越发受到重视的大国，我国要进行风险管理后评价的项目众多，未来的需求量也非常大，因此我国的建设工程项目风险管理后评价不仅在"质"上有一定的要求，而且还有"量"上的要求。从全国看来，我国的风险管理后评价专业人员的数量和专业程度难以满足实际需求。为全面推广项目风险管理后评价，开展后评价专业人员的培训工作具有必要性和急迫性。一方面可进行有效的短期培训；另一方面，也应重视人员的长期培养问题，人员培训可在高等院校、科研机构内进行，也可以采用专业培训机构委托、联合培养等方式进行。

（3）结果反馈使用机制

后评价结果反馈使用是后评价体系中的决定性环节。该机制应保证后评价结果在新建或已有项目中以及其他开发活动的风险管理中得到采纳和应用。因此，后评价作用的关键取决于所总结的经验教训在投资项目和开发活动的风险管理中被采纳和应用的效果。在项目全生命周期的不同阶段，风险管理后评价的结果均可以被借鉴和应用，如立项阶段的可研报告、项目准备阶段的设计改进、在建项目实施中问题的预防和对策、完工项目运营中管理的完善和改进等。

后评价结果的使用主要包括两个方面：①评价信息的报告和扩散，这也是评价者的工作责任。评价者应将后评价结果反馈到决策、计划规划、立项管理、评估、监督和项目实施等机构和部门，以更好地提高风险管理水平。②经验教训的积累和应用，以改进和调整风险管理措施的分析和制定。为更好地使用后评价结果，必须在评价者及其评价成果与应用者之间建立明确的反馈机制。

根据我国国情，风险管理后评价结果的使用可采取以下形式：①向投资者和建设者反馈，使投资者及时汲取经验教训，采取补救措施，调整未来投资方向，更好地规避风险；②向政府部门反馈，使政府在制定经济政策、规划、发展战略时借鉴参考；③向贷款机构反馈，使贷款机构根据后评价结果调整未来计划方向、编制贷款计划和技术援助计划、改进新项目及规划设计、完善在建项目和完工项目；④向社会公开发表，可以通过出版物、信息发布系统、成果发布会或讨论会等不同形式对外公布后评价结果，提高后评价结果的使用效果，并加强公众监督。

（4）法律保障机制

1）流程规范。为了保证建设工程项目风险管理后评价的持续性，仅仅完善后评价的组织机构及其实施工作是远远不够的，必须建立起法律上的保障，即确立其法律地位，将其纳入法律化、制度化的轨道。制度落后将成为后评价工作的"瓶颈"。国外的实践证明，后评价作为基本建设程序的重要组成部分，它在项目和投资决策上发挥着重要的作用，然而如果没有法律制度的约束和规范，后评价的工作开展就没有保障，更谈不上后评价的意义和作用。

2）人才培育。为了保障后评价工作的顺利实施，从后评价的资源要求来看，开展建设工程项目风险管理后评价需要一定的人员，因此为了保证后评价的持续进行，需要开展后评价工作人员的培训工作。应在制度层面建立起人员培训机制，一方面大力宣传后评价的意义和作用；另一方面也培养一批专业化的后评价工作人员。

10.2.2 建设工程风险管理后评价的内容

1. 风险管理决策后评价

风险管理决策后评价是评价项目的风险状况和风险管理决策执行的实际情况，验证风险管理前做出的风险预测、风险辨识以及抵御风险的分析是否正确合理，并重新评价风险管理决策是否符合项目的需要。

2. 目标评价

通过将项目风险管理实际产生的一些经济、技术指标与项目风险决策时确定的目标进行比较，检查项目是否实现了预期的风险管理目标，从而判断项目风险管理是否成功有效。

3. 风险管理方案实施情况后评价

风险管理方案实施情况后评价主要是评价风险管理各环节工作实际成绩，识别出每个阶段工作中实际风险管理效益和预计风险管理效益的偏差程度，以及偏离预期目标的原因。

4. 风险处置后评价

风险处置后评价是通过将风险处理方案实际执行后的经济技术参数与执行前预测的数据进行对比，进一步了解预先管理风险的手段是否防止或减轻了风险的发生，处置风险的手段选择与组合是否恰当，从而降低风险所带来的损失。识别出存在的差距，检验风险处理方案设计的正确程度，为新风险处理方案的评审和设计提供依据。

5. 风险管理经济效益后评价

经济效益是衡量风险管理成功与否的关键，后评价是从国家或地区的整体角度对实施风险处理方案后工程的实际效益费用进行再评价，并将其与风险处理方案实施前的指标进行对比，分析风险管理成本与收益是否偏离了原来的预计，并以一些经济指标进行衡量，它可以定量地评价项目风险管理的合理性、科学性和正确性。

6. 风险管理组织后评价

风险管理组织是保证风险管理活动有效进行的关键。组织后评价是对组织机构在项目整个风险管理活动中发挥的作用进行调查及后评价，了解风险管理组织的运行是否有效，总结经验教训并针对其中的不足提出相应的调整建议。

10.2.3 建设工程风险管理后评价的方法

1. 征询法

征询法是建设工程项目风险管理的基本方法，是就项目风险管理实施方案的满意程度向建设工程相关的职能部门和有关人员进行的信函调查法。被调查人员对主要咨询内容进行评价，并按照"满意""基本满意"和"不满意"等标准进行打分，然后调查人员对回执加以汇总。若评价结论属"满意"或"基本满意"，则说明该风险管理方案富有成效；若属"不满意"，则需进一步分析原因。若"不满意"是因为个别相关部门未组织方案实施，则风险管理部门应分析原因并帮助其贯彻实施；若因为风险管理方案可操作性差，则应补充完善，使之符合实际，以利于实施；若因"药不对症"，则风险管理方案是失败的。

2. 指标评价法

征询法较为简单，可操作性强，但是难以反映出风险管理各方面问题的相对重要性，不能详细地对风险管理过程进行总结与分析。因此，在征询法的基础上，指标评价法得到了更广泛的应用。指标评价法具有指示性强、灵活简便的特点。指标评价法主要包括五个步骤：确定指标体系构建原则、确定指标体系的结构和内容、确定指标的权重、度量评价对象在各指标下的表现情况、分析综合评价情况。

在指标体系的构建原则中，可获得性、科学性、层次性、简明性、整体性等原则是基本的原则。这几项原则的总体思想，是要求指标体系科学合理，并拥有切实可行的实践意义。指标体系应在后评价主要内容的基础上进一步细化，同时，在不同建设工程项目中，指标体系应结合项目实际情况进行灵活调整。在指标赋权及度量中，AHP-模糊综合评价法是较为常用的方法，其技术路线如图 10-4 所示。

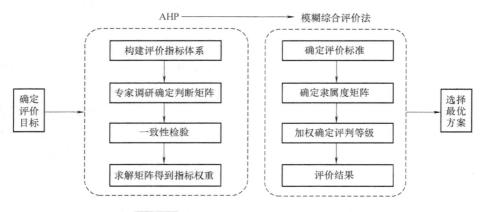

图 10-4　AHP-模糊综合评价法技术路线

AHP 在前文章节中已进行描述，在此不再赘述。本节对模糊综合评价法进行重点介绍。模糊综合评价法是一种运用模糊集合的理论对某评价对象系统进行的综合评价方法。在对建设工程项目风险管理后评价中，某些评价指标带有一定程度的模糊性，没有十分明确的界限和清楚的外延，难以对其进行精确的定量。模糊综合评价即是基于评价过程中的模糊运算法则，对非线性的评价进行量化综合，从而得到可比的量化结果。其基本步骤如下：

（1）确定研究对象的评价因素集 U

根据设置指标体系的基本原则和研究对象的特性，来确定研究对象的评价指标体系，假设该体系有 n 个评价指标，组成指标集 $U = \{U_1, U_2, \cdots, U_n\}$。

（2）确定评价集 V

将每一个指标的评价结果划分为 m 个不同的等级（一般为五个等级：优秀、良好、中等、合格和差），构成评判集 $V = \{V_1, V_2, \cdots, V_m\}$，每一个等级可对应一个模糊子集。

（3）建立模糊关系矩阵 $\boldsymbol{R}$（隶属度矩阵）

在构造了等级模糊子集后，就要对评价对象从每个指标上进行量化，即确定评价对象从单指标来看对各等级模糊子集的隶属度，这就需要构造评价对象在该指标下对于评判等级的隶属函数，根据隶属函数得到模糊关系矩阵：

$$\boldsymbol{R} = \begin{pmatrix} r_{11} & r_{12} & \cdots & r_{1m} \\ r_{21} & r_{22} & \cdots & r_{2m} \\ \vdots & \vdots & & \vdots \\ r_{n1} & r_{n2} & \cdots & r_{nm} \end{pmatrix}$$

在模糊关系矩阵 $\boldsymbol{R}$ 中，第 i 行第 j 列元素 r_{ij} 表示评价对象从指标 U_i 来看对 V_j 等级的隶属程度大小，所以 $\boldsymbol{R}$ 也叫作隶属度矩阵。模糊综合评价法与其他评价方法的不同之处在于，在其他评价方法中评价对象在某个指标 U_i 方面的表现，是由一个指标实际值来体现的，而在模糊综合评价中，则是通过模糊关系矩阵 $\boldsymbol{R}$ 来体现的。所以，模糊综合评价法比其他评价方法所需的信息更多，更全面。

（4）确定评价指标的权重向量 $\boldsymbol{W}$

在 AHP-模糊综合评价法中，使用 AHP 来确定评价指标的权重向量：$\boldsymbol{W} = (W_1, W_2, \cdots, W_n)$。除 AHP 外，模糊综合评价法也可以和其他指标赋权方法组合使用。

（5）合成模糊综合评价结果矩阵 $\boldsymbol{S}$

根据指标的权重和模糊矩阵进行模糊转换，合成评价结果矩阵，一般使用加权求和法求隶属等级的方法，得到评价对象的模糊综合评价结果向量 $\boldsymbol{S}$：

$$\boldsymbol{S} = \boldsymbol{WR} = (W_1, W_2, \cdots, W_n) \begin{pmatrix} r_{11} & r_{12} & \cdots & r_{1m} \\ r_{21} & r_{22} & \cdots & r_{2m} \\ \vdots & \vdots & & \vdots \\ r_{n1} & r_{n2} & \cdots & r_{nm} \end{pmatrix} = (S_1, S_2, \cdots, S_n)$$

式中　S_i——评价对象属于 V_j 等级模糊子集的程度。

得出模糊综合评价结果也就得出了该项目的评价结果，根据得出的结果对项目的各项指标详细分析，找出问题所在，采取积极的应对措施，解决问题，使项目收到预期的效果。

3. 对比法

项目后评价的另一种基本方法是对比法，包括前后对比法、预计和实际对比法、有无风险管理的对比法等。对比的目的是要找出变化和差距，为提出问题和分析原因找到重点。目前我国运用较多的是前后对比法和有无对比法。

（1）前后对比法

在一般情况下，前后对比法是将项目前期的风险预测结论，与项目的实际运行结果及在评价时所做的新的预测相比较，用以发现变化和分析原因的方法。这种对比一般用于揭示风险管理方案实施的质量。

（2）有无对比法

有无对比法是指将风险管理方案实施后产生的实际效果与未采用此方案可能产生的效果进行对比，以度量方案的真实效益、影响和作用的方法。对比的重点是要区分项目自身的作用和影响与项目外部因素的作用和影响。这种对比一般用于风险管理的效益和影响评价。

4. 逻辑框架法

逻辑框架结构矩阵简称逻辑框架法（Logical Framework Approach，LFA），主要用于项目规划、实施、监督和评价。它可以对关键因素进行选择分析，并进行系统化的评价。逻辑框架法可用来总结一个项目的诸多因素（包括投入、产出、目的和宏观目标）之间的因果关系（如资源、活动产出），并评价其未来的发展方向（如目的、宏观目标）。采用逻辑框架法进行风险管理后评价时，可根据后评价的特点和项目的特征做一些调整，以适应不同项目评价的要求。

逻辑框架法的核心概念是事物的因果逻辑关系，即如果提供了某种条件，那么就会产生某种结果，这些条件包括事物内在的因素和事物所需要的外部因素。建立风险管理后评价逻辑框架的目的是依据实际资料，确立目标层次间的逻辑关系，用以分析风险管理过程的效率、效果、影响和持续性。

（1）基本模式

LFA 中需要考虑的要素是一个 4×4 的矩阵，基本模式见表 10-1。

表 10-1　逻辑框架的要素

层次描述	客观验证指标	验证方法	重要外部条件
目标	目标指标	监测和监督手段及方法	实现目标的主要条件
目的	目的指标		实现目的的主要条件
产出	产出物定量指标		实现产出的主要条件
投入	投入物定量指标		落实投入的主要条件

（2）常规应用

应用 LFA 进行计划和评价，对项目最初确定的目标必须做出清晰的定义。因此，在做逻辑框架时对项目的以下内容应清楚地描述：项目的主要内容；计划和设计时的主要假设条件；检查项目进度的办法；项目实施中要求的资源投入。

LFA 把目标及因果关系划分为四个层次：

1）目标：宏观计划、规划、政策和方针等。该层次目标一般超越项目的范畴，指的是国家、地区、部门或投资组织的整体目标。该层次目标的确定和指标的选择一般由国家或行业部门负责。

2）目的：项目的直接效果和作用。一般应考虑项目为受益目标群体带来了什么，主要是社会和经济方面的成果和作用。

3）产出：项目的建设内容或投入的产出物，一般要提供可计量的直接结果。

4）投入：风险管理的实施过程及内容，主要包括资源的投入量和时间等。

LFA 的四个层次由下而上形成了三个垂直逻辑关系。第一级是如果保证一定的风险管理资源投入，并加以很好的管理，则预计有什么样的产出；第二级是项目的产出与社会或经济的变化之间的关系；第三级是项目的目的对地区或国家更高层次目标贡献的关联性。其逻辑框架图如图10-5所示。

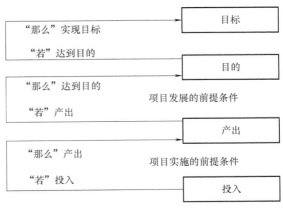

图 10-5　逻辑框架图

LFA 的垂直逻辑分清了评价项目的层次关系。每个层次的逻辑关系由验证指标、验证方法和重要的假定条件所构成。

1）验证指标。验证指标包括数量、质量、时间及人员。后评价时，每项指标应具有三个数据，即原来预测值、实际完成量、预测和实际间的变化和差距值。

2）验证方法。验证方法包括主要资料来源和验证所采用的方法。

3）重要的假定条件。重要的假定条件是指可能对项目的进展或成果产生影响，而项目管理者又无法控制的外部条件。项目假定条件很多，一般应选定其中几个最主要的因素作为假定条件。

（3）风险管理后评价的逻辑框架

风险管理后评价通过应用 LFA 来分析风险管理原定的预期目标、各种目标层次、目标实现的程度和原因，用以评价风险管理措施的效果、作用与影响。

在编制后评价的 LFA 之前，应设立一张指标对比表，以求找出在 LFA 中应填写的主要内容，见表10-2。这些指标一般应反映出风险管理措施的实际完成情况及风险管理措施实施之后项目实际实现指标与原预测指标的变化或差别。

表 10-2　后评价 LFA 指标对比

层次描述	原预测指标	实际实现指标	变化和差距
目标（宏观目标和影响）			
目的（效果和作用）			
产出			
投入			

案例 10-1　XD 公司某印度电厂 EPC 项目后评价

本节以 XD 公司某印度电建 EPC 项目为例，演示利用逻辑框架法进行建设工程风险管理后评价的基本流程。

（1）项目概况

该印度电建 EPC 项目合同范围包括除进煤铁路、场外道路、厂区围墙外的所有土建、安装的设计、采购、施工和调试。2011 年 5 月，XD 公司与业主签署 EPC 合同后，业主曾通过变更合同的方式对境外供货合同价格和付款方式由美元改为人民币。同月，业主再次签署变更协议，在原来 1 号、2 号、3 号机组的基础上增加 4 号机组，并将 EPC 合同中工程一切险和海运险调出 EPC 合同。

2012 年 5 月业主签发开工令，项目正式开工。1、2、3、4 号机组的初始工期分别为开工后 30、32、34 和 36 个月，项目设计工作于 2014 年 9 月全面完成，设备采购工作于 2014 年年底全部完成。由于项目前期业主一直未能很好地解决土地征用、融资等瓶颈，因此直到 2013 年 4 月公司才动土开挖主厂房，即实际开工日期比计划开工日期延期约 9 个月左右。在整个合同履行过程中，XD 公司遭遇了诸多不可预见的不利因素及突发事件，如印度政府签证政策变化、场地移交迟延、村民干扰、业主原因导致的设计方案修改、印度当地资源价格过快上涨等，致使合同工期拖期严重。

通过积极协调，双方于 2015 年 11 月对整个项目的执行进行了全面的讨论和梳理，双方签署会议纪要，同意将 1、2、3 号机组完成可靠性运行的时间分别展期至 2016 年 2 月、2016 年 6 月和 2016 年 8 月。2015 年 11 月，XD 公司采取加大总部资金支持等积极有效的措施，全力以赴地加快施工进度。但是在 XD 公司实施赶工的过程中，由于业主燃油供应不及时、燃煤煤质较差、上网许可办理缓慢及业主付款不及时等原因，1、2、3 号机组分别于 2016 年 5 月、2016 年 11 月、2017 年 6 月才完成可靠性运行，4 号机组因融资和项目许可等问题于 2014 年 8 月被业主要求暂停施工。

（2）项目风险识别

项目风险见表 10-3。

表 10-3　项目风险

风险分类		风险描述
外部风险	政治风险	中印两国的外交关系存在不稳定因素。同时，当地政府信誉度较差，腐败现象严重
	经济风险	印度的经济环境不稳定，通货膨胀较严重，并且汇率波动幅度大
	法律风险	中印法律体系差距较大，并且印度法律政策变动频率较高
	社会文化风险	印度宗教节日较多，对社会经济活动的影响较大
	自然环境风险	印度属于热带季风气候，全年高温，并且暴雨、洪水等自然灾害频发

（续）

风险分类		风险描述
内部风险	合同风险	业主的契约精神较差，可能会未能按时或者完全履行合同的条款
	资金风险	由于印度地质条件复杂，地质勘探结果的可靠性较低，有可能会增加施工复杂程度，从而增加建设成本
	技术风险	中印两国的技术标准差异较大
	管理风险	受到文化差异、政策变动等外部风险的影响，在管理分包商、供应商的过程中可能会出现协调困难等问题

（3）风险管理后评价逻辑框架分析

利用逻辑框架法，对 XD 公司在该项目中的风险管理过程进行后评价，见表 10-4。

表 10-4　风险管理后评价逻辑框架分析示例

层次描述	原预测指标	实际实现指标	变化和差距
目标（宏观目标和影响）	促进区域的经济、社会发展	在一定程度上促进了区域发展	对区域发展的促进作用衰减
目的（效果和作用）	4 台机组正常运行，该区域的发电量增加	仅有 3 台机组正常运行，未在计划时间内达到预期的发电量	仅达到了计划发电量的 75%，实际工期增加近 2 年
产出	1、2、3、4 号机组应分别于 2014 年 11 月、2015 年 1 月、3 月、5 月完工	1、2、3 号机组分别于 2016 年 5 月、2016 年 11 月、2017 年 6 月完成可靠性运行，4 号机组停工	1 台机组未能正常运行
投入	合同约定的资金	① 建设期间发生通货膨胀，材料价格上涨近 30%，XD 公司承担了额外的费用 ② 由于地质情况复杂，施工成本大幅增加 ③ 通过变更合同的方式对境外供货合同价格和付款方式由美元改为人民币，使 XD 公司避免了因汇率变动而产生的风险	XD 公司承担的建设成本大幅增加
	合同约定的施工人员	基本按照合同约定派驻施工人员	基本无差距
	合同约定的管理人员	为应对法律风险和社会文化风险，XD 公司额外派驻了翻译、安保等工作人员	XD 公司承担的人力成本大幅增加
	合同约定的器械、设备	暴雨导致水泵等设备损害严重	XD 公司承担的设备维修成本大幅增加

综合来看，该项目没有达到预期的效果，XD 公司在风险管理过程中存在着不足。但是，不可否认的是，XD 公司采取的一些风险应对措施在一定程度上降低了风险可能带来的损失。XD 公司在该项目中的经验与不足可归纳为表 10-5 所示内容。

表 10-5　案例中风险管理的经验与不足

经验/不足	相关内容
经验	积极组织工作人员培训：将商务条款和技术规范翻译成中文装订成册，分发到商务、技术和管理人员手中进行对照学习
	实施风险管控办法：XD 公司及时组织编写风险管控办法，并依据办法先后组织了六次风险识别、评估和预警，直接促成了一些有效应对措施的出台
	建立应急处置机制：XD 公司先后制定、颁布了各类应急预案 15 个，并定期开展治安事件、自然灾害等突发事件的应急演练
不足	项目调研不够充分：尽管在投标期间，XD 公司对施工现场和印度市场进行了针对性的考察，但是缺乏对气象、地质条件、人文社会的考察，导致施工成本和管理人员成本预估有误
	合同管理意识淡薄：考虑到印度市场和工期罚款，XD 公司放弃了合同中对自己有利的条款追诉。例如没有对因业主土地交付和村民干扰而造成的工期延误进行确认，也没有对业主长期拖欠工程款提出停工要求，尤其是在项目执行阶段，也没有对合同工期和价格调整事件提出自己的主张
	成本管理存在遗漏：XD 公司在物资管理、税务管理等方面关注度不足

资料来源：张明立. 国际工程承包项目风险防范研究：以 DJ 公司印度电建 EPC 项目为例 [D]. 山东财经大学，2016.（经编辑加工）。

5. 成功度法

成功度法是依靠评价专家或专家组的经验，根据风险管理各方面的执行情况并通过系统准则或目标判断表来评价风险管理总体的成功程度。成功度评价以用逻辑框架法分析风险管理目标的实现程度和经济效益分析的评价结论为基础，以风险管理的目标为核心，对项目进行全面系统的评价。风险管理评价的成功度可分为五个标准，见表 10-6。

表 10-6　成功度等级标准表

等　级	内　容	标　准
1	非常成功（AA）	风险管理的各项目标已全面实现或超过：相对成本而言，项目取得巨大的效益和影响
2	成功（A）	风险管理的大部分目标已经实现：相对成本而言，项目达到了预期的效益和影响
3	部分成功（B）	风险管理实现了原定的部分目标：相对成本而言，项目只取得了一定的效益和影响
4	不成功（C）	风险管理实现的目标非常有限：相对成本而言，项目几乎没有产生什么正效益和影响
5	失败（D）	风险管理的目标是不现实的，无法实现：相对成本而言，项目不得不终止

复习思考题

1. 建设工程风险管理后评价的定义及主要内容是什么?

2. 建设工程风险管理后评价工作流程是什么?

3. 建设工程风险管理后评价中采用的方法包括哪些? 请列举三种以上,并对其中一种方法进行简要说明。

参 考 文 献

[1] PONGPENG J, LISTON J. Contractor ability criteria: a view from the Thai construction industry [J]. Construction management & economics, 2010, 21 (3): 267-282.

[2] 美国项目管理协会. 项目管理知识体系指南: PMBOK®指南 第 5 版 [M]. 许江林, 译. 北京: 电子工业出版社, 2013.

[3] 陈宝光. A 建筑企业施工总承包项目合同风险管理研究 [D]. 北京: 北京理工大学, 2016.

[4] 王芳. ZJ 公司某 EPC 装饰总承包项目风险研究 [D]. 北京: 中国地质大学, 2017.

[5] EGBUJI A. Risk management of organisational records [J]. Records management journal, 1999, 9 (9): 93-116.

[6] 余建星. 工程项目风险管理 [M]. 天津: 天津大学出版社, 2006.

[7] CAO Q G, ZHANG H, LIU J K, et al. Risk monitoring and early-warning technology of coal mine production [J]. Journal of coal science & engineering, 2007 (3): 296-300.

[8] WILLIAMS R, BERTSCH B, DALE B, et al. Quality and risk management: what are the key issues? [J]. The TQM magazine, 2006, 18 (1): 67-86.

[9] WIDEMAN R M. Project and program risk management [M]. Newtown Square, PA: Project Management Institute, 1992.

[10] 吴波. 高速铁路大断面城市隧道施工技术研究 [M]. 合肥: 安徽科学技术出版社, 2016.

[11] 王学军. 电子银行风险管理关键影响因素及其实证研究 [D]. 武汉: 武汉大学, 2013.

[12] 丁晓莲. 试析信用风险的识别与管理 [J]. 西部皮革, 2019, 41 (20): 67; 69.

[13] 冯晨. 合同管理法律风险识别及防范 [J]. 天津经济, 2019 (11): 43-45; 52.

[14] 李婕. 工程总承包合同风险分担的比较研究 [D]. 武汉: 华中科技大学, 2014.

[15] 沈建明. 项目风险管理 [M]. 2 版. 北京: 机械工业出版社, 2010.

[16] 马海英. 项目风险管理 [M]. 上海: 华东理工大学出版社, 2017.

[17] 郭俊. 工程项目风险管理与方法研究 [D]. 武汉: 武汉大学, 2010.

[18] 赵伟. 建筑施工企业物资采购风险管理与控制 [J]. 价值工程, 2019, 38 (34): 48-50.

[19] 张精忠. 大型工程项目施工过程中的界面风险识别 [J]. 经济研究导刊, 2019 (30): 175-176.

[20] 尹文德. 轨道交通运营风险管控 [J]. 劳动保护, 2016 (5): 82-83.

[21] 吴小刚, 李洵, 张土乔, 等. 建筑工程安全的风险识别及评价方法研究 [J]. 中国安全科学学报, 2004 (8): 55-58.

[22] 翟永俊, 陆惠民. 基于工程项目全寿命的集成化风险管理 [J]. 建筑管理现代化, 2007 (2): 9-12.

[23] 韩美贵, 王丹. 建筑工程 DB 模式分类及适用范围探析 [J]. 建筑经济, 2012 (11): 25-28.

[24] 张二伟, 李启明. 设计-施工总承包建设项目的风险管理 [J]. 建筑管理现代化, 2004 (3): 8-11.

[25] 王勇, 余强, 张勇, 等. 香港政府工程"设计-施工"总承包管理模式与运营风险 [J]. 施工技术, 2011, 39 (10): 77-81.

[26] 孟宪海, 赵启. EPC 模式下业主和承包商的风险分担与应对 [J]. 国际技术贸易, 2005 (3): 46-47.

[27] 向鹏成, 孔得平. 工程项目风险研究新视角: 工程项目主体行为风险 [J]. 建筑经济, 2010 (3): 73-76.

[28] 向鹏成, 张燕, 张甲辉. 工程项目主体行为风险传导机制研究 [J]. 建筑经济, 2012 (8): 47-50.

[29] 陈起俊. 工程项目风险分析与管理 [M]. 北京: 中国建筑工业出版社, 2007.

[30] 胡杰武. 工程项目风险管理 [M]. 北京: 北京交通大学出版社, 2015.

［31］邓铁军. 工程风险管理［M］. 北京：人民交通出版社，2004.

［32］王雪青，喻刚，邝兴国. PPP 项目融资模式风险分担研究［J］. 软科学，2007（6）：43-46.

［33］张水波，郭富仙. 基于风险视角的国际 PPP 项目投标决策模型研究［J］. 工程管理学报，2013（5）：62-66.

［34］邓小鹏，李启明，熊伟，等. 城市基础设施建设 PPP 项目的关键风险研究［J］. 现代管理科学，2009（12）：55-59.

［35］ZIMMERMANN J, EBER W. Consideration of risk in PPP-projects［J］. Business, management and education, 2014, 12（1）：30-46.

［36］IYER K C, SAGHEER M. Hierarchical structuring of PPP risks using interpretative structural modeling［J］. Journal of construction engineering and management, 2010, 136（2）：151-159.

［37］WANG S Q, TIONG R L K, TING S K, et al. Evaluation and management of political risks in China's BOT projects［J］. Journal of construction engineering and management, 2000, 126（3）：242-250.

［38］唐坤，卢玲玲. 建筑工程项目风险与全面风险管理［J］. 建筑经济，2004（4）：51-54.

［39］陈勇强，顾伟. 工程项目风险管理研究综述［J］. 科技进步与对策，2012, 29（18）：157-160.

［40］吴举. 论建设工程项目组织风险管理［J］. 科技与生活，2010（24）：160.

［41］窦连辉，林娟. 工程项目的全面风险管理［J］. 科技与管理，2007（4）：69-71.

［42］邢怡芳，李岗，郭富权. 国际工程项目风险管理组织建设与团队管理［J］. 西北水电，2016（1）：99-102.

［43］张桂英. 工程项目风险管理［J］. 山西建筑，2007（18）：201-202.

［44］庞会媛，张凯铭. 浅析工程项目风险管理［J］. 水利建设与管理，2008（9）：17-18.

［45］白世勇. 建筑工程项目风险管理识别与规划［J］. 中华民居（下旬刊），2014（10）：126.

［46］陈名，黄文富. 海外工程项目风险管理与防范［J］. 科技与企业，2013（6）：69.

［47］魏永恒. 工程项目风险管理方法的研究［J］. 菏泽学院学报，2012（2）：31-33；76.

［48］ZHAI Y J, LU H M. The integrated risk management based on the life cycle of engineering project［J］. Construction management modernization, 2007（2）：9-12.

［49］YIN X, JIA Y. Research on the design of the integrated risk management system based on the life cycle of engineering project［J］. Construction management modernization, 2008（4）：86-90.

［50］HAJJAJI M, DENTON P. A case study of risk management tools adoption within engineering SMEs［C］// Palisade Risk Conference 2011：Risk Analysis, Applications & Training. Amsterdam：Palisade, 2011.

［51］CHAPMAN C B. A risk engineering approach to project risk management［J］. International journal of project management, 1990, 8（1）：5-16.

［52］BAHAMID R A, DOH S I. A review of risk management process in construction projects of developing countries［C］//Global Congress on Construction, Material and Structural Engineering 2017（GCoMSE2017）. Bristol：IOP Publishing Ltd, 2017.

［53］孙立新. 风险管理：原理、方法与应用［M］. 北京：经济管理出版社，2014.

［54］南开辉，刘毅，方向，等. "一带一路"视角下海外基础设施投资风险识别研究：以电网项目为例［J］. 建筑经济，2019, 40（5）：60-64.

［55］王有志. 现代工程项目风险管理理论与实践［M］. 北京：中国水利水电出版社，2009.

［56］白晓凤，李子富，程世昆，等. 我国大中型沼气工程沼液资源化利用 SWOT-PEST 分析［J］. 环境工程，2014（6）：158-161.

［57］ZHANG X. Social risks for international players in the construction market：a China study［J］. Habitat international, 2011, 35（3）：514-519.

［58］OLAWUMI T O, CHAN D W M, WONG J K W, et al. Barriers to the integration of BIM and sustainability practices in construction projects：a Delphi survey of international experts ［J］. Journal of building engineering, 2018, 20：60-71.

［59］李明琨，赵霞. 基于故障树法的公路建设全寿命周期风险分析 ［J］. 公路，2016 (3)：104-109.

［60］马喜民，李佳. 基于故障树的哈牡铁路客运专线建设项目风险识别研究 ［J］. 科技与管理，2016，18 (4)：82-86.

［61］HILLSON D. Using a risk breakdown structure in project management ［J］. Journal of facilities management, 2003, 2 (1)：85-97.

［62］马旭平，郝俊，孙晓蕾，等. 基于工作分解结构-风险分解结构 (WBS-RBS) 耦合矩阵的海外电力工程投资风险识别与分析 ［J］. 科技促进发展，2019，15 (3)：11-19.

［63］YAN H, GAO C, ELZARKA H, et al. Risk assessment for construction of urban rail transit projects ［J］. Safety science, 2019, 118：583-594.

［64］周红波，高文杰，蔡来炳，等. 基于 WBS-RBS 的地铁基坑故障树风险识别与分析 ［J］. 岩土力学，2009 (9)：162-166；185.

［65］李开孟. 工程项目风险分析评价理论方法及应用 ［M］. 北京：中国电力出版社，2017.

［66］LIU X, LI D Q, CAO Z J, et al. Adaptive Monte Carlo simulation method for system reliability analysis of slope stability based on limit equilibrium methods ［J］. Engineering geology, 2020, 264：105384.

［67］张飞燕，张特曼，王泽武. 城市地铁施工安全风险评价与控制研究 ［J］. 地下空间与工程学报，2019，15 (S1)：443-448.

［68］王召，张玲. 高速公路工程管理风险评估方法分析 ［J］. 科技风，2019 (33)：115.

［69］LÜTGE C, SCHNEBEL E, WESTPHAL N. Risk management and business ethics：integrating the human factor［M］//KLÜPPELBERG C, STRAUB D, WELPE I M . Risk：a multidisciplinary introduction. New-York：Springer, 2014.

［70］ESKESEN S, TENGBORG P, KAMPMANN J, et al. Guidelines for tunnelling risk management：International Tunnelling Association, Working Group No. 2 ［J］. Tunnelling and underground space technology, 2004, 19 (3)：217-237.

［71］周红波. 基于贝叶斯网络的深基坑风险模糊综合评估方法 ［J］. 上海交通大学学报，2009，43 (9)：1473-1479.

［72］CLARK G T, BORST A. Addressing risk in Seattle's underground ［J］. PB network, 2002 (1)：34-37.

［73］张骁，张雪辉，白云. 基于贝叶斯网络-风险矩阵法的地下工程风险管理：既有建筑物地下空间开发工程中的动态风险管理 ［J］. 安全与环境工程，2017，24 (6)：176-183.

［74］王旭. 基于模糊贝叶斯网络的城市轨道交通运营安全风险评估研究 ［D］. 南昌：华东交通大学，2018.

［75］吴锋波，金淮，尚彦军，等. 城市轨道交通工程环境风险评估研究 ［J］. 地下空间与工程学报，2010，6 (3)：640-644.

［76］SAATY T L. How to make a decision：the analytic hierarchy process ［J］. European journal of operational research, 1990, 48 (1)：9-26.

［77］杜佩芸. S 建设项目工程造价风险管理研究 ［D］. 重庆：重庆理工大学，2018.

［78］牛乐乐，苏谦，王牧麒，等. 基于 AHP 的路堑护坡风险动态加权综合评估模型研究 ［J］. 铁道标准设计，2020，64 (5)：42-50.

［79］赵书强，汤善发. 基于改进层次分析法、CRITIC 法与逼近理想解排序法的输电网规划方案综合评价 ［J］. 电力自动化设备，2019，39 (3)：143-148；162.

［80］邵维懿，赵翠薇. 改进 AHP 和 TOPSIS 法在滑坡灾害易发性评价中的应用：以贵州毕节地区为例 ［J］. 重庆师范大学学报（自然科学版），2013，30 (3)：40-46.

［81］徐潇源，赵建伟，严正，等. 基于改进层次分析法和 PSS/E 的电磁环网解环方案评估 ［J］. 电力系统及其自动化学报，2017，29（12）：76-82.

［82］CHEN J F, HSIEH H N, DO Q H. Evaluating teaching performance based on fuzzy AHP and comprehensive evaluation approach ［J］. Applied soft computing, 2015, 28: 100-108.

［83］王军，王晓艳. BOT 项目风险管理探究：基于模糊综合评判模型 ［J］. 价值工程，2013，32（3）：121-123.

［84］GRAHAM K J, KINNEY G F. A practical safety analysis system for hazards control ［J］. Journal of safety research, 1980, 12（1）: 13-20.

［85］吕康. 重大危险源环境风险评价及分级方法研究 ［D］. 大连：大连理工大学，2008.

［86］陆莹，李启明，周志鹏. 基于模糊贝叶斯网络的地铁运营安全风险预测 ［J］. 东南大学学报（自然科学版），2010，40（5）：1110-1114.

［87］吴贤国，丁保军，张立茂，等. 基于贝叶斯网络的地铁施工风险管理研究 ［J］. 中国安全科学学报，2014，24（1）：84-89.

［88］CAI B, LIU Y, ZHANG Y, et al. A dynamic Bayesian networks modeling of human factors on offshore blowouts ［J］. Journal of loss prevention in the process Industries, 2013, 26（4）: 639-649.

［89］WANG Y F, XIE M, NG K M, et al. Probability analysis of offshore fire by incorporating human and organizational factor ［J］. Ocean engineering, 2011, 38（17-18）: 2042-2055.

［90］任旭. 工程风险管理 ［M］. 北京：清华大学出版社，2010.

［91］李开孟. 工程项目风险分析评价理论方法及应用 ［M］. 北京：中国电力出版社，2016.

［92］3C 框架课题组. 全面风险管理：理论与实务 ［M］. 北京：中国时代经济出版社，2008.

［93］COOPER D F. Project risk management guidelines: managing risk in large projects and complex procurements ［M］. Hoboken: John Wiley & Sons, 2005.

［94］王硕. 建筑工程项目风险分担研究 ［D］. 哈尔滨：哈尔滨工业大学，2016.

［95］杨玉芳. 房屋建筑工程项目风险分担比例研究 ［D］. 重庆：重庆大学，2015.

［96］HELDMAN K. Project manager's spotlight on risk management ［M］. Hoboken: John Wiley & Sons, 2010.

［97］WIDEMAN R M. Project and program risk management: a guide to managing project risks and opportunities ［D］. Mariboru: Univerzav Mariboru, 1992.

［98］彭桂平，刘亚昆. 设计企业工程总承包业务风险及应对研究 ［J］. 建筑经济，2018，39（8）：87-90.

［99］郑一争，宣增益. "一带一路"建设中对外工程承包的法律风险及应对 ［J］. 河南大学学报（社会科学版），2018，58（2）：61-67.

［100］罗罡，詹筱霞，王俊. 沙沱水电站大坝工程施工中的风险识别与应对策略 ［J］. 水利水电技术，2013，44（5）：20-22.

［101］袁立. 当前国际工程项目的主要风险：防范与应对 ［J］. 国际经济合作，2012（1）：69-73.

［102］刘超. 中企在尼日利亚的工程风险应对策略研究 ［D］. 青岛：青岛理工大学，2019.

［103］CHAPMAN C, WARD S. Project risk management: processes, techniques and insights ［M］. Hoboken: John Wiley & Sons, 1996.

［104］BURKE R. Project management: planning and control techniques ［J］. International journal of operations & production management, 2016, 19（12）: 1335-1337.

［105］WARD S, CHAPMAN C. Transforming project risk management into project uncertainty management ［J］. International journal of project management, 2003, 21（2）: 97-105.

［106］张武奇. 铁路工程总承包项目单价合同分包总承包商风险分析及应对措施 ［J］. 铁路工程技术与经济，2019，34（5）：46-48.

［107］叶静. 工程经济风险管理分析及防范 ［J］. 铁道工程学报，2017，34（1）：124-128.

［108］RAJ M，WADSAMUDRAKAR N K．Risk management in construction project［J］．International journal of engineering and management research（IJEMR），2018，8（3）：162-167．

［109］FAN Z P，LI Y H，ZHANG Y．Generating project risk response strategies based on CBR：a case study［J］．expert systems with applications，2015，42（6）：2870-2883．

［110］王一川，陈悦华，董春芳．承包商视角下国际 EPC 项目风险管理研究［J］．工程管理学报，2018，32（5）：101-106．

［111］方东平，黄新宇，HINZE J．工程建设安全管理［M］．北京：中国水利水电出版社，2005．

［112］谢群霞，赵珊珊，刘俊颖．国际工程 EPC 项目设计工作界面风险管理［J］．国际经济合作，2016（7）：44-48．

［113］SHARON A，DORI D．Integrating the project with the product for applied systems engineering management［J］．IFAC proceedings volumes，2012，45（6）：1153-1158．

［114］张敏．公路工程现场施工安全管理及风险预警系统的构建［J］．科技传播，2014（1）：37-38．

［115］匙梦雪，王红梅，吴青锋，等．国际 EPC 工程设备物资采购中的风险因素及解决措施分析［J］．现代国企研究，2017（10）：133．

［116］JAAFARI A．Management of risks，uncertainties and opportunities on projects：time for a fundamental shift［J］．International journal of project management，2001，19（2）：89-101．

［117］崔阳，陈勇强，徐冰冰．工程项目风险管理研究现状与前景展望［J］．工程管理学报，2015，29（2）：76-80．

［118］RAFTERY J．Risk analysis in project management［J］．Nature，1994，239（5370）：274-276．

［119］杨明澔．建设工程项目风险管理研究［D］．天津：天津大学，2017．

［120］IONESCU R C，CEAUȘU I，ILIE C．Considerations on the implementation steps for an information security management system［C］//Proceedings of the International Conference on Business Excellence．Bucharest：Sciendo，2018．

［121］杨琳，吕文逸．基于 IPRMM 模型的国际工程项目风险管理成熟度研究［J］．武汉大学学报（工学版），2020（4）：310-317．

［122］赵泽斌，满庆鹏．基于前景理论的重大基础设施工程风险管理行为演化博弈分析［J］．系统管理学报，2018，27（1）：109-117．

［123］BISCHOFF H J，SINAY J，VARGOVÁ S．Integrated risk management in industries from the standpoint of safety and security［J］．Transactions of the VŠB-Technical University of Ostrava，safety engineering series，2014，9（2）：1-7．

［124］丁毅，徐峰．基于贝叶斯网络的工程风险管理研究：以港珠澳大桥主体工程设计风险为例［J］．系统管理学报，2018，27（1）：176-185；191．

［125］中国保监会武汉保监办课题组．对保险功能的再认识［J］．保险研究，2003（11）：11-14；23．

［126］李金辉，宋玲．论保险功能的演进和发展［J］．上海保险，2004（2）：8-9；12．

［127］魏华林，李金辉．论充分发挥保险的社会管理功能［J］．保险研究，2003（11）：35-38．

［128］粟芳．"保险姓保"的理论探析与监管保障［J］．保险理论与实践，2017（6）：16-34．

［129］魏华林．保险的本质、发展与监管［J］．金融监管研究，2018（8）：1-20．

［130］熊婧，粟芳．保险公司保障属性的衡量与影响因素分析［J］．保险研究，2019（9）：44-59．

［131］张祎桐．保险居民储蓄分流效应的实证研究［J］．保险研究，2018（6）：41-55．

［132］吴飞．试论保险的社会管理功能［J］．时代金融，2011（6）：174．

［133］周延礼．保险行业成为"一带一路"建设的重要支撑［J］．中国保险，2019（5）：4．

［134］郑琦．试论保险最大诚信原则在司法实践中的应用［J］．法制与社会，2015（12）：89-90．

［135］汤媛媛．保险法损失补偿原则的适用范围［J］．社会科学战线，2011（6）：253-255．

［136］何兴. 工程担保制度的市场意义与发展建议［J］. 建筑经济, 2011（8）: 21-22.

［137］李美琪. 浅谈工程保险在国际工程项目中的应用［J］. 现代经济信息, 2016（13）: 364-365.

［138］赵金先, 孙境韩, 范轲, 等. 房屋建筑工程质量潜在缺陷保险费率厘定研究［J］. 工程管理学报, 2016, 30（4）: 24-28.

［139］王雪青, 孟海涛, 喻刚. 建设工程监理责任保险费率问题研究［J］. 土木工程学报, 2009（1）: 130-134.

［140］汤磊, 沈杰. 我国工程保证担保公司的培育［J］. 建筑管理现代化, 2005（5）: 68-70.

［141］陈俊杰, 敖晓军. 浅谈工程建设项目中的工程担保制度［J］. 中小企业管理与科技, 2011（4）: 221-222.

［142］张婷, 赵磊. 建筑工程管理中的工程担保机制探究［J］. 住宅与房地产, 2018（12X）: 112.

［143］于艳春. 农村公路建设项目后评价研究［D］. 南京: 南京林业大学, 2011.

［144］刘峰. 高速公路建设项目后评价研究［D］. 南京: 河海大学, 2007.

［145］黄德春. 投资项目后评价理论、方法及应用研究［D］. 南京: 河海大学, 2003.

［146］高军, 刘先涛. 企业风险管理后评价初探［J］. 科技与管理, 2003, 5（3）: 35-37.

［147］邓雪, 李家铭, 曾浩健, 等. 层次分析法权重计算方法分析及其应用研究［J］. 数学的实践与认识, 2012, 42（7）: 93-100.

［148］孙福东, 魏凤荣. 应用 Excel 巧解层次分析法［J］. 统计与决策, 2011（22）: 173-174.

［149］郝晓乐. 基于 AHP-模糊综合评价法的 PPP 项目 VFM 定性评价［D］. 天津: 天津大学, 2018.

［150］张明立. 国际工程承包项目风险防范研究: 以 DJ 公司印度电建 EPC 项目为例［D］. 济南: 山东财经大学, 2016.

［151］陈晓红, 杨志慧. 基于改进模糊综合评价法的信用评估体系研究: 以我国中小上市公司为样本的实证研究［J］. 中国管理科学, 2015, 23（1）: 146-153.

［152］张晓东, 胡俊成, 杨青, 等. 基于 AHM 模糊综合评价法的老旧小区更新评价系统［J］. 城市发展研究, 2017, 24（12）: 20-22; 27.

［153］华瑶, 周雨. 逻辑框架法在电网建设项目后评价中的应用［J］. 工业技术经济, 2011, 30（1）: 97-102.

［154］CHEN Z, LU M, MING X, et al. Explore and evaluate innovative value propositions for smart product service system: a novel graphics-based rough-fuzzy DEMATEL method［J］. Journal of cleaner production, 2020, 243: 118672.

［155］WANG M, NIU D. Research on project post-evaluation of wind power based on improved ANP and fuzzy comprehensive evaluation model of trapezoid subordinate function improved by interval number［J］. Renewable energy, 2019, 132: 255-265.

［156］WELDE M. In search of success: Ex-post evaluation of a Norwegian motorway project［J］. Case studies on transport policy, 2018, 6（4）: 475-482.

［157］WONGBUMRU T, DEWANCKER B. Post-occupancy evaluation of user satisfaction: a case study of "old" and "new" public housing schemes in Bangkok［J］. Architectural engineering and design management, 2016, 12（2）: 107-124.

［158］MA L, CHEN H, YAN H, et al. Post evaluation of distributed energy generation combining the attribute hierarchical model and matter-element extension theory［J］. Journal of cleaner production, 2018, 184: 503-510.

［159］JIA Z Y, WANG C M, HUANG Z W, et al. Evaluation research of regional power grid companies' operation capacity based on entropy weight fuzzy comprehensive model［J］. Procedia engineering, 2011, 15: 4626-4630.

［160］SARTORIUS R H. The logical framework approach to project design and management ［J］. Evaluation practice, 1991, 12 (2): 139-147.

［161］EHTERAM H, SHARIF-ALHOSEINI M. Designing trauma registry system using a logical framework approach ［J］. Chinese journal of traumatology, 2013, 16 (5): 316-318.

［162］MUSIYARIRA H K, PILLALAMARRY M, TESH D, et al. Formulating strategic interventions for the coloured gemstone industry in Namibia by utilising the logical framework approach ［J］. The extractive industries and society, 2019, 6 (4): 1017-1029.

［163］SUGANTHI L. Multi expert and multi criteria evaluation of sectoral investments for sustainable development: an integrated fuzzy AHP, VIKOR/DEA methodology ［J］. Sustainable cities and society, 2018, 43: 144-156.

［164］谢亚伟，金德民. 工程项目风险管理与保险 ［M］. 北京：清华大学出版社，2009.

［165］陈伟珂. 工程项目风险管理 ［M］. 北京：人民交通出版社，2008.

［166］苏映喜. 基于模糊层次分析法的水利工程建设项目风险管理研究 ［D］. 广州：华南理工大学，2019.

［167］陈津生. 建设工程保险实务与风险管理 ［M］. 北京：中国建材工业出版社，2008.

［168］龙卫洋，龙玉国. 工程保险理论与实务 ［M］. 上海：复旦大学出版社，2005.

［169］庹国柱. 保险学 ［M］. 北京：首都经济贸易大学出版社，2004.

［170］张国印. 建设工程保险案例与实务 ［M］. 北京：法律出版社，2015.